进化计算标准测试函数介绍与分析

梁 静 瞿博阳 岳彩通 编著

国防工业出版社

·北京·

内 容 简 介

本书整理了进化计算相关的多种测试函数,包括无约束优化、含约束的单目标优化、多目标优化、多模态优化、离散优化、大规模优化、高代价优化、动态优化和基于实际应用的测试函数等类别,并对这些测试函数集的信息和特点进行介绍,以便研究者根据自己的需求快速找到对应的测试函数集。

本书可作为进化计算相关领域的老师、学生、科研人员及工程技术人员选择测试函数集的参考书。

图书在版编目(CIP)数据

进化计算标准测试函数介绍与分析／梁静,瞿博阳,
岳彩通编著. —北京：国防工业出版社,2022.7
ISBN 978-7-118-12527-6

Ⅰ.①进… Ⅱ.①梁… ②瞿… ③岳… Ⅲ.①库函数
–测试 Ⅳ.①TP311.52

中国版本图书馆 CIP 数据核字(2022)第 114253 号

※

国防工业出版社出版发行
(北京市海淀区紫竹院南路 23 号 邮政编码 100048)
北京虎彩文化传播有限公司印刷
新华书店经售
*
开本 787×1092 1/16 印张 11½ 字数 260 千字
2022 年 7 月第 1 版第 1 次印刷 印数 1—1200 册 定价 93.00 元

(本书如有印装错误,我社负责调换)

国防书店：(010)88540777 书店传真：(010)88540776
发行业务：(010)88540717 发行传真：(010)88540762

前言

如今,信息技术日益发达,人们的生活节奏越来越快,工业生产的效率越来越高。在快节奏、高效率的生产生活中,优化技术扮演着相当重要的角色。优化通常指使用一定的方法或策略使有关性能提升,常见的优化问题有路径优化、空间优化、生产调度优化、投资优化等。随着社会的发展,日常生活、科学研究及工程生产中的优化问题也变得越来越复杂,许多问题具有离散、高维、多模态等特性。基于数学模型的传统优化方法可以对部分优化问题进行求解,但是需要已知问题的具体函数模型,且要求函数具有连续、可导等性质,这些传统优化方法在解决当今复杂优化问题时面临着严峻的挑战。

与传统优化方法相比,进化算法不依赖具体的数学模型,且具有并行搜索、不易陷入局部最优等优点。进化算法模拟自然界中的进化机制,通过繁衍进化、优胜劣汰等机制达到寻优目的。它们结构简单,优化过程中不需要利用目标函数的数学表达式和梯度信息,不要求问题满足可微、线性、连续等约束。正因为进化算法具有解决复杂优化问题的诸多优势,所以它们被广泛应用于工业、农业、军事、医学等多个领域的科学研究及实际应用中。

随着研究的不断深入,大量新型进化算法被相继提出,常见的进化算法有遗传算法、差分进化算法、蜂群算法等。这些算法种类繁多、特性各异,对优化问题的求解能力也参差不齐。随着进化算法种类的增多,研究者面临算法性能对比和算法种类选择的困境。如何公平地对比不同算法的性能,如何测试算法求解某类问题的能力是优化领域值得研究的问题。

采用实际应用问题测试算法的性能存在许多弊端。首先,实际应用问题所处的环境复杂,往往具有不相关干扰,且干扰具有随机性,实验的可重复性差;其次,实际应用问题的最优解未知,难以准确衡量算法对问题的解决程度。为了解决这些难题,研究者通过忽略无关因素的干扰,保留问题的主要特性,设计出模型清晰、最优解已知的标准测试函数。这些测试函数集不仅能为评估各类进化算法性能提供一个客观公平的对比平台,而且能够有针对性地评测算法不同性能,为研究者选择优秀算法提供参考;同时测试结果有利于总结和归纳不同算法性能表现背后的深层原因,为算法的开发、设计提供帮助。

生产生活中的优化问题种类繁多,如单目标优化、多目标优化、大规模优化、动态优化等,相应的标准测试函数也多种多样。在对比算法性能前,首先要明确选择哪种类型的测试函数,需要测试算法解决哪类问题的性能,然后选择对应类型的测试函数进行测试。现存的标准测试函数存在同种多源、多种混杂的现象。有些同属于多目标优化的标准测试函数出处不同;此外,同一个标准测试函数集可能包含不同类型的测试函数,这使研究者面临测试函数选择的困境。为了解决这一困难,需要对不同类型测试函数进行归纳整理，汇总各类标准测试函数特征信息。

本书汇总了大量测试函数的信息，包括进化计算相关会议中举办算法竞赛所使用的测试函数，期刊、会议论文中常用的测试函数以及进化计算相关网站中公布的测试函数，并对它们进行分类整理。书中把进化计算相关的测试函数归纳整理为无约束优化、含约束优化、单目标优化、多目标优化、单模态优化、多模态优化、连续优化、离散优化、大规模优化和基于实际应用的测试问题等类别，并对这些测试函数集的信息和特点进行介绍，搭建了测试问题集导航网站（http://www5.zzu.edu.cn/cilab/Benchmark.htm），以便研究者根据自己的需求快速找到对应的测试函数集。

本书可作为进化计算相关领域的老师、学生、科研人员及工程技术人员选择测试函数集的参考书。由于作者水平有限，若书中有不妥之处，恳请读者批评指正。

感谢提供测试函数信息的同行，感谢郑州大学参与资料搜集和整理的研究生，感谢国防工业出版社编辑的帮助。

作　者

2021 年 4 月

目录

第 1 章 无约束优化标准测试函数

本章介绍无约束或含边界约束的标准测试函数。主要列出了函数的一些基本属性及注意事项。本章主要内容有两方面:一方面是测试函数的基本符号表示及定义;另一方面详细介绍近年来一些文献中所提出的标准测试函数。

1.1 符号表示及定义

(1) $[\cdot]$表示最近的整数值。

(2) $\lfloor \cdot \rfloor$表示小于或等于最大的整数。

(3) x_i 表示向量 $\boldsymbol{X}$ 的第 i 个元素。

(4) $f(\cdot)$、$g(\cdot)$、$G(\cdot)$表示多变量函数。

(5) f_{opt}表示函数f的最优值。

(6) $\boldsymbol{X}^{\text{opt}}$表示最优解向量。

(7) $\boldsymbol{R}$ 表示旋转标准正交矩阵。

(8) D 表示维数。

(9) 其他特殊符号将在介绍具体函数时说明。

1.2 文献综述

本节主要介绍两类优化问题的测试集及其他单个测试集。

1.2.1 实参黑箱优化测试函数

实参黑箱优化测试函数(black-box optimization benchmarking, BBOB)是由 Nikolaus Hansen 等[1]于 2009 年提出的, 2010 年 Nikolaus Hansen 等又对该测试问题集做了更新[2],并使用该测试函数集测试了 31 个搜索算法的性能[3]。针对不同的目标精确度值,在不同功能的测试问题子集中研究了算法在不同维度测试函数上的性能。

在搜索和优化中，量化比较优化算法的性能是一项重要且有意义的工作。实参黑箱优化测试函数为使用者提供了量化比较的平台，该平台允许用户设置一些实验条件，此外平台提供了数据输出接口，且具有图表显示结果功能。BBOB 2010 扩展了 BBOB 2009 中所有基准函数的维数，且大多函数的最优解将不再是特殊值，所有的函数可人工选择最优函数值。

下面是实参黑箱优化测试函数的基准测试平台的相关介绍。

1. 基本设置

定义所有函数的搜索域为$[-5,5]^D$。最优解记为$\boldsymbol{x}^{\mathrm{opt}}$，最优值$f_{\mathrm{opt}}=f(\boldsymbol{x}^{\mathrm{opt}})$，所有函数在$[-5,5]^D$内有全局最优解，大多数函数在$[-4,4]^D$具有全局最优解。$f_{\mathrm{opt}}$的零值和 50%的值都在$-100\sim100$之间。如果$f_{\mathrm{opt}}$的绝对值超过 1000，那么将其设置为 1000。在函数定义中，转换向量$\boldsymbol{z}$常被用来代替$\boldsymbol{x}$。如果没有注明，向量$\boldsymbol{z}$在$\boldsymbol{z}^{\mathrm{opt}}=\boldsymbol{0}$时取得最优解。

2. 测试函数

实参黑箱优化测试函数信息如表 1-1 所列，此外有学者提供了黑箱优化综合测试平台，包括 black box optimization competition (BBComp) (https://bbcomp.ini.rub.de/) 和 comparing continuous optimisers (COCO) (http://coco.gforge.inria.fr/doku.php?id=start)。

表 1-1　实参黑箱优化测试函数信息

序号	函　数	维数	属　性
可分离函数			
1	Sphere Function	D	单峰；高度对称，尤其是旋转不变和范围不变
2	Ellipsoidal Function	D	在全局范围内，二项和病态函数具有平滑不规则的局部最优解；单峰
3	Rastrigin Function	D	对于最优位置来说，高度多峰函数具有比较常规的结构；大约 10^D 个局部最优解
4	Buche-Rastrigin Function	D	大约 10^D 个局部最优解；条件是 10；倾斜因子在 x 空间中大约是 10，在 f 空间中大约是 100
5	Linear Slope	D	纯粹的线性测试函数不论搜索是否超出初始边界
可低度或中度调节函数			
6	Attractive Sector Function	D	单峰
7	Step Ellipsoidal Function	D	单峰；不可分离
8	Rosenbrock Function, original	D	部分可分离；在较大维数中函数具有局部最优
9	Rosenbrock Function, rotated	D	之前定义的 Rosenbrock 函数的旋转版本
单峰高度调节函数			
10	Ellipsoidal Function	D	单峰
11	Discus Function	D	在搜索空间中，一个方向比其他方向的敏感度要多 1000 倍
12	Bent Cigar Function	D	旋转；单峰
13	Sharp Ridge Function	D	当山岭接近一个给定的点时，此处不可微且梯度保持不变
14	Different Powers Function	D	单峰；旋转不变性；解决空间小

续表

序号	函数	维数	属性
具有适合的全局构架的多峰函数			
15	Rastrigin Function	D	不可分离;大约有 10^D 个局部最优解;全局振幅比局部振幅大
16	Weierstrass Function	D	旋转;局部不规则;非唯一全局解
17	Schaffers F7 Function	D	不对称,旋转
18	Schaffers F7 Function, moderately ill-conditioned	D	对比函数 17,适度对称
19	Composite Griewank-Rosenbrock Function F8 F2	D	在高度多维的地方类似于 Rosenbrock 函数
具有较弱的全局构架的多峰函数			
20	Schwefel Function	D	更多和更好的最小值可能远离原始搜索空间
21	Gallagher's Gaussian 101-me Peaks Function	D	具有全局最优解
22	Gallagher's Gaussian 21-hi Peaks Function	D	具有全局最优解
23	Katsuura Function	D	高度崎岖和高度重复的函数具有多于 10^D 个全局最优解
24	Lunacek bi-Rastrigin Function	D	高度多模态,对使用较大种群的进化算法具有欺骗性

1.2.2 实参优化问题定义和评估标准

研究单目标优化算法是研究更复杂的优化算法如多目标优化算法、小生境算法和约束优化算法等的基础。所有新的进化算法和群集算法都可以用单目标基准问题来测试。此外,这些单目标基准问题可以转化为动态、多模态、大规模等其他类型的问题。

近年来,为了解决实参的优化问题,研究者提出了各种新型优化算法,包括 CEC'05[4]、CEC'13[5]、CEC'14[6]、CEC'15[7]和 ICSI'14[8]特殊会议上的实参优化,并且对于 CEC'05 中的边界约束处理方面,Liao 等在 2014 年做出了说明[9]。

1.2.2.1 CEC'05 测试函数

CEC'05 主要介绍了 25 个基准函数,这些基准函数的信息如表 1-2 所列,函数代码链接:https://github.com/P-N-Suganthan。

表 1-2 CEC'05 基准测试函数信息

序号	函数	性质	边界	期望
单峰函数				
1	Shifted Sphere Function	单峰,平移,可分离,可扩展	$[-100,100]^D$	-450
2	Shifted Schwefel's Problem 1.2	单峰,平移,不可分离,可扩展	$[-100,100]^D$	-450
3	Shifted Rotated High Conditioned Elliptic Function	单峰,平移,旋转,不可分离,可扩展	$[-100,100]^D$	-450
4	Shifted Schwefel's Problem 1.2 with Noise in Fitness	单峰,平移,不可分离,可扩展,在最优处有噪声	$[-100,100]^D$	-450
5	Schwefel's Problem 2.6 with Global Optimum on Bounds	单峰,不可分离,可扩展	$[-100,100]^D$	-310

续表

序号	函　　数	性　　质	边　　界	期望
多峰函数				
6	Shifted Rosenbrock's Function	多峰,平移,不可分离,可扩展,从局部最优到全局最优的过程中有一个狭窄的山谷	$[-100,100]^D$	390
7	Shifted Rotated Griewank's Function without Bounds	多峰,旋转,平移,不可分离,可扩展	无边界	-180
8	Shifted Rotated Ackley's Function with Global Optimum on Bounds	多峰,旋转,平移,不可分离,可扩展,全局最优在边界处,条件数随着维数的增高而增大(其中矩阵 $\boldsymbol{A}$ 的条件数用 Cond($\boldsymbol{A}$) 表示,如果初始化程序在边界初始化种群,那么这个问题易于解决)	$[-32,32]^D$	-140
9	Shifted Rastrigin's Function	多峰,平移,可分离,可扩展,局部最优解数目巨大	$[-5,5]^D$	-330
10	Shifted Rotated Rastrigin's Function	多峰,平移,旋转,不可分离,可扩展,局部最优解数目巨大	$[-5,5]^D$	-330
11	Shifted Rotated Weierstrass Function	多峰,平移,旋转,不可分离,可扩展,局部最优解数目巨大,连续但只在一组点上可微	$[-0.5,0.5]^D$	90
12	Schwefel's Problem 2. 13	多峰,平移,不可分离,可扩展	$[-\pi,\pi]^D$	-460
13	Expanded Extended Griewank's plus Rosenbrock's Function (F8F2)	多峰,平移,不可分离,可扩展	$[-5,5]^D$	-130
14	Shifted Rotated Expanded Scaffer's F6	多峰,平移,不可分离,可扩展	$[-100,100]^D$	-300
Hybrid Composition 函数				
15	Hybrid Composition Function	多峰,接近全局最优处是可分的,可扩展,局部最优解的数量巨大,不同函数的属性混合在一起,球面函数提供了两个平面区域	$[-5,5]^D$	120
16	Rotated Hybrid Composition Function	多峰,旋转,不可分离,可扩展,局部最优解的数量巨大,不同函数的属性混合在一起,球面函数提供了两个平面区域	$[-5,5]^D$	120
17	Rotated Hybrid Composition Function with Noise in Fitness	多峰,旋转,不可分离,可扩展,局部最优解的数量巨大,不同函数的属性混合在一起,球面函数提供了两个平面区域,在最优处有高斯噪声	$[-5,5]^D$	120
18	Rotated Hybrid Composition Function	多峰,旋转,不可分离,可扩展,局部最优解的数量巨大,不同函数的属性混合在一起,球面函数提供了两个平面区域,一个局部最优点设置在原点	$[-5,5]^D$	10
19	Rotated Hybrid Composition Function with a Narrow Basin for the Global Optimum	多峰,不可分离,可扩展,局部最优解的数量巨大,不同函数的属性混合在一起,球面函数提供了两个平面区域,一个局部最优解设置在原点,全局最优解在一个狭窄的山谷中	$[-5,5]^D$	10
20	Rotated Hybrid Composition Function with the Global Optimum on the Bounds	多峰,不可分离,可扩展,局部最优解的数量巨大,不同函数的属性混合在一起,球面函数为函数给出了两个平面区域,一个局部最优点设置在原点,全局最优点在边界处,如果初始化程序在边界初始化种群,那么这个问题易于解决	$[-5,5]^D$	10

续表

序号	函　　数	性　　质	边　　界	期望
Hybrid Composition 函数				
21	Rotated Hybrid Composition Function	多峰,旋转,不可分离,可扩展,局部最优解的数量巨大,不同函数的属性混合在一起	$[-5,5]^D$	360
22	Rotated Hybrid Composition Function with High Condition Number Matrix	多峰,不可分离,可扩展,局部最优解的数量巨大,不同函数的属性混合在一起,全局最优解在边界处	$[-5,5]^D$	360
23	Non-Continuous Rotated Hybrid Composition Function	多峰,不可分离,可扩展,局部最优解的数量巨大,不同函数的属性混合在一起,不连续,全局最优解在边界处	$[-5,5]^D$	360
24	Rotated Hybrid Composition Function	多峰,旋转,不可分离,可扩展,局部最优解的数量巨大,不同函数的属性混合在一起,单峰函数为函数给出了平面区域	$[-5,5]^D$	260
25	Rotated Hybrid Composition Function without Bounds	多峰,不可分离,可扩展,局部最优解的数量巨大,不同函数的属性混合在一起,单峰函数为函数给出了平面区域,全局最优解在边界处	无边界	260

Composition 函数:

$$F(\boldsymbol{x}) = \sum_{i=1}^{n} \{w_i^* [f_i'((\boldsymbol{x} - \boldsymbol{o}_i)/\boldsymbol{\lambda}_i \cdot \boldsymbol{M}_i) + \text{bias}_i]\} + f\_\text{bias} \tag{1.1}$$

$F(\boldsymbol{x})$:新的 Composition 函数。

$f_i(\boldsymbol{x})$:用来构建 Composition 函数的第 i 个基础函数。

n:基础函数的个数。

$\boldsymbol{M}_i$: $f_i(\boldsymbol{x})$的线性变换矩阵。

$\boldsymbol{o}_i$: $f_i(\boldsymbol{x})$的全局和局部最优位置。

bias_i:定义全局最优的位置。

w_i: $f_i(\boldsymbol{x})$的权重,计算式为

$$w_i = \exp\left(-\frac{\sum_{k=1}^{D}(x_k - o_{ik})^2}{2D\sigma_i^2}\right) \tag{1.2}$$

$$w_i = \begin{cases} w_i, & w_i = \max(w_i) \\ w_i \cdot (1 - \max(w_i)^{10}), & w_i \neq \max(w_i) \end{cases} \tag{1.3}$$

标准化权重 $w_i = w_i / \sum_{i=1}^{n} w_i$。

σ_i:用于控制 $f_i(\boldsymbol{x})$ 收敛范围,小的 σ_i 对应狭窄的 $f_i(\boldsymbol{x})$ 范围。

因为不同的函数具有不同的属性,为了得到更好的混合效果,首先对 10 个函数 $f_i(\boldsymbol{x})$ 估算一个最大函数值 $f_{\text{max}i}$,然后标准化每一个基础函数。

$f_i'(\boldsymbol{x}) = C \cdot f_i(\boldsymbol{x}) / |f_{\text{max}i}|$,$C$ 是一个预定义常数。

$|f_{\text{max}i}|$用 $|f_{\text{max}i}| = f_i((\boldsymbol{x}'/\lambda_i) \cdot \boldsymbol{M}_i)$,$\boldsymbol{x}' = [5,5,\cdots,5]$来估算。

λ_i:用于拉伸或压缩函数,$\lambda_i>1$ 表示拉伸,$\lambda_i<1$ 表示压缩。

1.2.2.2 CEC'13 测试函数集

CEC'13 测试函数包括了对先前提出函数的改善并附加了 Composition 函数。本测试函数集致力于方法、算法和技术来解决单目标实参优化问题,而不是利用精确的测试函数方程式。该测试函数集共包括 28 个函数,这些函数的信息如表 1-3 所列。

CEC' 13 测试函数集的 C 语言和 Matlab 代码链接: https://github.com/P-N-Suganthan/CEC2013。

表 1-3 CEC'13 测试函数信息

序号	函　数	属　性	$f_i^*=f_i(\boldsymbol{x}^*)$
单峰函数			
1	Sphere Function	单峰,可分离	-1400
2	Rotated High Conditioned Elliptic Function	单峰,不可分离,二次病态,平滑局部不规则	-1300
3	Rotated Bent Cigar Function	单峰,不可分离,局部平滑不规则	-1200
4	Rotated Discus Function	单峰,不可分离,不对称,局部平滑不规则,在一个方向比较敏感	-1100
5	Different Powers Function	单峰,可分离,变量 z 的敏感性不同	-1000
基本多峰函数			
6	Rotated Rosenbrock's Function	多峰,不可分离,从局部最优到全局最优有一个非常狭窄的山谷	-900
7	Rotated Schaffers F7 Function	多峰,不可分离,不对称,局部最优解数目巨大	-800
8	Rotated Ackley's Function	多峰,不可分离,不对称	-700
9	Rotated Weierstrass Function	多峰,不可分离,不对称,连续但只有一些点可微	-600
10	Rotated Griewank's Function	多峰,旋转,不可分离	-500
11	Rastrigin's Function	多峰,可分离,不对称,局部最优解数目巨大	-400
12	Rotated Rastrigin's Function	多峰,不可分离,不对称,局部最优解数目巨大	-300
13	Non-Continuous Rotated Rastrigin's Function	多峰,旋转,不可分离,不对称,局部最优解数目巨大,不连续	-200
14	Schwefel's Function	多峰,旋转,不可分离,不对称,局部最优解数目巨大且次优解离最优解较远	-100
15	Rotated Schwefel's Function	多峰,不可分离,不对称,局部最优解数目巨大且次优解离最优解较远	100
16	Rotated Katsuura Function	多峰,不可分离,不对称,连续但不可微	200
17	Lunacek Bi_rastrigin Function	多峰,不可分离	300
18	Rotated Lunacek Bi_rastrigin Function	多峰,不可分离,不对称,连续但不可微	400
19	Expanded Griewank's Plus Rosenbrock's Function	多峰,不可分离	500
20	Expanded Scaffer's F6 Function	多峰,不可分离,不对称	600

续表

序号	函　数	属　性	$f_i^*=f_i(\boldsymbol{x}^*)$
Composition 函数			
21	Composition Function 1 (旋转)	多峰,不可分离,不对称,不同的局部最优解具有不同的属性	700
22	Composition Function 2 (不可旋转)	多峰,可分离,不对称,不同的局部最优解具有不同的属性	800
23	Composition Function 3 (旋转)	多峰,不可分离,不对称,不同的局部最优解具有不同的属性	900
24	Composition Function 4 (旋转)	多峰,不可分离,不对称,不同的局部最优解具有不同的属性	1000
25	Composition Function 5 (旋转)	多峰,不可分离,不对称,不同的局部最优解具有不同的属性	1100
26	Composition Function 6 (旋转)	多峰,不可分离,不对称,不同的局部最优解具有不同的属性	1200
27	Composition Function 7 (旋转)	多峰,不可分离,不对称,不同的局部最优解具有不同的属性	1300
28	Composition Function 8 (旋转)	多峰,不可分离,不对称,不同的局部最优解具有不同的属性	1400
搜索空间:$[-100,100]^D$			

新的 Composition 函数:

$$f(\boldsymbol{x})=\sum_{i=1}^{n}\{w_i^*[\lambda_i g_i(\boldsymbol{x})+\text{bias}_i]\}+f^* \tag{1.4}$$

$f(\boldsymbol{x})$:新的 Composition 函数。

$g_i(\boldsymbol{x})$:构成 Composition 函数的第 i 个基本函数。

n:基本函数的个数。

bias_i:定义哪个最优是全局最优。

λ_i:用来控制 $g_i(\boldsymbol{x})$ 的高度。

w_i:每个 $g_i(\boldsymbol{x})$ 的权重,计算公式:

$$w_i=\frac{1}{\sqrt{\sum_{j=1}^{D}(x_j-o_{ij})^2}}\exp\left(-\frac{\sum_{j=1}^{D}(x_j-o_{ij})^2}{2D\sigma_i^2}\right) \tag{1.5}$$

σ_i:用来控制每个 $g_i(x)$ 的收敛范围,小的 σ_i 对应狭窄的 $g_i(x)$ 范围。

归一化权重 $w_i=w_i/\sum_{i=1}^{n}w_i$

$\boldsymbol{x}=\boldsymbol{o}_i,w_j=\begin{cases}1, & j=i\\ 0, & j\neq i\end{cases},j=1,2,\cdots,n,f(\boldsymbol{x})=\text{bias}_i+f^*$

1.2.2.3 CEC'14 测试函数

在 CEC'13 测试组的基础上开发了一些具有新特性的新基准问题,如新的基本问题,通过从数个问题中提取特性的组合测试问题、旋转陷阱问题等。这些测试函数的信息如

表 1-4 所列。

CEC'14 测试函数集的 C 语言和 Matlab 代码链接：https://github. com/P - N - Suganthan/CEC2014。

表 1-4　CEC'14 测试函数信息

序号	函　　数	属　　性	期望 $F^*(x)$
单峰函数			
1	Rotated High Conditioned Elliptic Function	单峰，不可分离，二次病态	100
2	Rotated Bent Cigar Function	单峰，不可分离，平而狭窄的山脊	200
3	Rotated Discus Function	单峰，不可分离，在一个方向上较敏感	300
简单多峰函数			
4	Shifted and Rotated Rosenbrock's Function	多峰，不可分离，从局部最优到全局最优中有一个非常狭窄的山谷	400
5	Shifted and Rotated Ackley's Function	多峰，不可分离	500
6	Shifted and Rotated Weierstrass Function	多峰，不可分离，只在一组点中连续且可微	600
7	Shifted and Rotated Griewank's Function	多峰，可旋转，不可分离	700
8	Shifted Rastrigin's Function	多峰，可分离，局部最优解数目巨大	800
9	Shifted and Rotated Rastrigin's Function	多峰，不可分离，局部最优解数目巨大	900
10	Shifted Schwefel's Function	多峰，可分离，局部最优解数目巨大次优解会远离全局最优解	1000
11	Shifted and Rotated Schwefel's Function	多峰，不可分离，局部最优解数目巨大次优解会远离全局最优解	1100
12	Shifted and Rotated Katsuura Function	多峰，不可分离，处处连续但不可微	1200
13	Shifted and Rotated HappyCat Function	多峰，不可分离	1300
14	Shifted and Rotated HGBat Function	多峰，不可分离	1400
15	Shifted and Rotated Expanded Griewank's Plus Rosenbrock's Function	多峰，不可分离	1500
16	Shifted and Rotated Expanded Scaffer' s F6 Function	多峰，不可分离	1600
Hybrid 函数			
17	Hybrid Function 1 ($N=3$)	由基本函数决定函数是单峰还是多峰，子部分不可分离，不同变量的子部分有不同的属性	1700
18	Hybrid Function 2 ($N=3$)		1800
19	Hybrid Function 3 ($N=4$)		1900
20	Hybrid Function 4 ($N=4$)		2000
21	Hybrid Function 5 ($N=5$)		2100
22	Hybrid Function 6 ($N=5$)		2200
Composition 函数			
23	Composition Function 1 ($N=5$)	多峰，不可分离，不对称，不同的局部最优解周围有不同的属性	2300
24	Composition Function 2 ($N=3$)	多峰，不可分离，不同的局部最优解周围有不同的属性	2400

续表

序号	函　　数	属　　性	期望 $F^*(\boldsymbol{x})$
Composition 函数			
25	Composition Function 3 (N=3)	多峰,不可分离,不对称,不同的局部最优解周围有不同的属性	2500
26	Composition Function 4 (N=5)	多峰,不可分离,不对称,不同的局部最优解周围有不同的属性	2600
27	Composition Function 5 (N=5)	多峰,不可分离,不对称,不同的局部最优解周围有不同的属性	2700
28	Composition Function 6 (N=5)	多峰,不可分离,不对称,不同的局部最优解周围有不同的属性	2800
29	Composition Function 7 (N=3)	多峰,不可分离,不对称,不同的局部最优解周围有不同的属性,不同变量的子部分有不同的属性	2900
30	Composition Function 8 (N=3)	多峰,不可分离,不对称,不同的局部最优解周围有不同的属性,不同变量的子部分有不同的属性	3000

Hybrid 函数:

$$F(x)=g_1(M_1\boldsymbol{z}_1)+g_2(M_2\boldsymbol{z}_2)+\cdots+g_N(M_N\boldsymbol{z}_N)+F^*(\boldsymbol{x}) \tag{1.6}$$

$F(\boldsymbol{x})$:Hybrid 函数。

$g_i(\boldsymbol{x})$:构成 Hybrid 函数的第 i 个基本函数。

N:基本函数的个数。

$\boldsymbol{z}=[z_1,z_2,\cdots,z_N]$

$\boldsymbol{z}_1=[y_{S_1},y_{S_2},\cdots,y_{S_n}],\boldsymbol{z}_2=[y_{S_{n1+1}},y_{S_{n1+2}},\cdots,y_{S_{n1+n2}}],\cdots,\ \boldsymbol{z}_N=[y_{S_{\sum_{k=1}^{N-1}nk+1}},y_{S_{\sum_{k=1}^{N-1}nk+1}},\cdots,y_{S_D}]$

$\boldsymbol{y}=\boldsymbol{x}-\boldsymbol{o}_i,S=\text{randperm}(1:D)$

n_i:每个基本函数的维数 $\sum_{i=1}^{N} n_i = D$。

Composition 函数:

$$F(x) = \sum_{i=1}^{N} \{w_i^*[\lambda_i g_i(\boldsymbol{x}) + \text{bias}_i]\} + F^* \tag{1.7}$$

$F(\boldsymbol{x})$:Composition 函数。

$g_i(\boldsymbol{x})$:构成 Composition 函数的第 i 个基本函数。

N:基本函数的个数。

$\boldsymbol{o}_i$:每个 $g_i(\boldsymbol{x})$新的转移最优位置,定义成全局和局部最优位置。

bias_i:定义成全局最优位置。

σ_i:用于控制每一个 $g_i(\boldsymbol{x})$的覆盖范围,小的 σ_i 对应于一个范围狭小的 $g_i(\boldsymbol{x})$。

λ_i:用于控制 $g_i(\boldsymbol{x})$的高度。

w_i:每个 $g_i(\boldsymbol{x})$的权重,计算公式:

$$w_i = \frac{1}{\sqrt{\sum_{j=1}^{D}(x_j - o_{ij})^2}}\exp\left(-\frac{\sum_{j=1}^{D}(x_j - o_{ij})^2}{2D\sigma_i^2}\right) \tag{1.8}$$

标准权重是 $w_i = w_i / \sum_{i=1}^{n} w_i$

$$x=o_i,\ w_j=\begin{cases}1, & j=i\\ 0, & j\neq i\end{cases}, j=1,2,\cdots,N, f(x)=\text{bias}_i+f^*$$

1.2.2.4 CEC'15 测试函数

为了获取公平的比较结果并且简化实验,对于所有的测试函数设置同样的算法参数。一般来说,不允许给不同的测试函数指定不同的参数设置。而实际的工程师比较容易解决一个特定问题的众多实例。在这种情况下,通过平移最优解的位置和微调旋转矩阵将不会大幅度改变测试函数的属性,因此,CEC'15 中提供了一组基于学习的标准测试函数问题,这些测试函数的信息如表 1-5 所列。

CEC'15 是基于学习的单目标全局优化算法的基准函数。CEC'15 测试组的 C 语言和 Matlab 代码链接:https://github.com/P-N-Suganthan/CEC2015/-Learning-Based。

表 1-5 CEC'15 测试函数信息

序号	函　数	属　性	期望 $F^*(x)$
单峰函数			
1	Rotated High Conditioned Elliptic Function	单峰,不可分离,二次病态	100
2	Rotated Cigar Function	单峰,不可分离,山脊平滑但狭窄	200
简单多峰函数			
3	Shifted and Rotated Ackley's Function	多峰,不可分离	300
4	Shifted and Rotated Rastrigin's Function	多峰,不可分离,局部最优解数目巨大	400
5	Shifted and Rotated Schwefel's Function	多峰,不可分离,局部最优解数目巨大并且次优解距最优解较远	500
Hybrid 函数			
6	Hybrid Function 1 ($N=3$)	多峰或单峰(依赖于基本函数),子部分不可分离,不同变量部分有不同的属性	600
7	Hybrid Function 2 ($N=4$)		700
8	Hybrid Function 3($N=5$)		800
Composition 函数			
9	Composition Function 1 ($N=3$)	多峰,不可分离,不同局部最优解周围有不同属性,全局最优解所属的基本函数是混合的;其他基本函数的序号可以随机产生	900
10	Composition Function 2 ($N=3$)	多峰,不可分离,不对称,不同局部最优解周围有不同属性,不同变量部分有不同属性,基本函数的序号可以随机产生	1000
11	Composition Function 3 ($N=5$)	多峰,不可分离,不对称,不同局部最优解周围有不同属性,全局最优解所属的基本函数是混合的;其他基本函数的序号可以随机产生	1100
12	Composition Function 4 ($N=5$)	多峰,不可分离,不对称,不同局部最优解周围有不同属性,不同变量部分有不同属性,基本函数的序号可以随机产生	1200

续表

序号	函　数	属　性	期望 $F^*(x)$
Composition 函数			
13	Composition Function 5 (N=5)	多峰,不可分离,不对称,不同局部最优解周围有不同属性,基本函数的序号可以随机产生	1300
14	Composition Function 6 (N=7)	多峰,不可分离,不对称,不同局部最优解周围有不同属性,全局最优解所属的基本函数是混合的;其他基本函数的序号可以随机产生	1400
15	Composition Function 7 (N=10)	多峰,不可分离,不对称,不同局部最优解周围有不同属性,基本函数的序号可以随机产生	1500
搜索范围:$[-100,100]^D$			

Hybrid 函数和 Composition 函数的组成同 CEC'14。

本节的主要目的是提醒读者在使用 CEC'05 测试函数时注意可能会产生的错误结果。在连续优化中,考虑到基准函数问题的定义,需要区别以下 3 种情况:

(1) 在搜索过程的任何阶段,边界约束都被定义并强制执行——解飞出边界无效。

(2) 在最后解的描述中边界约束被定义并强制执行;然而,飞出边界的解可能被评价并用于驱使搜索过程。

(3) 没有定义边界约束,但是边界在初始范围中被提出。

每个 CEC'05 基准测试函数都定义解向量 $\boldsymbol{x}$ 中的每个元素必须在区间$[x_{\min},x_{\max}]$中,$x_{\min}<x_{\max}$。但是,其中 f_7 和 f_{25} 两个函数例外,它们只指定了初始范围,并没有给出边界约束。对于其他的 23 个函数,它们的全局最优必须保证在指定的边界中;函数 f_8 和 f_{20} 的全局最优在边界上。

为了避免对解的可行性的不确定,强烈推荐读者在使用 IEEE CEC'05 基准测试函数组或任何其他的基准测试组时,必须:

(1) 明确描述所用的边界处理机制(如果有的话)。

(2) 明确检查最终解的可行性。

(3) 为了避免误解,给出的最终解至少要有补充材料。

本小节对算法所产生的解可参见 http://iridia. ulb. ac. be/supp/IridiaSupp2011-013。

1.2.2.5 ICSI'14 测试函数

ICSI'14 测试函数中搜集了 CEC'2013 测试函数集、CEC'2014 测试函数集和 Xin Yao[10]文章中 23 个简单的单目标测试函数,基于这 23 个简单函数又给出了 7 个复合函数,函数的解析式就不再重复给出。测试函数信息和代码可以在网站 http://www. ic-si. org/2014/competition/中下载。

1.2.3 文献调查测试基准函数

为了公平有效地测试新的算法,理想情况下测试函数应该有不同的属性。此节回顾和编辑了 175 个测试函数,这些函数依据多极值、可分离性、峡谷形地形来解决各种属性的无约束优化问题[11]。

1. 测试函数的特点

(1) 多极值。函数中不明确的峰值的数目与此函数的多极值相关。如果算法搜索过程中遇到这些峰值,就有被困在一个峰值的可能。在搜索过程中这将产生负面影响,使搜索远离真正的最优解。

(2) 盆地。盆地是一个相对急剧下降的大面积地区。优化算法很容易被这样的地区吸引。一旦陷入这些地区,算法的搜索过程将受到严重的阻碍。根据参考文献[12],一个盆地对应于一个最大化问题的高原,而一个问题能有很多高原。

(3) 峡谷。当一个变化不大的狭窄区域被急剧下降的地区所包围,就会出现一个峡谷。正如盆地一样,最小者首先将陷入这个地区。一个算法搜索过程的进程将在峡谷的底部减慢。

(4) 可分离性。可分离性是对不同的基准函数困难性的衡量。一般来说,因为一个函数的每个变量独立于其他变量,所以可分离函数相比不可分离的函数来说比较容易解决。如果所有的参数和变量是独立的,那么一个序列 n 个优化流程可以独立地执行。因此,每个设计的变量和参数可以被独立优化。

(5) 维数。问题的复杂性通常随着维数的增加而增加。根据参考文献[13],随着参数的个数和维数的增加,搜索空间以指数的形式增加。对于高度非线性问题,维度有很大可能成为优化算法求解此类问题的障碍。

2. 全局算法的基准测试函数

本小节介绍 175 个非约束优化测试问题的集合,它们的信息如表 1-6 所列,这些问题可以用来验证优化算法的性能。分别用 D、$L_b \leqslant x_i \leqslant U_b$ 和 $f(\boldsymbol{x}^*)=f(x_1,x_2,\cdots,x_n)$ 来表示维数、问题领域的大小和优化解决方案,用符号 L_b 和 U_b 来表示变量的上、下界。

表 1-6 非约束优化测试问题信息

序号	函　数	维数	属　性	边　界	期望
1	Ackley 1 Function	D	连续,可微,不可分离,可扩展,多峰	[-35,35]	0
2	Ackley 2 Function	2	连续,可微,不可分离,不可扩展,单峰	[-32,32]	-200
3	Ackley 3 Function	2	连续,可微,不可分离,不可扩展,单峰	[-32,32]	-219.1418
4	Ackley 4 or Modified Ackley Function	D	连续,可微,不可分离,可扩展,多峰	[-35,35]	-3.917275
5	Adjiman Function	2	连续,可微,不可分离,不可扩展,多峰	[-1,1]	-2.02181
6	Alpine 1 Function	D	连续,不可微,可分离,不可扩展,多峰	[-10,10]	2.808
7	Alpine 2 Function	D	连续,可微,可分离,可扩展,多峰	[0,10]	0.00821487
8	Brad Function	15	连续,可微,不可分离,不可扩展,多峰	[-0.01,2.5]	1
9	Bartels Conn Function	2	连续,不可微,不可分离,不可扩展,多峰	[-500,500]	0
10	Beale Function	2	连续,可微,不可分离,不可扩展,单峰	[-4.5,4.5]	0
11	Biggs EXP2 Function	10	连续,可微,不可分离,不可扩展,多峰	[0,20]	0
12	Biggs EXP3 Function	10	连续,可微,不可分离,不可扩展,多峰	[0,20]	0
13	Biggs EXP4 Function	10	连续,可微,不可分离,不可扩展,多峰	[0,20]	0
14	Biggs EXP5 Function	11	连续,可微,不可分离,不可扩展,多峰	[0,20]	0
15	Biggs EXP6 Function	13	连续,可微,不可分离,不可扩展,多峰	[-20,20]	0
16	Bird Function	2	连续,可微,不可分离,不可扩展,多峰	[-2π,2π]	-106.764537

续表

序号	函　　数	维数	属　　性	边　　界	期望
17	Bohachevsky 1 Function	2	连续,可微,可分离,不可扩展,多峰	[-100,100]	0
18	Bohachevsky 2 Function	2	连续,可微,不可分离,不可扩展,多峰	[-100,100]	0
19	Bohachevsky 3 Function	2	连续,可微,不可分离,不可扩展,多峰	[-100,100]	0
20	Booth Function	2	连续,可微,不可分离,不可扩展,多峰	[-10,10]	0
21	Box- Betts Quadratic Sum Function	D	连续,可微,不可分离,不可扩展,多峰	[0.9,1.2]	0
22	Box- Betts Quadratic Sum Function	2	连续,可微,不可分离,不可扩展,多峰	[-5,10]	0.3978873
23	Branin RCOS 2 Function	2	连续,可微,不可分离,不可扩展,多峰	[-5,15]	5.559037
24	Brent Function	2	连续,可微,不可分离,不可扩展,多峰	[-10,10]	0
25	Brown Function	D	连续,可微,不可分离,可扩展,单峰	[-1,4]	0
26	Bukin 2 Function	2	连续,可微,不可分离,不可扩展,多峰	[-15,-5]	0
27	Bukin 4 Function	2	连续,不可微,可分离,不可扩展,多峰	[-15,-5]	0
28	Bukin 6 Function	2	连续,不可微,不可分离,不可扩展,多峰	[-15,5]	0
29	Camel Function-Three Hump	2	连续,不可微,不可分离,不可扩展,多峰	[-5,5]	0
30	Camel Function-Six Hump	2	连续,可微,不可分离,不可扩展,多峰	[-5,5]	-1.0316
31	Chen Bird Function	2	连续,可微,不可分离,不可扩展,多峰	[-500,500]	-2000
32	Chen V Function	2	连续,可微,不可分离,不可扩展,多峰	[-500,500]	-2000
33	Chichinadze Function	2	连续,可微,可分离,不可扩展,多峰	[-30,30]	-43.3159
34	Chung Reynolds Function	D	连续,可微,部分可分离,可扩展,单峰	[-100,100]	0
35	Cola Function	D	连续,可微,不可分离,不可扩展,多峰	[-4,4]	11.7464
36	Colville Function	4	连续,可微,不可分离,不可扩展,多峰	[-10,10]	0
37	Corana Function	D	不连续,不可微,可分离,可扩展,多峰	[-500,500]	0
38	Cosine Mixture Function	2、4	不连续,不可微,可分离,可扩展,多峰	[-1,1]	0.2
39	Cross-in-Tray Function	2	连续,不可分离,不可扩展,多峰	[-10,10]	-2.06261218
40	Csendes Function	D	连续,可微,可分离,可扩展,多峰	[-1,1]	0
41	Csendes Function	2	连续,可微,可分离,可扩展,多峰	[-10,10]	0
42	Damavandi Function	2	连续,可微,可分离,可扩展,多峰	[0,14]	0
43	Deb 1 Function	D	连续,可微,可分离,可扩展,多峰	[-1,1]	0
44	Deb 3 Function	D	连续,可微,可分离,可扩展,多峰	[-1,1]	0
45	Deckkers-Aarts Function	2	连续,可微,可分离,可扩展,多峰	[-20,20]	-24777
46	deVilliers Glasser 1 Function	24	连续,可微,不可分离,不可扩展,多峰	[-500,500]	0
47	deVilliers Glasser 2 Function	16	连续,可微,不可分离,不可扩展,多峰	[-500,500]	0
48	Dixon & Price Function	D	连续,可微,不可分离,可扩展,单峰	[-10,10]	0
49	Dolan Function	5	连续,可微,不可分离,不可扩展,多峰	[-100,100]	0
50	Easom Function	2	连续,可微,可分离,不可扩展,多峰	[-100,100]	-1

续表

序号	函　　数	维数	属　　性	边　　界	期望
51	El-Attar-Vidyasagar-Dutta Function	2	连续,可微,不可分离,不可扩展,单峰	[-500,500]	0.470427
52	Egg Crate Function	2	连续,可分离,不可扩展	[-5,5]	0
53	Egg Holder Function	*D*	连续,可分离,不可扩展	[-512,512]	959.64
54	Exponential Function	*D*	连续,可分离,不可扩展	[-1,1]	1
55	Exponential Function	10	可分离	[0,20]	0
56	Freudenstein Roth Function	2	连续,可微,不可分离,不可扩展,多峰	[-10,10]	0.060447
57	Giunta Function	2	连续,可微,不可分离,不可扩展,多峰	[-1,1]	3
58	Goldstein Price Function	2	连续,可微,不可分离,不可扩展,多峰	[-2,2]	0
59	Goldstein Price Function	*D*	连续,可微,不可分离,可扩展,多峰	[-100,100]	0
60	Goldstein Price Function	100	连续,可微,不可分离,可扩展,多峰	[0.1,100]	0
61	Hansen Function	2	连续,可微,可分离,不可扩展,多峰	[-10,10]	-3.862782
62	Hartman 3 Function	4	连续,可微,不可分离,不可扩展,多峰	[0,1]	-3.32236
63	Hartman 6 Function	4	连续,可微,不可分离,不可扩展,多峰	[0,1]	0
64	Helical Valley	3	连续,可微,不可分离,可扩展,多峰	[-10,10]	0
65	Himmelblau Function	2	连续,可微,不可分离,可扩展,多峰	[-5,5]	-2.3458
66	Hosaki Function	2	连续,可微,不可分离,不可扩展,多峰	[0,5]	124.3612
67	Jennrich-Sampson Function	10	连续,可微,不可分离,不可扩展,多峰	[-1,1]	-1.4
68	Langerman-5 Function	*D*	连续,可微,不可分离,可扩展,多峰	[0,10]	-0.673668
69	Keane Function	2	连续,可微,不可分离,可扩展,多峰	[0,10]	0
70	Leon Function	2	连续,可微,不可分离,不可扩展,单峰	[-1.2,1.2]	0
71	Matyas Function	2	连续,可微,不可分离,不可扩展,单峰	[-10,10]	-1.9133
72	McCormick Function	2	连续,可微,不可分离,不可扩展,多峰	[-1.5,4]	0
73	Miele Cantrell Function	4	连续,可微,不可分离,不可扩展,多峰	[-1,1]	2
74	Mishra 1 Function	*D*	连续,可微,不可分离,不可扩展,多峰	[0,1]	2
75	Mishra 2 Function	*D*	连续,可微,不可分离,可扩展,多峰	[0,1]	-0.18467
76	Mishra 3 Function	2	连续,可微,不可分离,可扩展,多峰	[-100,100]	-0.199409
77	Mishra 4 Function	2	连续,可微,不可分离,不可扩展,多峰	[-100,100]	-1.01983
78	Mishra 5 Function	2	连续,可微,不可分离,不可扩展,多峰	[-100,100]	-2.28395
79	Mishra 6 Function	2	连续,可微,不可分离,不可扩展,多峰	[-100,100]	0
80	Mishra 7 Function	*D*	连续,可微,不可分离,不可扩展,多峰	[-100,100]	0
81	Mishra 8 Function	2	连续,可微,不可分离,不可扩展,多峰	[-100,100]	0
82	Mishra 9 Function	3	连续,可微,不可分离,不可扩展,多峰	[-100,100]	0
83	Mishra 10 Function	2	连续,可微,不可分离,不可扩展,多峰	[-100,100]	0
84	Mishra 11 Function	*D*	连续,可微,不可分离,不可扩展,多峰	[-100,100]	0
85	Parsopoulos Function	2	连续,可微,可分离,可扩展,多峰	[-5,5]	-0.96354
86	Pen Holder Function	2	连续,可微,可分离,可扩展,多峰	[-11,11]	0

续表

序号	函　数	维数	属　性	边　界	期望
87	Pathological Function	D	连续,可微,不可分离,不可扩展,多峰	[-100,100]	-45.778
88	Paviani Function	10	连续,可微,不可分离,可扩展,多峰	[2,10]	0
89	Pint'er Function	D	连续,可微,不可分离,可扩展,多峰	[-10,10]	0.9
90	Periodic Function	2	可分离	[-10,10]	0
91	Powell Singular Function	D	连续,可微,不可分离,可扩展,单峰	[-4,5]	0
92	Powell Singular 2 Function	D	连续,可微,不可分离,可扩展,单峰	[-4,5]	0
93	Powell Sum Function	D	连续,可微,可分离,可扩展,单峰	[-1,1]	0
94	Price 1 Function	2	连续,不可微,可分离,不可扩展,多峰	[-500,500]	0.9
95	Price 2 Function	2	连续,可微,不可分离,不可扩展,多峰	[-10,10]	0
96	Price 3 Function	2	连续,可微,不可分离,不可扩展,多峰	[-500,500]	0
97	Price 4 Function	2	连续,可微,不可分离,不可扩展,多峰	[-500,500]	0
98	Qing Function	D	连续,可微,可分离,可扩展,多峰	[-500,500]	-3873.7243
99	Quadratic Function	2	连续,可微,不可分离,不可扩展	[-10,10]	0
100	Quartic Function	D	连续,可微,可分离,可扩展	[-1.28,1.28]	0
101	Quintic Function	D	连续,可微,可分离,不可扩展,多峰	[-10,10]	0
102	Rana Function	2	连续,可微,可分离,不可扩展,多峰	[-500,500]	0
103	Ripple 1 Function	2	连续,可微,可分离,不可扩展,多峰	[0,1]	0
104	Ripple 25 Function	D	不可分离	[0,1]	0
105	Rosenbrock Function	2	连续,可微,不可分离,可扩展,单峰	[-30,30]	0
106	Rosenbrock Modified Function	2	连续,可微,不可分离,不可扩展,多峰	[-2,2]	0
107	Rotated Ellipse Function	2	连续,可微,不可分离,不可扩展,单峰	[-500,500]	0
108	Rotated Ellipse 2 Function	2	连续,可微,不可分离,不可扩展,单峰	[-500,500]	0
109	Rump Function	2	连续,可微,不可分离,不可扩展,单峰	[-500,500]	0
110	Salomon Function	D	连续,可微,不可分离,可扩展,多峰	[-100,100]	0
111	Sargan Function	D	连续,可微,不可分离,可扩展,多峰	[-100,100]	0
112	Scahffer 1 Function	2	连续,可微,不可分离,不可扩展,单峰	[-100,100]	0
113	Scahffer 2 Function	2	连续,可微,不可分离,不可扩展,单峰	[-100,100]	0
114	Scahffer 3 Function	2	连续,可微,不可分离,不可扩展,单峰	[-100,100]	0.00156685
115	Scahffer 4 Function	2	连续,可微,不可分离,不可扩展,单峰	[-100,100]	0.292579
116	Schmidt Vetters Function	3	连续,可微,不可分离,不可扩展,多峰	[-100,100]	3
117	Schumer Steiglitz Function	D	连续,可微,可分离,可扩展,单峰	[-100,100]	0
118	Schwefel Function	D	连续,可微,部分可分离,可扩展,单峰	[-100,100]	0
119	Schwefel 1.2 Function	D	连续,可微,不可分离,可扩展,单峰	[-100,100]	0
120	Schwefel 2.4 Function	D	连续,可微,可分离,不可扩展,多峰	[0,10]	0
121	Schwefel 2.6 Function	2	连续,可微,不可分离,不可扩展,单峰	[-100,100]	0
122	Schwefel 2.20 Function	D	连续,不可微,可分离,可扩展,单峰	[-100,100]	0
123	Schwefel 2.21 Function	D	连续,不可微,可分离,可扩展,单峰	[-100,100]	0
124	Schwefel 2.22 Function	D	连续,可微,不可分离,可扩展,单峰	[-100,100]	0

续表

序号	函　数	维数	属　性	边　界	期望
125	Schwefel 2.23 Function	D	连续,可微,不可分离,可扩展,单峰	[-10,10]	0
126	Schwefel 2.24 Function	D	连续,可微,不可分离,可扩展,单峰	[-10,10]	0
127	Schwefel 2.25 Function	D	连续,可微,可分离,不可扩展,多峰	[0,10]	0
128	Schwefel 2.26 Function	D	连续,可微,可分离,可扩展,多峰	[-500,500]	-418.983
129	Schwefel 2.36 Function	2	连续,可微,可分离,可扩展,多峰	[0,500]	-3456
130	Shekel 5	5	连续,可微,不可分离,可扩展,多峰	[0,10]	-10.1499
131	Shekel 7	7	连续,可微,不可分离,可扩展,多峰	[0,10]	-10.3999
132	Shekel 10	10	连续,可微,不可分离,可扩展,多峰	[0,10]	-10.5319
133	Shubert Function	D	连续,可微,可分离,不可扩展,多峰	[-10,10]	-186.7309
134	Shubert 3 Function	D	连续,可微,可分离,不可扩展,多峰	[-10,10]	-29.6733337
135	Shubert 4 Function	D	连续,可微,可分离,不可扩展,多峰	[-10,10]	-25.740858
136	Schaffer F6 Function	D	连续,可微,不可分离,可扩展,多峰	[-100,100]	0
137	Sphere Function	D	连续,可微,可分离,可扩展,多峰	[0,10]	0
138	Step Function	D	连续,不可微,可分离,可扩展,单峰	[-100,100]	0
139	Step 2 Function	D	连续,不可微,可分离,可扩展,单峰	[-100,100]	0
140	Step 3 Function	D	连续,不可微,可分离,可扩展,单峰	[-100,100]	0
141	Stepint Function	D	连续,不可微,可分离,可扩展,单峰	[-5.12,5.12]	0
142	Streched V Sine Wave Function	D	连续,可微,不可分离,可扩展,单峰	[-10,10]	0
143	Sum Squares Function	D	连续,可微,可分离,可扩展,单峰	[-10,10]	0
144	Styblinski-Tang Function	D	连续,可微,不可分离,不可扩展,多峰	[-5,5]	-78.332
145	Table 1/Holder Table 1 Function	2	连续,可微,可分离,不可扩展,多峰	[-10,10]	-26.920336
146	Table 2/Holder Table 2 Function	2	连续,可微,可分离,不可扩展,多峰	[-10,10]	-19.2085
147	Table 3/Carrom Table Function	2	连续,可微,不可分离,不可扩展,多峰	[-10,10]	-24.1568155
148	Testtube Holder Function	2	连续,可微,可分离,不可扩展,多峰	[-10,10]	-10.8723
149	Trecanni Function	2	连续,可微,可分离,不可扩展,单峰	[-5,5]	0
150	Trid 6 Function	D	连续,可微,可分离,不可扩展,单峰	[-36,36]	-50
151	Trid 10 Function	D	连续,可微,不可分离,不可扩展,多峰	[-100,100]	-200
152	Trefethen Function	2	连续,可微,不可分离,不可扩展,多峰	[-10,10]	-3.30686865
153	Trigonometric 1 Function	D	连续,可微,不可分离,可扩展,多峰	$[0,\pi]$	0
154	Trigonometric 2 Function	D	连续,可微,不可分离,可扩展,多峰	[-500,500]	1
155	Tripod Function	2	不连续,不可微,不可分离,不可扩展,多峰	[-100,100]	0
156	Ursem 1 Function	2	可分离	[-2.5,3]	0
157	Ursem 3 Function	2	不可分离	[-2,2]	0
158	Ursem 4 Function	2	不可分离	[-2,2]	0

续表

序号	函　数	维数	属　性	边　界	期望
159	Ursem Waves Function	2	不可分离	[-0.9,1.2]	-400
160	Venter Sobiezcczanski-Sobieski Function	2	连续,可微,可分离,不可扩展	[-50,50]	0.002288
161	Watson Function	5	连续,可微,不可分离,不可扩展,单峰	[-10,10]	0
162	Wayburn Seader 1 Function	2	连续,可微,不可分离,可扩展,单峰	[-100,100]	0
163	Wayburn Seader 2 Function	2	连续,可微,不可分离,可扩展,单峰	[-500,500]	21.35
164	Wayburn Seader 3 Function	2	连续,可微,不可分离,可扩展,单峰	[-500,500]	0
165	W / Wavy Function	D	连续,可微,可分离,可扩展,多峰	$[-\pi,\pi]$	0
166	Weierstrass Function	D	连续,可微,可分离,可扩展,多峰	[-0.5,0.5]	0
167	Whitley Function	D	连续,可微,不可分离,可扩展,多峰	[-100,100]	0
168	Wolfe Function	3	连续,可微,可分离,可扩展,多峰	[0,2]	0
169	Xin-She Yang (Function 1)	D	可分离	[-5,5]	0
170	Xin-She Yang (Function 2)	D	不可分离	$[-2\pi,2\pi]$	0
171	Xin-She Yang (Function 3)	D	不可分离	[-20,20]	-1
172	Xin-She Yang (Function 4)	D	不可分离	[-10,10]	-1
173	Zakharov Function	D	连续,可微,不可分离,可扩展,多峰	[-5,10]	0
174	Zettl Function	2	连续,可微,不可分离,不可扩展,单峰	[-5,10]	-0.003791
175	Zirilli or Aluffi - Pentini's Function	2	连续,可微,不可分离,不可扩展,单峰	[-10,10]	-0.3523

1.2.4 重叠变量连接基准函数集

本节介绍一组新颖的基准函数集,这一组函数是为了评估全局实值优化算法的性能[14]。它结合了实参黑箱优化基准函数和大规模全局优化基准函数,采用不同大小的重叠子问题组成的一组新测试函数集,我们称之为重叠变量连接基准函数(OVLB)。图1-1说明了OVLB 3种类型。

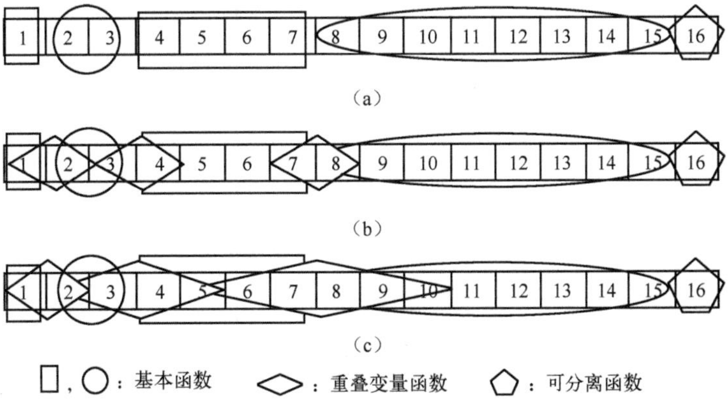

图1-1　OVLB的说明

(a) 无重叠变量连接类型;(b) 极小部分重叠变量连接类型;(c) 多重叠变量连接类型。

表 1-7 和表 1-8 分别给出了基本测试函数和组合测试函数的信息。

表 1-7　基本测试函数

序号	函　数	定　义
F_1	Sphere	$\sum_{i=1}^{D} x_i^2$
F_2	Schwefel 1.2	$\sum_{i=1}^{D}\left(\sum_{j=1}^{i} x_j\right)^2$
F_3	Rosenbrock	$\sum_{i=1}^{D-1}[100(x_i^2 - x_{i+1})^2 + (x_i - 1)^2]$
F_4	Rastrigin	$\sum_{i=1}^{D}[x_i^2 - 10\cos(2\pi x_i) + 10]$
F_5	Ackley	$-20\exp\left(-0.2\sqrt{\frac{1}{D}\sum_{i=1}^{D} x_i^2}\right) - \exp\left(\frac{1}{D}\sum_{i=1}^{D}\cos(2\pi x_i^2)\right) + 20 + e$
F_6	Weierstrass	$\sum_{i=1}^{D}\left\{\sum_{k=0}^{20}[1/2^k\cos(2\pi 3^k(x_i + 1/2))]\right\} - D\sum_{k=0}^{20}[1/2^k\cos(\pi 3^k)]$
F_7	Katsuura	$\frac{10}{D^2}\prod_{i=1}^{D}\left(1 + i\sum_{j=1}^{32}\frac{\lvert 2^j x_i - \lfloor 2^j x_i \rfloor\rvert}{2^j}\right)^{\frac{10}{D^{1.2}}} - \frac{10}{D^2}$
F_8	Sharp Ridge	$x_1^2 + 100\sqrt{\sum_{i=1}^{D} x_i^2}$

表 1-8　组合测试函数

Composition 函数	基本函数 1	基本函数 2	可分离函数	如果有重叠
C_1, C_{12}, C_{23}	F_2	F_3	F_1	F_3
C_2, C_{13}, C_{24}	F_4	F_5	F_4	F_3
C_3, C_{14}, C_{25}	F_4	F_6	F_4	F_3
C_4, C_{15}, C_{26}	F_4	F_7	F_4	F_3
C_5, C_{16}, C_{27}	F_4	F_8	F_4	F_3
C_6, C_{17}, C_{28}	F_5	F_6	F_5	F_3
C_7, C_{18}, C_{29}	F_5	F_7	F_5	F_3
C_8, C_{19}, C_{30}	F_5	F_8	F_5	F_3
C_9, C_{20}, C_{31}	F_6	F_7	F_6	F_3
C_{10}, C_{21}, C_{32}	F_6	F_8	F_6	F_3
C_{11}, C_{22}, C_{33}	F_7	F_8	F_1	F_3

1.2.5 测试无约束优化的软件

本节介绍一个相对较大且用法简单的测试函数集合，为无约束优化软件的相关性和鲁棒性设计指南[15]。测试程序的中心是一组基本子程序，这些子程序定义了测试函数和初始点。

下面是 3 个问题域。

(1) 非线性方程组：$f_i(\boldsymbol{x})=0, 1\leqslant i\leqslant n, x\in\mathbf{R}^n$（给定 $i=1,2,\cdots,n$ 时 $f_i:\mathbf{R}^n\to\mathbf{R}$）。

(2) 非线性最小二乘：$\min\left\{\sum_{i=1}^{m} f_i^2(\boldsymbol{x}):x\in\mathbf{R}^n\right\}$（给定 $i=1,2,\cdots,n$ 时 $f_i:\mathbf{R}^n\to\mathbf{R}, m\geqslant n$）。

(3) 无约束极小化：$\min\{f(\boldsymbol{x}):\boldsymbol{x}\in\mathbf{R}^n\}$（给定 $f_i:\mathbf{R}^n\to\mathbf{R}$）。

下面是对测试函数的一些说明。

几乎所有的测试函数是非线性最小二乘。定义一个非线性最小二乘问题 $f_1,f_2,\cdots,f_m$，可以通过设置获得一个无约束极小化问题：

$$f(x)=\sum_{i=1}^{m} f_i^2(\boldsymbol{x}) \tag{1.9}$$

如果 $n=m$，问题可以化为非线性方程组：

$$f_i(\boldsymbol{x})=0,\quad 1\leqslant i\leqslant n \tag{1.10}$$

如果 $m>n$，式(1.9)的最优化条件导出非线性方程组：

$$\sum_{i=1}^{m}\left(\frac{\partial f_i(\boldsymbol{x})}{\partial x_j}\right)f_i(\boldsymbol{x})=0,\quad 1\leqslant j\leqslant n \tag{1.11}$$

表 1-9 是对参考函数的介绍。

表 1-9　参考函数

序号	函　数	维数	参数设置	初始点 x_0	问题分类
1	Rosenbrock Function	2	$n=2,m=2$	(-1.2,1)	非线性方程组，非线性最小二乘
2	Freudenstein and Roth Function	2	$n=2,m=2$	(0.5,-2)	非线性最小二乘
3	Powell Badly Scaled Function	2	$n=2,m=2$	(0,1)	非线性方程组，无约束极小化
4	Brown Badly Scaled Function	2	$n=2,m=3$	(1,1)	无约束极小化
5	Beale Function	2	$n=2,m=3$	(1,1)	无约束极小化
6	Jennrich and Sampson Function	2	$n=2,m\geqslant n$	(0.3,0.4)	非线性最小二乘
7	Helical Valley Function1	3	$n=3,m=3$	(-1,0,0)	非线性方程组，非线性最小二乘，无约束极小化
8	Bard Function	3	$n=3,m=15$	(1,1,1)	非线性最小二乘
9	Gaussian Function	3	$n=3,m=15$	(0.4,1,0)	无约束极小化
10	Meyer Function	3	$n=3,m=16$	(0.02,4000,250)	非线性最小二乘
11	Gulf Reseach and Development Function	3	$n=3,n\leqslant m\leqslant 100$	(5,2.5,0.15)	无约束极小化
12	Box Three-dimensional Function	3	$n=3,m\geqslant n$	(0,10,20)	非线性最小二乘，无约束极小化
13	Powell Singular Function	4	$n=4,m=4$	(3,-1,0,1)	非线性方程组，非线性最小二乘

续表

序号	函　数	维数	参数设置	初始点 x_0	问题分类
14	Wood Function	4	$n=4, m=6$	$(-3,-1,-3,-1)$	非线性方程组，无约束极小化
15	Kowalik and Osborne Function	4	$n=4, m=11$	$(0.25, 0.39, 0.415, 0.39)$	非线性最小二乘
16	Brown and Dennis Function	4	$n=4, m \geqslant n$	$(25,5,-5,-1)$	非线性最小二乘，无约束极小化
17	Osborne 1 Function	5	$n=5, m=33$	$(0.5, 1.5, -1, 0.01, 0.02)$	非线性最小二乘
18	Biggs EXP6 Function	6	$n=6, m \geqslant n$	$(1,2,1,1,1,1)$	无约束极小化
19	Osborne 2 Function	11	$n=11, m=65$	$(1.3, 0.65, 0.65, 0.7, 0.6, 3, 5, 7, 2, 4.5, 5.5)$	非线性最小二乘
20	Watson Function	2~31	$2 \leqslant n \leqslant 31$, $m=31$	$(0,0,\cdots,0)$	非线性方程组，非线性最小二乘，无约束极小化
21	Extended Rosenbrock's Function	D	$m \geqslant n$	(ξ_j)，其中 $\xi_{2j-1}=-1.2$，$\xi_{2j}=1$	无约束极小化
22	Extended Powell Singular Function	4的倍数	n 为4的倍数，$m=n$	(ξ_j)，其中 $\xi_{4j-3}=3$，$\xi_{4j-2}=-1$，$\xi_{4j-1}=0$，$\xi_{4j}=-1$	无约束极小化
23	Penalty Function Ⅰ	D	$m=n+1$	(ξ_j)，其中 $\xi_j=j$	无约束极小化
24	Penalty Function Ⅱ	D	$m=2n$	$(0.5,\cdots,0.5)$	无约束极小化
25	Variably Dimensioned Function	D	$m=n+2$	(ξ_j)，其中 $\xi_j=1-(j/n)$	非线性方程组，无约束极小化
26	Trigonometric Function	D	$m=n$	$(1/n, 1/n,\cdots,1/n)$	非线性方程组，无约束极小化
27	Brown Almost-linear Function	D	$m=n$	$(0.5, 0.5,\cdots,0.5)$	非线性方程组，非线性最小二乘
28	Discrete Boundary Value Function	D	$m=n$	(ξ_j)，其中 $\xi_j=t_j(t_j-1)$	非线性方程组
29	Discrete Integral Equation Function	D	$m=n$	(ξ_j)，其中 $\xi_j=t_j(t_j-1)$	非线性方程组
30	Broyden Tridiagonal Function	D	$m=n$	$(-1,-1,\cdots,-1)$	非线性方程组
31	Broyden Banded Function	D	$m=n$	$(-1,-1,\cdots,-1)$	非线性方程组
32	Linear Function-Full Rank	D	$m=n$	$(1,1,\cdots,1)$	非线性最小二乘
33	Linear Function-rank 1	D	$m=n$	$(1,1,\cdots,1)$	非线性最小二乘
34	Linear Function-rank 1 with zero Columns and Rows	D	$m \geqslant n$	$(1,1,\cdots,1)$	非线性最小二乘
35	Chebyquad Function	D	$m \geqslant n$	(ξ_j)，其中 $\xi_j=j/(n+1)$	非线性方程组，非线性最小二乘，无约束极小化

1.2.6 全局优化的测试函数

1978 年,Gordom 和 Wixom 首次介绍了一大类测试函数,并且在 1984 年和 1991 年分别被 Betro、Betro 和 Schoen 用于全局最优化文章中。

这类函数的主要优点是:

(1) 对于任何维数,都可以很容易地构建函数。

(2) 它们的全局最小值和最大值是已知的。

(3) 它们的平滑度可以被一组参数控制。

(4) 平稳点的数量和位置可以被使用者控制。

通过建立特殊的实例和随机产生具有相似结构的测试函数,上述优点使这类函数成为一个理想的全局优化测试平台[16]。

测试函数的定义为

$$f(x)=\frac{\sum_{i=1}^{k} f_i \prod_{j\neq i}\|\boldsymbol{x}-z_j\|^{\alpha_j}}{\sum_{i=1}^{k} \prod_{j\neq i}\|\boldsymbol{x}-z_j\|^{\alpha_j}} \tag{1.12}$$

式中:

(1) $\boldsymbol{x}\in[0,1)^N, N\in\mathbf{N}$

(2) $k\in\mathbf{N}$

(3) $z_j\in[0,1]^N, \forall j=1,2,\cdots,k$

(4) $f_i\in\mathbf{R}, \forall i=1,2,\cdots,k$

(5) $\alpha_i\in\mathbf{R}^+, \forall i=1,2,\cdots,k$

这些函数的主要属性包括:

(1) $f(z_i)=f_i, \forall i=1,2,\cdots,k$

(2) $\min_{i=1,k} f_i \leqslant f(x) \leqslant \max_{i=1,k} f_i, \forall \boldsymbol{x}\in[0,1]^N$

(3) 若 $\alpha_i>1$,则 $\lim_{x\to z_j}\nabla f(\boldsymbol{x})=0$

(4) 若 $\alpha_i>1$,则 $f(x)-f(z_i)=O(\|x-z_i\|^{\alpha_i})$

1.2.7 构建测试函数的准则

本节介绍基本的进化算法开发测试套件的指导方针,检测常见的测试函数和设计测试函数的两种方法,解决了关于比较研究进化算法的具体问题[17]。

指导方针:

(1) 测试组必须包含对 Hill-Climbing 有抵抗力的问题。

(2) 测试组必须包含非线性,不可分问题。

(3) 测试组必须包含可扩展函数。

(4) 测试组必须有标准形式。

构造新函数的两种方法。

扩展函数:

$$F'(\boldsymbol{x},\boldsymbol{y},\boldsymbol{z})=F(\boldsymbol{x},\boldsymbol{y})+F(\boldsymbol{y},\boldsymbol{z})+F(\boldsymbol{z},\boldsymbol{x}) \tag{1.13}$$

Composition 函数：

$$F'(\boldsymbol{x},\boldsymbol{y},\boldsymbol{z})=S(T(\boldsymbol{x},\boldsymbol{y}))+S(T(\boldsymbol{y},\boldsymbol{z}))+S(T(\boldsymbol{z},\boldsymbol{x})) \tag{1.14}$$

（T 是一个两个变量的转换，如 $T(\boldsymbol{x},\boldsymbol{y})=(\boldsymbol{x}+\boldsymbol{y})/2$）

1.2.8 对进化策略的任意正常突变分布的适应：发电机组适应

本节介绍了一个新的适应计划，以适应在进化策略中的任意正常变异分布[18]。它可以适应客观参数中的正确比例和更正。此外，在目标函数和可靠适应变异分布的任何旋转中，它是独立的，这些分布在高轴比方面相似于超椭圆体。在仿真中，将发电机组适应与其他两个同样可以产生非轴平行突变椭圆体的设计比较，证明了只有适应计划在选择坐标系统时是完全独立的。

客观函数：

适应计划都是由目标函数测试的，在此，$n=20$（客观参数的个数，即问题的维数）。作为一个合适的目标函数去测试扩展属性和坐标系统独立，作者提出了一个任意取向的超椭圆体，超椭圆体最长和最短之间的轴比（在这里设为 1000），相邻的轴之间的比恒定（当 $n=20$，比是 1.44）。

$$Q_1(x)=\sum_{i=1}^{n}\left(1000^{\frac{i-1}{n-1}}\underbrace{\langle \boldsymbol{x},e_i\rangle}_{\Downarrow \atop x_i}\right)^2 \tag{1.15}$$

$$Q_2(x)=\sum_{i=1}^{n}\left(1000^{\frac{i-1}{n-1}}\langle \boldsymbol{x},\boldsymbol{o}_i\rangle\right)^2 \tag{1.16}$$

式中：$\langle\cdot,\cdot\rangle$ 为规范标量产品，向量 $\boldsymbol{o}_1,\boldsymbol{o}_2,\cdots,\boldsymbol{o}_n\in\mathbf{R}^n$ 构成一个随机取向的标准正交基。使用 $\langle\boldsymbol{x},\boldsymbol{o}_i\rangle$ 代替 x_i 可以使任何目标函数在 $\mathbf{R}^n$ 的一个子集中。

在这里 $x_1,x_2,\cdots,x_n$ 是可以互换的并且不会改变函数性质。在实验的案例中，每个 x_i 都与它的邻居 x_{i-1} 和 x_{i+1} 有关：

$$Q_3(x)=\sum_{i-1}^{n-1}\left[100\,(x_i^2-x_{i+1})^2+(x_i-1)^2\right] \tag{1.17}$$

$$Q_4(x)=\sum_{i-2}^{n}\left[100\,(x_i^2-x_{i-1})^2+(x_i-1)^2\right] \tag{1.18}$$

Q_3 和 Q_4 的唯一不同是颠倒变量的顺序。

1.2.9 第一次进化优化国际大赛的结果

本节介绍第一次进化优化国际大赛（ICEO）的结果[19]。这场比赛的主题是两种类型的优化问题：实际函数优化和著名的旅行商问题（travelling salesman problem，TSP）。8 个参与者在实际基准函数与 3 个 TSP 问题上测试他们的算法。

实际基准函数，为了实际函数优化竞赛，这里提供了单峰函数、高等多峰函数、可分离和不可分离函数。在 5 维和 10 维的版本中，最小化的 5 个函数如表 1-10 所列。

定义了 3 个性能指标：预期每次成功的评价次数（ENES）。达到的最好值（BV）和相对时间（RT）。在测试每一个问题 5 维及 10 维版本时都必须要测试这些指标。

表 1-10 最小化的 5 个函数

函数	边界	公式	参数
The Sphere Model	[-5,5]	$f(\boldsymbol{x})=\sum_{i=1}^{N}(x_i-1)^2$	
The Griewank's function	[-600,600]	$\sum_{i=1}^{N}(x_i-100)^2-\prod_{i=1}^{N}\cos\left(\frac{x_i-100}{\sqrt{i}}\right)+1$	$d=4000$
The Shekel's foxholes	[0,10]	$f(\boldsymbol{x})=-\sum_{i=1}^{N}\frac{1}{\Vert\boldsymbol{x}-A(i)\Vert^2+c_i}$	$m=30$
The Michalewicz' function	[0,π]	$f(\boldsymbol{x})=-\sum_{i=1}^{N}\sin(x_i)\sin^{2m}\left(\frac{ix_i^2}{\pi}\right)$	$m=10$
The Langerman's function	[0,10]	$f(\boldsymbol{x})=-\sum_{i=1}^{m}c_i(\mathrm{e}^{-\frac{1}{\pi}\Vert\boldsymbol{x}-A(i)\Vert^2}\cos(\pi\Vert\boldsymbol{x}-A(i)\Vert^2))$	$m=5$

1.2.10 全局优化问题的变量吸引区域测试函数

为了测试解决全局最优问题算法的性能,需要局部极小量及“吸引区域”大小已知的函数。本节提供了一个构建全局最优问题测试函数的方法[20],首先应确定:①问题的维数,②局部极小值的个数,③局部极小点的位置,④局部极小点的函数值。此外,每个局部最小值的吸引区域的尺寸可大可小。这项技术包括:首先构建一个凸二次函数,其次有组织地扭曲这个函数的选择区域,以及介绍函数最小值。

1. 三次多项式测试函数

粗略地讲,构建三次多项式测试函数首先要定义一个抛物面 Z 且维数是 $D\subset\mathbf{R}^n$,然后用等式重新定义 Z,即半径为 ρ_i 的球 $S_i\subset D,i=1,2,\cdots,m$,在半径为 ρ 的球中构建测试函数,以此方式构建的函数是连续可微且在 S_i 处有局部极小值。

曲面 Z 的等式为

$$Z:g(\boldsymbol{x})=\Vert\boldsymbol{x}-T\Vert^2+t,\ x\in D \tag{1.19}$$

式中:$T=(\bar{x}_1,\bar{x}_2,\cdots,\bar{x}_n)\in D,t\in\mathbf{R}$。这里把$\Vert\cdot\Vert$定义为欧几里得范数。$g(\boldsymbol{x})$在 T 取 t 值时,得到其极小值。

2. 五次多项式测试函数

本节概括了五次多项式程序,定义函数为二次连续可微。首先定义五次多项式 $Q(\lambda)$为

$$Q(0)=f\quad Q'(0)=0\quad Q''(0)=0$$
$$Q(\rho)=\varphi\quad Q'(\rho)=\gamma\quad Q''(\rho)=2$$

式中:f 为任意实数,$f\leqslant\bar{f}=\min\{g(\boldsymbol{x})\mid\boldsymbol{x}\in\boldsymbol{B}\}$。

而满足 $Q(0)=f,Q'(0)=0$ 的 $Q(\lambda)$等式为

$$Q(\lambda)=a\lambda^5+b\lambda^4+c\lambda^3+d\lambda^2+f \tag{1.20}$$

式中:a、b、c、d 为要估计的参数。

3. 测试函数的构建

本节利用前面的两种多项式来定义测试函数 $f(\boldsymbol{x})$。假设维数是 D 是 $\mathbf{R}^n$ 上的一个区间并在其中寻求全局极小值,式子定义为

$$D=\{x\in\mathbf{R}^n \mid l_j\leqslant x_j\leqslant u_j, j=1,2,\cdots,n\} \tag{1.21}$$

测试函数定义为

$$f(\boldsymbol{x})=\begin{cases}Q_k(\boldsymbol{x}), & x\in S_k, k\in\{1,2,\cdots,m\}\\ \|\boldsymbol{x}-T\|^2+t, & x\notin S_1\cup S_2\cup\cdots\cup S_m\end{cases} \tag{1.22}$$

式中：

$$\begin{aligned}Q_k(x)=&\left[-\frac{6}{\rho_k^4}\frac{\langle \boldsymbol{x}-M_k,t-M_k\rangle}{\|x-M_k\|}+\frac{6}{\rho_k^5}A+\frac{1}{\rho_k^3}\left(1-\frac{\delta}{2}\right)\right]\|\boldsymbol{x}-M_k\|^5\\&+\left[-\frac{16}{\rho_k^3}\frac{\langle \boldsymbol{x}-M_k,t-M_k\rangle}{\|x-M_k\|}-\frac{15}{\rho_k^4}A-\frac{3}{\rho_k^2}\left(1-\frac{\delta}{2}\right)\right]\|\boldsymbol{x}-M_k\|^4\\&+\left[-\frac{12}{\rho_k^2}\frac{\langle \boldsymbol{x}-M_k,t-M_k\rangle}{\|\boldsymbol{x}-M_k\|}+\frac{10}{\rho_k^3}A+\frac{3}{\rho_k}\left(1-\frac{\delta}{2}\right)\right]\|\boldsymbol{x}-M_k\|^3\\&+\frac{1}{2}\delta\|\boldsymbol{x}-M_k\|^2+f_k\end{aligned}$$

下面通过设置参数来定义测试功能。

(1) $l,u\in\mathbf{R}^n$。

(2) $T=(\bar{x}_1,\bar{x}_2,\cdots,\bar{x}_n), l_j<\bar{x}_j<u_j$。

(3) m 是新的局部最小值的数量。

1.2.11 对于数值全局优化的新型组合测试函数

以前的测试函数在实验的过程中存在以下问题：

(1) 因为测试函数具有对称性，对于不同的维数，测试函数的全局最优具有一样的参数值。

(2) 全局最优值在原点。

(3) 全局最优位于搜索空间的中心，而一些算法更易收敛于搜索范围的中心。

(4) 全局最优在边界，全局最优易于被找到；局部最优在边界，粒子在找全局最优时易于陷入局部最优。

(5) 测试函数一般具有对称性且局部最优总是沿坐标轴分布，一些协同进化的算法会利用这一属性快速找到全局最优解。

本节提出了一些解决方法[21]：

(1) 把全局最优平移到一个随机位置。

(2) 对于问题(4)，建议使用不同的测试函数去测试算法。

(3) 对于问题(5)，可以旋转测试函数。

下面是新的 Composition 测试函数。

$$F(x)=\sum_{i=1}^{n}\{w_i^*[f_i'((\boldsymbol{x}-\boldsymbol{o}_i+\boldsymbol{o}_{\text{iold}})/\lambda\cdot M_i)+\text{bias}_i]\}+f\_\text{bias}$$

$[X\max, X\min]^D$：$F(x)$ 的搜索范围。

$[x\max, x\min]^D$：$f_i(x)$ 的搜索范围。

$\boldsymbol{o}_{\text{iold}}$：每个 $f_i(x)$ 的原来的最优位置。

w_i：每个 $f_i(x)$ 的权重，计算公式为

$$w_i = \exp\left(-\frac{\sum_{k=1}^{D} (\boldsymbol{x}_k - \boldsymbol{o}_{ik} + \boldsymbol{o}_{ikold})^2}{2D\sigma_i^2} \right)$$

$$w_i = \begin{cases} w_i, & w_i = \max(w_i) \\ w_i \cdot (1-\max(w_i)^{10}), & w_i \neq \max(w_i) \end{cases}$$

标准化权重：$w_i = w_i / \sum_{i=1}^{n} w_i$。

σ_i：用于控制每个$f_i(\boldsymbol{x})$收敛范围，值越小范围越狭窄。

λ_i：用于拉伸或收缩函数，值大于 1 表示拉伸，小于 1 表示收缩。

不同的基础函数拥有不同的搜索范围。

$$\lambda_i = \sigma_i \cdot \frac{X\max - X\min}{x\max - x\min}$$

$\boldsymbol{o}_i$ 表示全局和局部最优位置。

bias_i 表示最优解，最小的 bias_i 表示全局最优解。

使用 $\boldsymbol{o}_i$ 和 bias_i 可以设置全局最优解的位置。

1.2.12 连续全局优化测试问题对于随机算法的实值评估

商业、医学、工程以及应用科学方面的问题越来越复杂。在数学上，简单的线性、二次或单峰已经不能表示这些问题了。这些问题的范围可能是非凸的和断开的。它们的目标函数往往是多峰、多谷、多渠道的以及有不同的超平面。本节介绍了可以评估随机全局优化算法的基准测试问题[22]。表 1-11 是这些测试函数的信息。

表 1-11 测试函数信息

序号	函　数	维数	边界	期　望
1	Ackley's Problem (ACK)	10	[-30,30]	0
2	Aluffi-Pentini's Problem (AP)	2	[-10,10]	-0.3523
3	Becker and Lago Problem (BL)	2	[-10,10]	0
4	Bohachevsky 1 Problem (BF1)	2	[-50,50]	0
5	Bohachevsky 2 Problem (BF2)	2	[-50,50]	0
6	Branin Problem (BR)	2	$-5\leqslant x_1\leqslant 10$ $0\leqslant x_2\leqslant 15$	$5/(4\pi)$
7	Camel Back-3 Three Hump Problem(CB3)	2	[-5,5]	0
8	Camel Back-6 Six Hump Problem (CB6)	2	[-5,5]	-1.0316
9	Cosine Mixture Problem (CM)	2,4	[-1,1]	0.2,0.4
10	Dekkers and Aarts Problem (DA)	2	[-20,20]	-24777
11	Easom Problem (EP)	2	[-10,10]	-1
12	Epistatic Michalewicz Problem (EM)	5,10	$[0,\pi]$	-4.687658,-9.660152
13	Exponential Problem (EXP)	10	[-1,1]	1
14	Goldstein and Price (GP)	2	[-10,10]	3

续表

序号	函　数	维数	边界	期　望
15	Griewank Problem (GW)	10	[-600,600]	0
16	Gulf Research Problem (GRP)	3	$0.1\leqslant x_1\leqslant 100$ $0\leqslant x_2\leqslant 25.6$ $0\leqslant x_3\leqslant 5$	0
17	Hartman 3 Problem (H3)	3	[0,1]	-3.862782
18	Hartman 6 Problem (H6)	6	[0,1]	-3.322368
19	Helical Valley Problem (HV)	3	[-10,10]	0
20	Hosaki Problem (HSK)	2	$0\leqslant x_1\leqslant 5$ $0\leqslant x_2\leqslant 6$	-2.3458
21	Kowalik Problem (KL)	4	[0,0.42]	3.0748×10^{-4}
22	Levy and Montalvo 1 Problem (LM1)	3	[-10,10]	0
23	Levy and Montalvo 2 Problem (LM2)	5,10	[-5,5]	0
24	Levy and Montalvo 2 Problem (LM2)	2	$-1.5\leqslant x_1\leqslant 4$ $-3\leqslant x_2\leqslant 3$	-1.9133
25	Meyer and Roth Problem (MR)	3	[-10,10]	4.00×10^{5}
26	Miele and Cantrell Problem (MCP)	4	[-1,1]	0
27	Modified Langerman Problem (ML)	5,10	[0,10]	-0.965
28	Modified Rosenbrock Problem (MRP)	2	[-5,5]	0
29	Multi-Gaussian Problem (MGP)	2	[-2,2]	1.29695
30	Neumaier 2 Problem (NF2)	4	[0,4]	0
31	Neumaier 3 Problem (NF3)	10	[-100,100]	-210
32	Odd Square Problem (OSP)	20	[-15,15]	-1.143833
33	Paviani Problem (PP)	10	[2,10]	-45.778
34	Periodic Problem (PRD)	2	[-10,10]	0.9
35	Powell's Quadratic Problem (PWQ)	4	[-10,10]	0
36	Price's Transistor Modelling Problem (PTM)	9	[-10,10]	0
37	Rastrigin Problem (RG)	10	[-5.12,5.12]	0
38	Rosenbrock Problem (RB)	10	[-30,30]	0
39	Salomon Problem (SAL)	5,10	[-100,100]	0
40	Schaffer 1 Problem (SF1)	2	[-100,100]	0
41	Schaffer 2 Problem (SF2)	2	[-100,100]	0
42	Shubert Problem (SBT)	2	[-10,10]	-186.7309
43	Schwefel Problem (SWF)	10	[-500,500]	-418.9829
44	Shekel 5 Problem (S5)	4	[0,10]	-10.1499
45	Shekel 7 Problem (S7)	4	[0,10]	-10.3999
46	Shekel 10 Problem (S10)	4	[0,10]	-10.5319

续表

序号	函 数	维数	边界	期 望
47	Shekel's Foxholes (FX)	5,10	[0,10]	-10.4056,-10.2088
48	Sinusoidal Problem (SIN)	10,20	[0,180]	-3.5
49	Storn's Tchebychev Problem (ST)	9,17	[-128,128] $[-2^{15},2^{15}]$	0
50	Wood's Function (WF)	4	[-10,10]	0

1.2.13 排斥粒子群算法测试函数

2006 年,SK Mishra 等[23]提出了一些新的全局优化测试问题并对排斥粒子群算法进行了测试,也提出了新的针对测试排斥粒子群算法的测试函数[24]。表 1-12 和表 1-13 分别列出了参考文献[23]和[24]中测试函数的信息。

表 1-12 参考文献[23]中测试函数信息

序号	函 数	维数	边界	期望
1	$f(\boldsymbol{x})=[\lvert\cos\sqrt{\lvert x_1^2+x_2\rvert}\rvert^{0.5}+(x_1+x_2)/100]$	2	[-10,10]	-0.18466
2	$f(\boldsymbol{x})=[\lvert\sin\sqrt{\lvert x_1^2+x_2\rvert}\rvert^{0.5}+(x_1+x_2)/100]$	2	[-10,10]	-0.199441
3	$f(\boldsymbol{x})=[\{(\sin(\cos(x_1)+\cos(x_2)))^2)^2-(\cos(\sin(x_1)+\sin(x_2)))^2)^2\}+x_1]^2+0.01(x_1+x_2)$	2	[-10,10]	-1.01983
4	$f(\boldsymbol{x})=-\ln[\{(\sin(\cos(x_1)+\cos(x_2)))^2)^2-(\cos(\sin(x_1)+\sin(x_2)))^2)^2\}+x_1]^2+[(x_1-1)^2+(x_2-1)^2]/10$	2	[-10,10]	-2.28395
5	$f(\boldsymbol{x})=\sum_{i=1}^{m}\lvert x_i^5-3x_i^4+4x_i^3+2x_i^2-10x_i-4\rvert$	m	[-10,10]	0
6	$f(\boldsymbol{x})=1+\left(10000\left\lvert\sum_{i=1}^{m}x_i\right\rvert\right)^{0.5}$	m	[-10,10]	1

表 1-13 参考文献[24]中测试函数信息

序号	函 数	维数	边 界	期望
1	Test tube holder function (a)	2	[-10,10]	—
2	Test tube holder function (b)	2	$x_1\in[-9.5,9.4]$ $x_2\in[-10.9,10.9]$	—
3	Holder table function	2	[-10,10]	26.92
4	Carrom table function	2	[-10,10]	24.1568155
5	Cross in tray function	2	[-10,10]	-2.06261218
6	Crowned cross function	2	[-10,10]	0
7	Cross function	2	[-10,10]	0
8	Cross-leg table function	2	[-10,10]	-1
9	Pen holder function	2	[-11,11]	-0.96354

续表

序号	函　　数	维数	边　　界	期望
10	Bird function	2	[−2π,2π]	−106.764537
11	Modified Schaffer function	2	[−100,100]	0
12	Modified Schaffer function #2	2	[−100,100]	0
13	Modified Schaffer function #3	2	[−100,100]	0.00156685
14	Modified Schaffer function #4	2	[−100,100]	0.292579

1.2.14 用于评估进化算法性能的多模态问题发生器的实用程序

本节主要介绍多峰问题产生器根据固定数量的山峰(多模态的程度)设计测试问题[25]。对于 P 峰问题,长度为 L 的字符串 P 是随机产生的。通过各种方案(如等高、线性、基于对数等),把不同的高度分配给不同的峰值。为了评估任意个体$\bar{x}$,在汉明(Hamming)空间首先找到最近的峰值 $\mathrm{Peak}_n(\bar{x})$。

$$\mathrm{Hamming}[\bar{x},\mathrm{Peak}_n(\bar{x})]=\min_{i=1}^{P}[\mathrm{Hamming}(\bar{x},\mathrm{Peak}_i)] \tag{1.23}$$

$\bar{x}$的适应度值是有共同最近山峰的字符串的数量。

$$f(\bar{x})=\frac{L-\mathrm{Hamming}[\bar{x},\mathrm{Peak}_n(\bar{x})]}{L}\cdot \mathrm{Height}(\mathrm{Peak}_n(\bar{x})) \tag{1.24}$$

本节是以线性方式给山峰分配高度的。山峰高度是在最大值 1.0 和最小值 h 之间。例如,在含有 6 个山峰的问题中,如果 $h=0.5$,那么这 6 个山峰高度分别为 0.5,0.6,0.7,0.8,0.9,1.0。

在这类问题中,任意字符串的适应度值都在 0.0~1.0 之间。优化这类问题的算法的目标是找到最高的山峰,即字符串的适应度为 1.0。问题的困难程度依赖于下面 3 个方面:

(1) 山峰的个数。

(2) 山峰高度的分布。

(3) 山峰的分布。

山峰数量越多问题越困难。同样地,山峰越多其高度越接近全局最优。最后,山峰在搜索空间的位置也能使一些问题更难。

1.2.15 通用可调地形发生器

本节提出了一个地形(测试问题)发生器,它可以被用来产生如连续、边界约束的优化问题[26]。此地形发生器由很少的参数进行参数化并且这些参数在其所产生的地形几何图形中有着直观的表示。

文献[27]提出了对于动态优化问题的地形发生器。产生的地形是锥形的,其参数代表了其位置、高度和坡度。

$$f(\boldsymbol{x},\boldsymbol{y})=\max_{i=1}^{P}[H_i-R_i\cdot\sqrt{(\boldsymbol{x}-X_{ix})^2+(\boldsymbol{y}-Y_i)^2}] \tag{1.25}$$

文献[28]给出了一个连续地形发生器,它的重点在约束优化问题,其参数控制了可行域占总搜索空间的比率、可行区域的连通及约束个数。

$$f_k(\boldsymbol{x}) = a_k \left(\prod_{i=1}^{n} (u_i^k - x_i)(x_i - l_i^k) \right)^{\frac{1}{n}} \tag{1.26}$$

本节的发生器是基于混合高斯,由问题的类型及其参数化生成模型来定义的。

地形发生器的基本构成基于 n 维高斯函数:

$$g(\boldsymbol{x}) = \left[\frac{1}{(2\pi)^{\frac{n}{2}} |\boldsymbol{\Sigma}|^{\frac{1}{2}}} \exp\left(-\frac{1}{2}(\boldsymbol{x}-\mu)\boldsymbol{\Sigma}^{-1}(\boldsymbol{x}-\mu)^{\mathrm{T}} \right) \right]^{\frac{1}{n}} \tag{1.27}$$

式中:μ 为 n 维向量的均值;$\boldsymbol{\Sigma}$ 为 $(n\times n)$ 的协方差矩阵。一个高斯函数的形式直观上是一个 n 维的山峰。m 个高斯函数混合加权和为

$$F(\boldsymbol{x}) = \sum_{i=1}^{m} w_i g_i(\boldsymbol{x}) \tag{1.28}$$

利用高斯元素 g_i 组合成一个更复杂的函数,而每个元素的影响是由权重 w_i 决定的。

众所周知,高斯混合模型是极端复杂的。一般来说找出高斯混合函数的模型很困难。然而,对于优化测试问题,我们期望找到目标函数的最优解位置及最优值。因此,此地形发生器以最大值的形式给出了点的值,即最大集高斯(MSG)地形发生器:

$$G(\boldsymbol{x}) = \max_i [w_i g_i(\boldsymbol{x})] \tag{1.29}$$

含参数的 MSG 地形发生器的一般形式为

$$\langle \text{MSG}, [-c,c]^n, n, m, D_\mu, \{D_\Sigma\}, \{t, G^*\} \rangle \tag{1.30}$$

式中分别是指定问题发生器的形式,约束边界,搜索空间的维数,高斯函数的个数,均值向量的分布形式,协方差的分布形式,局部最优的阈值和全局最优个体的适应度值。

1.2.16 自由衍生优化算法的测试基准

本节选择的基准函数突出了自由衍生解算器的一些属性[29]。该测试集比较容易实现、应用广泛并且让使用者可以轻松地研究不同类型的问题。

该基准函数设置包括 22 个非线性最小二乘函数,这些函数在 CUTEr[30] 中有定义。每个函数有 m 个元素 $f_1, f_2, \cdots, f_m$,每个元素包含 n 个变量,且有一个标准初始点 x_s。

在基准测试集 P 中,问题由一个整数向量 (k_p, n_p, m_p, s_p) 决定。k_p 是以 CUTEr 函数为基础的参考编号,n_p 是变量的个数,m_p 是元素的个数,$s_p \in \{0,1\}$ 用 $x_0 = 10^{s_p} x_s$ 定义了初始点,式中 x_p 是相应函数的标准初始点。$x_p = 1$ 对于检验解比较有利,由于很多问题标准初始点比较靠近该问题的解,因此初始点应远离标准初始点。

基准测试集 P 有 53 个不同的问题。其源代码可在网站 www.mcs.anl.gov/~more/dfo 中下载。

此基准测试集包含了 3 类问题:平滑、噪声和分段平滑问题。

平滑问题 P_{S} 为

$$f(\boldsymbol{x}) = \sum_{k=1}^{m} f_k(\boldsymbol{x})^2 \tag{1.31}$$

噪声问题 P_{N} 为

$$f(\boldsymbol{x}) = [1 + \varepsilon_f \phi(\boldsymbol{x})] \sum_{k=1}^{m} f_k(\boldsymbol{x})^2 \tag{1.32}$$

式中：ε_f为相对噪声级，噪声函数 $\phi:\mathbf{R}^n \mapsto [-1,1]$ 由三次切比雪夫多项式 T_3定义：

$$\phi(\boldsymbol{x})=T_3(\phi_0(\boldsymbol{x})), T_3(\alpha)=\alpha(4\alpha^2-3) \tag{1.33}$$

式中：$\phi_0(\boldsymbol{x})=0.9\sin(100\|\boldsymbol{x}\|_1)\cos(100\|\boldsymbol{x}\|_\infty)+0.1\cos(\|\boldsymbol{x}\|_2)$。函数 ϕ_0 是连续的和分段连续可微的，其中在 $2^n n!$ 区域中 ϕ_0 是连续可微的。

分段平滑问题 P_{PS}为

$$f(\boldsymbol{x})=\sum_{k=1}^{m}|f_k(\boldsymbol{x})| \tag{1.34}$$

对于其中的 6 个函数($k_p=8,9,13,16,17,18$)，分段平滑函数被定义为

$$f(\boldsymbol{x})=\sum_{k=1}^{m}|f_k(\boldsymbol{x}_+)| \tag{1.35}$$

式中：$\boldsymbol{x}_+=\max(\boldsymbol{x},0)$。

1.2.17 无约束优化测试函数集

本节给出的无约优化测试函数集中，每个函数都有代数式和标准初始点[31]。这些测试函数分别来源于 Bongartz、Conn、Gould 和 Toint 所写的 CUTE 测试集，Moré、Garbow 和 Hillstrom 所写的测试集，Himmelblau 所写的测试集以及其他的文章或报告。表 1-14 是无约束优化测试函数的信息。

表 1-14　无约束优化测试函数的信息

序号	函　　数	标准初始点 x_0
1	Extended Freudenstein & Roth function	$[0.5,-2,\cdots,0.5,-2]$
2	Extended Trigonometric function	$[0.2,0.2,\cdots,0.2]$
3	Extended Rosenbrock function	$[-1.2,1,\cdots,-1.2,1]$
4	Generalized Rosenbrock function	$[-1.2,1,\cdots,-1.2,1]$
5	Extended White & Holst function	$[-1.2,1,\cdots,-1.2,1]$
6	Extended Beale function	$[1,0.8,\cdots,1,0.8]$
7	Extended Penalty function	$[1,2,\cdots,n]$
8	Perturbed Quadratic function	$[0.5,0.5,\cdots,0.5]$
9	Raydan 1 function	$[1,1,\cdots,1]$
10	Raydan 2 function	$[1,1,\cdots,1]$
11	Diagonal 1 function	$[1/n,1/n,\cdots,1/n]$
12	Diagonal 2 function	$[1/1,1/2,\cdots,1/n]$
13	Diagonal 3 function	$[1,1,\cdots,1]$
14	Hager function	$[1,1,\cdots,1]$
15	Generalized Tridiagonal 1 function	$[2,2,\cdots,2]$
16	Extended Tridiagonal 1 function	$[2,2,\cdots,2]$
17	Extended TET function(Three exponential terms)	$[0.1,0.1,\cdots,0.1]$
18	Generalized Tridiagonal 2 function	$[-1,-1,\cdots,-1]$
19	Diagonal 4 function	$[1,1,\cdots,1]$

续表

序号	函　　数	标准初始点 x_0
20	Diagonal 5 function	[1.1,1.1,…,1.1]
21	Extended Himmelblau function	[1,1,…,1]
22	Generalized White & Holst function	[-1.2,1,…,-1.2,1]
23	Generalized PSC1 function	[3,0.1,…,3,0.1]
24	Extended PSC1 function	[3,0.1,…,3,0.1]
25	Extended Powell function	[3,-1,0,1,…,3,-1,0,1]
26	Full Hessian FH1 function	[0.01,0.01,…,0.01]
27	Full Hessian FH2 function	[0.01,0.01,…,0.01]
28	Extended BD1 function (Block Diagonal)	[0.1,0.1,…,0.1]
29	Extended Maratos function	[1.1,0.1,…,1.1,0.1]
30	Extended Cliff function	[0,-1,…,0,-1]
31	Perturbed quadratic diagonal function	[0.5,0.5,…,0.5]
32	Extended Wood function	[-3,-1,-3,-1,…,-3,-1,-3,-1]
33	Extended Hiebert function	[0,0,…,0]
34	Quadratic QF1 function	[1,1,…,1]
35	Extended quadratic penalty QP1 function	[1,1,…,1]
36	Extended quadratic penalty QP2 function	[1,1,…,1]
37	Quadratic QF2 function	[0.5,0.5,…,0.5]
38	Extended quadratic exponential EP1 function	[1.5,1.5,…,1.5]
39	Extended Tridiagonal 2 function	[1,1,…,1]
40	FLETCBV3 function (CUTE)	$[h,2h,\cdots,nh]$
41	FLETCHCR function (CUTE)	[0,0,…,0]
42	BDQRTIC function (CUTE)	[1,1,…,1]
43	TRIDIA function (CUTE)	[1,1,…,1]
44	ARGLINB function (CUTE)	[1,1,…,1]
45	ARWHEAD function (CUTE)	[1,1,…,1]
46	NONDIA function (CUTE)	[-1,-1,…,-1]
47	NONDQUAR function (CUTE)	[1,-1,…,1,-1]
48	DQDRTIC function (CUTE)	[3,3,…,3]
49	EG2 function (CUTE)	[1,1,…,1]
50	CURLY20 function (CUTE)	$[0.001/(n+1),\cdots,0.01/(n+1)]$
51	DIXMAANA - DIXMAANL functions	[2,2,…,2]
52	Partial Perturbed Quadratic function	[0.5,0.5,…,0.5]
53	Broyden Tridiagonal function	[-1,-1,…,-1]
54	Almost Perturbed Quadratic function	[0.5,0.5,…,0.5]
55	Perturbed Tridiagonal Quadratic function	[0.5,0.5,…,0.5]

续表

序号	函　　数	标准初始点 x_0
56	Staircase 1 function	$[1,1,\cdots,1]$
57	Staircase 2 function	$[0,0,\cdots,0]$
58	LIARWHD function (CUTE)	$[4,4,\cdots,4]$
59	POWER function (CUTE)	$[1,1,\cdots,1]$
60	ENGVAL1 function (CUTE)	$[2,2,\cdots,2]$
61	CRAGGLVY function (CUTE)	$[1,2,\cdots,2]$
62	EDENSCH function (CUTE)	$[0,0,\cdots,0]$
63	INDEF function (CUTE)	$[1/(n+1),2/(n+1),\cdots,n/(n+1)]$
64	CUBE function (CUTE)	$[-1.2,1,\cdots,-1.2,1]$
65	EXPLIN1 function (CUTE)	$[0,0,\cdots,0]$
66	EXPLIN2 function (CUTE)	$[0,0,\cdots,0]$
67	ARGLINC function (CUTE)	$[1,1,\cdots,1]$
68	BDEXP function (CUTE)	$[1,1,\cdots,1]$
69	HARKERP2 function (CUTE)	$[1,2,\cdots,n]$
70	GENHUMPS function (CUTE)	$[-506,-506.2,\cdots,506.2]$
71	MCCORMCK function (CUTE)	$[1,1,\cdots,1]$
72	NONSCOMP function (CUTE)	$[3,3,\cdots,3]$
73	VARDIM function (CUTE)	$[1-(1/n),1-(2/n),\cdots,1-(n/n)]$
74	QUARTC function (CUTE)	$[2,2,\cdots,2]$
75	Diagonal 6 function	$[1,1,\cdots,1]$
76	SINQUAD function (CUTE)	$[0.1,0.1,\cdots,0.1]$
77	Extended DENSCHNB function (CUTE)	$[1,1,\cdots,1]$
78	Extended DENSCHNF function (CUTE)	$[2,0,\cdots,2,0]$
79	LIARWHD function (CUTE)	$[4,4,\cdots,4]$
80	DIXON3DQ function (CUTE)	$[-1,-1,\cdots,-1]$
81	COSINE function (CUTE)	$[1,1,\cdots,1]$
82	SINE function	$[1,1,\cdots,1]$
83	BIGGSB1 function (CUTE)	$[0,0,\cdots,0]$
84	Generalized Quartic function	$[1,1,\cdots,1]$
85	Diagonal 7 function	$[1,1,\cdots,1]$
86	Diagonal 8 function	$[1,1,\cdots,1]$
87	Full Hessian FH3 function	$[1,1,\cdots,1]$
88	SINCOS function	$[3,0.1,\cdots,3,0.1]$
89	Diagonal 9 function	$[1,1,\cdots,1]$
90	HIMMELBG function (CUTE)	$[1.5,1.5,\cdots,1.5]$
91	HIMMELH function (CUTE)	$[1.5,1.5,\cdots,1.5]$

1.2.18 研究差分进化算法参数的单目标优化测试基准平台

本节主要介绍一些测试平台。由于出版物出版周期较长,而互联网可以实现快速的资源共享,因此很多研究者选择互联网分享最新的测试函数,在自己的主页中展示并分享他们的成果[32]。表 1-15~表 1-17 列出了一些优秀的研究人员提供测试问题的网页和一些优秀的测试平台。

表 1-15 优秀的研究人员提供测试问题的网页

研究员	主页
Dr Ernesto P. Adorio	http://www.geocities.com/eadorio/
Dr Abdel-Rahman Hedar	http://www-optima.amp.i.kyoto-u.ac.jp/member/student/hedar/Hedar.html
Prof. Kaj Madsen	http://www2.imm.dtu.dk/km/GlobOpt/testex/
Dr Jorge More	http://www-unix.mcs.anl.gov/more/
Prof. Arnold Neumaier	http://www.mat.univie.ac.at/neum/
Prof. Klaus Schittkowski	http://www.math.uni-bayreuth.de/kschittkowski/home.htm
Prof. Darrel Whitley	http://www.cs.colostate.edu/whitley/
Prof. P. N. Suganthan	https://www3.ntu.edu.sg/home/epnsugan/

表 1-16 常规测试平台

编号	平台名称	参考文献	简介
1	Branin Test Bed	[32]	非线性方程组及优化
2	CEC2019	[34]	非线性方程组及优化
3	CEC 2005 Test Bed	[34]	有 25 个测试函数并且考虑到了偏置、平移、旋转、扩展和组成
4	Chung-Reynolds Test Bed	[36]	考虑了一些代表性的问题,介绍了 34 个测试函数
5	De Jong Test Bed	[37]	用于评估遗传算法,介绍了 5 个测试函数
6	Dekkers-Aarts Test Bed	[38-40]	连续优化问题
7	Dixon-Szeggo Test Bed	[39,41]	其中 Branin RCOS 函数和 Hartman 函数是不正确的,并且这些错误仍然存在
8	Levy Montalvo Test Bed	[42-43]	16 个测试问题,但是两个文献中测试问题的编号不一样
9	MINPACK-2 Test Bed	[44]	有 18 个测试函数,每个测试问题都包含了实际应用
10	More-Garbow-Hillstrom Test Bed	[45]	有 35 个测试函数,考虑了 3 个问题区域:非线性方程式、非线性最小二乘、无约最小化
11	Powell Test Bed	[46-48]	用于优化算法的测试与比较
12	Price-Storn-Lampinen Test Bed	[49]	包含 20 个测试函数,从 ICEO 测试问题演变而来
13	Salomon Test Bed	[50]	有 12 个应用广泛的测试问题,实现坐标系的旋转
14	Schwefel Test Bed	[51-52]	介绍了用于策略比较的 62 个问题

续表

编号	平台名称	参考文献	简　介
15	Whitley - Rana - Dzubera - Mathias Test Bed	[53]	讨论了以前测试问题的局限性,给出了新的测试函数
16	Yao-Liu-Lin Test Bed	[10]	有 23 个测试问题,但是拥有平台 6 的错误

表 1-17　在线测试平台

编号	名　称	网　址
1	CET	http://www. maths. uq. edu. au/CEToolBox/
2	CUTEr	http://hsl. rl. ac. uk/cuter-www/
3	GEATbx	http://www. geatbx. com/
4	ICEO	http://iridia. ulb. ac. be/ aroli/ICEO/Functions/Functions. html
5	MVF	http://www. geocities. com/eadorio/mvf. pdf
6	Netlib	http://netlib. sandia. gov/
7	NLS	http://people. scs. fsu. edu/burkardt/f_src/test_nls/test_nls. html
8	SOMA	http://www. ft. utb. cz/people/zelinka/soma/
9	Tracer	http://tracer. lcc. uma. es/

因为不同的代码使用不同的标准,所以对于非线性问题,很难找到基准。表 1-18~表 1-20 列出了优化软件基准、性能库和其他基准信息。

表 1-18　Hans Mittelmann 的优化软件基准

Hans Mittelmann 的优化软件基准	
组合优化	不同线性规划求解的 Concorde-TSP
线性规划(LP)	简单线性规划求解基准
	商业线性规划求解基准
	大规模线性规划或二次规划的并行障碍求解
	大规模网状线性规划基准(商业与免费)
混合整数线性规划(MILP)	混合整数线性规划基准-MIPLIB2010
	简单的 MIPLIB 实例
	轻微病变实例
	性能变异
	可行性基准
	不可行检测
半定/ SQL 规划	第 7 次 DIMACS 挑战的 SQL 问题
	一些稀疏 SDP 问题和其他 SDP 问题
	MISOCP 和大规模 SOCP 基准
非线性规划(NLP)	AMPL - NLP 基准、IPOPT、KNITRO、LOQO、PENNLP、SNOPT、WORHP、XPRESS & CONOPT
混合整数 QPS 和 QCPS	MIQ(C)P 基准

续表

Hans Mittelmann 的优化软件基准	
混合整数非线性规划(MINLP)	MINLP 基准
平衡约束问题	MPEC 基准

表 1-19 性能库

Performance Libraries 性能库	
AMPLBookLib	LP、MIP 和 NLP
FCNetLib	MIP
GLOBALLib	NLP
LINLib	LP、MIP 和 QCP
MacMOOPLib	LP、NLP
MINLPLib	MINLP
MIPLIB 2010	MIP
MPLLib	LP、NLP
PrincetonLib	NLP
Selected Continuous Global Optimization Lib	NLP 和 DNLP
XPRESSLib	LP、MIP 和 NLP

表 1-20 其他基准

MINLPs	凸和非凸的情况
Semidefinite solver SDPA	综述和与其他求解比较
凸混合整数非线性规划的算法和软件	6 个整数代码描述和分析
非光滑的基准	一些非光滑极小化方法和软件经验及理论的比较
自由衍生优化算法基准	NMSMAX、APPSPACK、NEWUOA 在平滑噪声和分段平滑函数的比较
多目标优化算法的性能评估	CEC-2007
离散梯度法:非光滑优化的一种无导数方法	DNLP 和 CONDOR 的比较
非线性回归	Borchers & Mondragon 的比较
MPECs as NLPs	SQP 和 IPM 求解的扩展比较
MILP04	8 个非商业性的混合整数线性规划求解的详细对比
CONDOR	对 Powell's UOBYQA 算法的并行约束扩展及 DFO 算法的实验结果和比较
连续优化算法的比较	测试平台、工具、结果
COCONUT 基准	关于全局优化问题的各种代码
MCNF 基准	大规模最小成本问题的简单的成本缩放代码
Simplex 基准	Simplex Method 算法的比较
KNITRO	LOQO 和 CUTE(AMP)问题的 KNITRO、SNOPT 和 filterSQP 测试
LOQO	CUTE(AMPL)问题的 KNITRO、SNOPT 和 LOQO 测试

续表

MINLPs	凸和非凸的情况
MP 106 paper and tables	CUREr 问题的 IPOPT、KNITRO 和 LOQO 测试
LANCELOT	CUTE 问题的 LANCELOT 和 MINOS 测试
SNOPT	CUTE 问题的 SNOPT 和 MINOS 测试
HOPDM	对 hopdm-2. 30 的 LP/QP 问题的基准
MCP	大型混合互补问题的算法比较
TSP	TSPLIB 基准
Global	黑盒全局优化的公共区域软件比较
Global-stochastic	随机全局优化方法的比较
Vehicle Routing Software Survey	商业求解的比较

1.2.19 包含奇异或随机性的无约束优化测试函数

本节是 Yang 在 2010 年提出的一些新的测试函数，这些测试函数包含奇异性或随机性元素[54]。一些用公式表达的函数包含随机性元素但是它们的全局最优解是确定的。并且同年，该作者整理了关于无约优化测试问题[55]。表 1-21 列出了新的测试函数，表 1-22 列出了 Yang 对无约优化测试问题的总结。

表 1-21　新的测试函数信息

函　数	维数	属性	边界	期　望
$f(x)=\left[e^{-\sum_{i=1}^{d}(x_i/\beta)^{2m}}-2e^{-\sum_{i=1}^{d}(x_i-\pi)^2}\right]\cdot\prod_{i=1}^{d}\cos^2 x_i$ $m=5,\beta=15$	D	多峰非线性函数	[-20,20]	-1 $x_*=(\pi,\cdots,\pi)$
$f(x)=\left(\sum_{i=1}^{d}\lvert x_i\rvert\right)\cdot\exp\left[-\sum_{i=1}^{d}\sin(x_i^2)\right]$	D	多峰奇异函数	$[-2\pi,2\pi]$	0 $x_*=(0,\cdots,0)$
$f(x,y)=-5e^{-\beta[(x-\pi)^2+(y-\pi)^2]}$ $-\sum_{j=1}^{K}\sum_{i=1}^{K}\varepsilon_{ij}e^{-\alpha[(x-i)^2+(y-j)^2]}$	2	具有随机元素	$[K,K]$ $K=10$	$f_{\min}$随机 $x_*=(\pi,\pi)$
$f(x)=\sum_{i=1}^{d}\varepsilon_i\lvert x_i\rvert^i$	D	随机和非光滑	[-5,5]	0 $x_*=(0,\cdots,0)$

表 1-22　Yang 对无约优化测试问题的总结

序号	函　数		维数	边界	最优解	最优目标值
1	Ackley's function		D	[-32.768,32,768]	(0,…,0)	0
2	De Jong's functions	Sphere function	D	[-5.12,5.12]	(0,…,0)	0
		Weighted sphere function	D	[-5.12,5.12]	(0,…,0)	0
		The sum of different power function	D	[-1,1]	(0,…,0)	0

续表

序号	函　数		维数	边界	最优解	最优目标值
3	Easom's functions		2	[-100,100]	(π,π)	-1
			D	[-2π,2π]	(π,…,π)	-1
4	Griewank's function		D	[-600,600]	(0,…,0)	0
5	Michaelwicz's functions		D	[0,π]		
			2	[0,5]	(2,20319, 1.57049)	-1.8013
6	Perm functions	Perm functions	D	[-D,D]	(0,1,…,d)	0
		Related function	D	[-1,1]	(1,1/2,…, 1/d)	0
7	Rastrigin's function		D	[-5.12,5.12]	(0,…,0)	0
8	Rosenbrock's function		D	[-5,5]	(1,…,1)	0
9	Schwefel's function		D	[-500,500]	(420.9687,…, 420.9687)	-418.9829
10	Six-hump camel back function		2	[-10,10]		-186.7309
11	Xin-She Yang's functions	Xin-She Yang's function	D	[-2π,2π]	(0,…,0)	0
		Related function	2	[-10,10]	(1/2,1/2), (1/2,-1/2), (-1/2,1/2) (-1/2,-1/2)	-0.6065
12	Zakharov ' s functions	Zakharov's function	D		(0,…,0)	0
		generalize	D		(0,…,0)	0

1.2.20 全局优化测试函数

任何全局优化方法都需要用一系列的公共基准函数或问题验证[56]。这些基准函数中最常用的有 Schwefel's、Rastrigin's、Ackley's、Schaer's F7 和 Schaer's F6 函数。它们在已知的全局最小问题中有明确的解析式，并且除了 Schaer's F6 函数之外，其他函数的维数可以缩减。全局优化常用基准函数信息如表 1-23 所列。

表 1-23　全局优化常用基准函数的信息

序号	函　数	维数	边　界	全局最优解
1	Ackley's Function	D	[-32.768,32.768]	(0,…,0)
2	Rastrigin's Function	D	[-5.12,5.12]	(0,…,0)
3	Schwefel's Function	D	[-500,500]	(420.9687,…,420.9687)
4	Schaer's F7 Function	D	[-100,100]	(0,…,0)
5	Schaer's F6 Function	D	[-100,100]	(0,…,0)

1.2.21 基于 CUDA 的实参优化问题基准

基于 CUDA 的实参优化基准(cuROB)有利于评估基于 GPU 平台的优化算法,并且可以快速执行基于 CPU 平台的优化算法[56]。

这些基准的测试函数可以根据以下 4 个标准来选择:

(1) 为了使算法在各种复杂的情况下可以被测试,测试函数必须在维度范围以内。

(2) 为了使测试函数可以在 GPU 平台上有效执行,测试函数必须具有很好的对应。

(3) 为了可以在拓扑的环境中分析算法,测试函数必须是可解的。

(4) 最重要的是,为了得到优化算法系统的评估,测试组必须包括各种属性的函数。

这些测试函数的信息如表 1-24 所列。

表 1-24 基于 CUDA 的实参优化测试函数的信息

序号	函　数	维数	属　性	说　明
单峰函数				
1	Rotated Sphere	D	单峰,不可分离,高度对称,尤其是旋转不变性	易于跟踪
2	Rotated Ellipsoid	D	单峰,不可分离	
3	Rotated Elliptic	D	单峰,不可分离;二项病态,局部不规则平滑	难跟踪
4	Rotated Discus	D	单峰,不可分离,局部不规则平滑,在一个方向上敏感	
5	Rotated Bent Cigar	D	单峰,不可分离,最优值易限于底部平缓但是比较狭窄的山谷	
6	Rotated Different Powers	D	单峰,不可分离,变量 z_i 的敏感性不同	
7	Rotated Sharp Valley	D	单峰,不可分离,全局最优落在不可微分的陡峭的山脊上	
基本多峰函数				
8	Rotated Step	D	有许多大小不一的高原,不可分离	有合适的全局构架
9	Rotated Weierstrass	D	多峰,不可分离,处处连续但微分是点集	
10	Rotated Griewank	D	多峰,不可分离,经常有许多均匀分布的局部最优解	
11	Rastrigin	D	多峰,可分离,经常有许多均匀分布的局部最优解	
12	Rotated Rastrigin	D	多峰,不可分离,经常有许多均匀分布的局部最优解	
13	Rotated Schaffer's F7	D	多峰,不可分离	
14	Rotated Expanded Griewank plus Rosenbrock	D	多峰,不可分离	

续表

<table>
<tr><th>序号</th><th>函　　数</th><th>维数</th><th>属　　性</th><th>说　　明</th></tr>
<tr><td colspan="5">基本多峰函数</td></tr>
<tr><td>15</td><td>Rotated Rosenbrock</td><td>D</td><td>多峰,不可分离,从局部最优到全局最优有一个长而狭窄抛物线形的山谷</td><td rowspan="9">有不牢固的全局构架</td></tr>
<tr><td>16</td><td>Modied Schwefel</td><td>D</td><td>多峰,可分离,有很多次优解远离全局最优解</td></tr>
<tr><td>17</td><td>Rotated Modified Schwefel</td><td>D</td><td>多峰,不可分离,有很多次优解远离全局最优解</td></tr>
<tr><td>18</td><td>Rotated Katsuura</td><td>D</td><td>多峰,不可分离,处处连续但是不可维</td></tr>
<tr><td>19</td><td>Rotated Lunacek bi-Rastrigin</td><td>D</td><td>多峰,不可分离,在 μ_1 和 μ_2 周围有两个漏斗形地区</td></tr>
<tr><td>20</td><td>Rotated Ackley</td><td>D</td><td>多峰,不可分离,有许多局部最优解和全局最优解落在一个小的盆地中</td></tr>
<tr><td>21</td><td>Rotated Happy Cat</td><td>D</td><td>多峰,不可分离,全局最优解落在弯曲狭窄的山谷中</td></tr>
<tr><td>22</td><td>Rotated HGBat</td><td>D</td><td>多峰,不可分离,全局最优解落在弯曲狭窄的山谷中</td></tr>
<tr><td>23</td><td>Rotated Expanded Schaffer's F6</td><td>D</td><td>多峰,不可分离</td></tr>
<tr><td colspan="5">Hybrid 函数</td></tr>
<tr><td>24</td><td>Hybrid Function 1</td><td>D</td><td rowspan="6">变量被随机分成子成分,不同的基本函数(单峰和多峰)被用于不同的子成分</td><td rowspan="6">不同变量的子属性有不同的属性</td></tr>
<tr><td>25</td><td>Hybrid Function 2</td><td>D</td></tr>
<tr><td>26</td><td>Hybrid Function 3</td><td>D</td></tr>
<tr><td>27</td><td>Hybrid Function 4</td><td>D</td></tr>
<tr><td>28</td><td>Hybrid Function 5</td><td>D</td></tr>
<tr><td>29</td><td>Hybrid Function 6</td><td>D</td></tr>
<tr><td colspan="5">Composition 函数</td></tr>
<tr><td>30</td><td>Composition Function 1</td><td>D</td><td rowspan="8">多峰函数和不可分离,合并子功能的属性,维持全局/局部最优</td><td rowspan="8">当接近相应的最优值时,属性类似于特定的子函数</td></tr>
<tr><td>31</td><td>Composition Function 2</td><td>D</td></tr>
<tr><td>32</td><td>Composition Function 3</td><td>D</td></tr>
<tr><td>33</td><td>Composition Function 4</td><td>D</td></tr>
<tr><td>34</td><td>Composition Function 5</td><td>D</td></tr>
<tr><td>35</td><td>Composition Function 6</td><td>D</td></tr>
<tr><td>36</td><td>Composition Function 7</td><td>D</td></tr>
<tr><td>37</td><td>Composition Function 8</td><td>D</td></tr>
<tr><td colspan="5">搜索空间:$[-100,100]^D$,$f_{\text{opt}}=100$</td></tr>
</table>

1. Hybrid 函数

Hybrid 函数是构造函数。对于每一个 Hybrid 函数,变量被随机分成子成分,不同的基本函数(单峰和多峰)被用于不同的子成分,如下式:

$$F(\boldsymbol{x}) = \sum_{i=1}^{N} G_i(R_i \cdot \boldsymbol{z}^i) + f^{\text{opt}} \tag{1.36}$$

式中：$F(\cdot)$被用于构造 Hybrid 函数；$G_i(\cdot)$为第 i 个基本函数；N 为基本函数的个数，$\boldsymbol{z}^i$ 的构造如下所示：

$$\begin{cases} \boldsymbol{y} = \boldsymbol{x} - \boldsymbol{x}^{\text{opt}} \\ \boldsymbol{z}^1 = [y_{S_1}, y_{S_2}, \cdots, y_{S_{n1}}] \\ \boldsymbol{z}^2 = [y_{S_{n1+1}}, y_{S_{ni+2}}, \cdots, y_{S_{n1+n2}}] \\ \quad\vdots \\ \boldsymbol{z}^N = \left[y_{S\left(\sum\limits_{i=1}^{N-1} ni\right)+1}, y_{S\left(\sum\limits_{i=1}^{N-1} ni\right)+2}, \cdots, y_{S_{nD}} \right] \end{cases} \tag{1.37}$$

式中：S 的排列是$(1:D)$，这样 $\boldsymbol{z}=[\boldsymbol{z}^1,\boldsymbol{z}^2,\cdots,\boldsymbol{z}^N]$是转换向量，$n_i, i=1,2,\cdots,N$ 是基本函数的维数，形式如

$$n_i = \lceil p_i D \rceil (i = 1,2,\cdots,N-1), n_N = D - \sum_{i=1}^{N-1} n_i \tag{1.38}$$

p_i 被用于控制每个基本函数所占的百分比。

2. Composition 函数

Composition 函数是由同一种类基本函数构成的。

$$F(x) = \sum_{i=1}^{N} [w_i \cdot (\boldsymbol{\lambda} \cdot G_i(\boldsymbol{x}) + \text{bias}_i)] + f^{\text{opt}} \tag{1.39}$$

$F(\cdot)$：构造的 Composition 函数。

$G_i(\cdot)$：第 i 个基本函数。

N：所用的基本函数的个数。

bias_i：定义哪个最优解是全局最优解。

$\boldsymbol{\lambda}_i$：控制 $G_i(\cdot)$的高度。

w_i：$G_i(\cdot)$的权重，归一化$\widetilde{w}_i$ 计算公式为

$$\overline{w}_i = \frac{1}{\sqrt{\sum\limits_{j=1}^{D}(x_j - x_j^{\text{opt},i})^2}} \exp\left(- \frac{\sum\limits_{j=1}^{D}(x_j - x_j^{\text{opt},i})^2}{2D\sigma_i^2} \right) \tag{1.40}$$

式中：$\boldsymbol{x}^{\text{opt},i}$为 $G_i(\cdot)$的最优位置。归一化$\overline{w}_i$ 为 w_i：$w_i = \overline{w}_i \Big/ \sum\limits_{i=1}^{N} \overline{w}_i$。

当 $\boldsymbol{x}=\boldsymbol{x}^{\text{opt},i}$时，$w_j=\begin{cases}1, j=i \\ 0, j\neq i\end{cases}, j=1,2,\cdots,N$，则 $F(\boldsymbol{x})=\text{bias}_i+f^{\text{opt},i}$。Composition 函数是多峰函数和不可分离的，合并子功能的属性，维持全局/局部最优。

参考文献

[1] HANSEN N, FINCK S, ROS R, et al. Real-parameter black-box optimization benchmarking 2009:

Noiseless functions definitions [D]. Inria, France: Parc Orsay University, 2009.
[2] HANSEN N, AUGER A, ROS R, et al. Comparing results of 31 algorithms from the black-box optimization benchmarking BBOB-2009[C]. Porland: Proceedings of the 12th Annual Conference Companion on Genetic and Evolutionary Computation, 2010: 1689-1696.
[3] HANSEN N, AUGER A, FINCK S, et al. Real-parameter black-box optimization benchmarking 2010: Experimental setup[D]. Inria, France: Parc Orsay University, 2010.
[4] SUGANTHAN P N, HANSEN N, LIANG J J, et al. Problem definitions and evaluation criteria for the CEC 2005 special session on real-parameter optimization[J]. Natural Computing, 2005: 341-357.
[5] LIANG J J, QU B Y, SUGANTHAN P N, et al. Problem definitions and evaluation criteria for the CEC 2013 special session on real-parameter optimization[R]. Zhengzhou: Computational Intelligence Laboratory, Zhengzhou University and Nanyang Technological University, 2013.
[6] LIANG J J, Qu B Y, SUGANTHAN P N. Problem definitions and evaluation criteria for the CEC 2014 special session and competition on single objective real-parameter numerical optimization[R]. Zhengzhou Computational Intelligence Laboratory, Zhengzhou University and Nanyang Technological University, 2013.
[7] LIANG J J, QU B Y, SUGANTHAN P N, et al. Problem Definitions and Evaluation Criteria for the CEC 2015 Competition on Learning-based Real-Parameter Single Objective Optimization[R]. Zhengzhou Technical Report201411A, Computational Intelligence Laboratory, Zhengzhou University and Technical Report, Nanyang Technological University, 2014.
[8] TAN Y, LI J, ZHENG Z. ICSI 2014 Competition on Single Objective Optimization[R]. Beijing Key Laboratory of Machine Perception, Peking University, 2014.
[9] LIAO T, MOLINA D, DE O M, et al. A Note on Bound Constraints Handling for the IEEE CEC'05 Benchmark Function Suite[J]. Evolutionary Computation, 2014, 22(2): 351-359.
[10] YAO X, LIU Y, LIN G. Evolutionary programming made faster[J]. IEEE Transactions on Evolutionary Computation, 1999, 3(2), 82-102.
[11] MOMIN J, YANG X S. A literature survey of benchmark functions for globaloptimization problems[J]. Journal of Mathematical Modelling and Numerical Optimisation, 2013, 4(2): 150-194.
[12] CHUNG C J, REYNOLDS R G. CAEP: An Evolution-Based Tool for Real-Valued Function Optimization Using Cultural Algorithms[J]. International Journal on Artificial Intelligence Tool, 1998, 7(3): 239-291.
[13] WINSTON P H, BROWN R H. Artificial intelligence: An MIT Perspective[M]. Cambridge: MIT Press, 1984.
[14] OLIWA T, RASHEED K. An overlapping variable linkage benchmark suite[C]. New York: Proceedings of the 15th Annual Conference Companion on Genetic and Evolutionary Computation, 2013.
[15] MORÉ J J, GARBOW B S, HILLSTROM K E. Testing unconstrained optimization software[J]. ACM Transactions on Mathematical Software, 1981, 7(1): 17-41.
[16] SCHOEN F. A wide class of test functions for global optimization[J]. Journal of Global Optimization, 1993, 3(2): 133-137.
[17] WHITLEY L D, MATHIAS K E, RANA S B, et al. Building Better Test Functions[C]. Kitakyushu, Japan: Proceedings of the Sixth Internation Conference on Genetic Algorithms, 1995.
[18] NICKOLAUS H, ANDREAS O, ANDREAS G. On the adaptation of arbitrary normal mutation distributions in evolution strategies the generating set adaptation[C]. Kitakyushu, Japan: Proceedings of the Sixth International Conference on Genetic Algorithms, 1995.

[19] BERSINI H. Results of the first international contest on evolutionary optimisation[M]. Singapore: World Scientific,1996.

[20] GAVIANO M,LERA D. Test functions with variable attraction regions for global optimization problems [J]. Journal of Global Optimization,1998,13(2):207-223.

[21] LIANG J J,SUGANTHAN P N,DEB K. Novel composition test functions for numerical global optimization[C]. Pasaden Sa:Proceedings of 2005 IEEE Intelligence Symposium,2005.

[22] ALI M M,KHOMPATRAPORN C,ZABINSKY Z B. A numerical evaluation of several stochastic algorithms on selected continuous global optimization test problems[J]. Journal of Global Optimization, 2005,31(4):635-672.

[23] MISHRA S K. Repulsive particle swarm method on some difficult test problems of global optimization [R]. Shilong,India:Social ence Electronic Publishing,2006.

[24] MISHRA S K. Some new test functions for global optimization and performance of repulsive particle swarm method[R]. Shilong, India: Social Science Research Network (SSRN) working Papers Series,2006.

[25] LOBO F G,LIMA C F. On the utility of the multimodal problem generator for assessing the performance of evolutionary algorithms[C]. New York:Proceedings of the 8th annual conference on Genetic and evolutionary computation,2006.

[26] GALLAGHER M,YUAN B. A general-purpose tunable landscape generator[J]. IEEE Transactions on Evolutionary Computation,2006,10(5):590-603.

[27] MORRISON R W,JONG K A D. A test problem generator for nonstationary environments[C]. [s. l.]: Proceedings of the 1999 Congress on Evolutionarg Compntation 1999.

[28] MICHALEWICZ Z,DEB K,SCHMIDT M,et al. Test-case generator for nonlinear continuous parameter optimization techniques[J]. IEEE Trans. Evol. Comput.,2000,4(3):197-215.

[29] MORÉ J J,WILD S M. Benchmarking derivative-free optimization algorithms[J]. SIAM Journal on Optimization,2009,20(1):172-191.

[30] NICHOLAS I M G,DOMINIQUE O,PHILIPPE L T. CUTEr and SifDec:A constrained and unconstrained testing environment,revisited[J]. ACM Transactions on Mathematical Software,2003(29): 373-394.

[31] ANDREI N. An unconstrained optimization test functions collection[J]. Advanced Modeling and Optimization,2008,10(1):147-161.

[32] QING A. Benchmarking a single objective optimization test bed for parametric study on differential evolution:Differential Evolution:Fundamentals and Applications in Electrical Engineering[C]. New York:John Wiley & Sons Ltd.,2010.

[33] BRANIN Jr F H. Widely convergent method for finding multiple solutions of simultaneous nonlinear equations[J]. IBM Journal of Research and Development,1972,16(5):504-522.

[34] GONG W,WANG Y,CAI Z,et al. Finding multiple roots of nonlinear equation systems via a repulsion-based adaptive differential evolution[J]. IEEE Transactions on Systems,Man,and Cybernetics: Systems,2020,50(4):1499-1513.

[35] SUGANTHAN P N,HANSEN N,LIANG J J,et al. Problem definitions and evaluation criteria for the CEC 2005 special session on real-parameter optimization[R]. Singapore Nanyang Technolongical University,2005.

[36] CHUNG C J,REYNOLDS R G. CAEP:an evolution-based tool for real-valued function optimization using cultural algorithms[J]. International Journal on Artificial Intelligence Tools,1998,7

(3):239-291.
[37] DE JONG K. An analysis of the behavior of a class of genetic adaptive systems[D]. Ann Arbor:University of Michigan,1975.
[38] DEKKERS A,AARTS E. Global optimization and simulated annealing[J]. Mathematical Programming, 1991,50(1-3):367-393.
[39] DIXON L C W,SZEGO G P. Towards global optimization 2[J]. North-Holland,1978,3(9):844.
[40] ALUFFI-PENTINI F PARISI V,ZIRILLI F. Global optimization and stochastic differential equations [J]. Journal of Optimization Theory and Applications,1985,47(1):1-16.
[41] DIXON L C W, SZEGO G P. Towards Global Optimization[J]. North-Holland, 1975, 2(117-129):2.
[42] HENNART J P. Numerical Analysis:Proceedings of the 3rd IIMAS Workshop,Lecture Notes in Mathematics. Berlin:Springer,1982.
[43] LEVY A V. MONTALVO A. The tunneling algorithm for the global minimization of functions[J]. SIAM Journal on Scientific Computing,1985,6(1):15-29.
[44] AVERICK B M,CARTER R G,XUE C L,et al. The MINPACK-2 test problem collection(preliminary version)[R]. Washington DC:Technical Memorandum No 150,Argonne National Laboratory,Mathematics and Computer Science Division,1991.
[45] MORE J J,GARBOW B S. ,HILLSTROM K E. Testing unconstrained optimization[J]. ACM Transactions on Mathematical Software,1981,7(1):17-41.
[46] POWELL M J D. An iterative method for finding stationary values of a function of several variables[J]. Computer Journal,1962,5(2):147-151.
[47] FLETCHER R, POWELL M J D. An rapidly convergent descent method for minimization[J]. Computer Journal,1963,6(2):163-168.
[48] POWELL M J D. An efficient method for finding the minimum of a function of several variables without calculating derivatives[J]. Computer Journal,1964,7(2):155-162.
[49] PRICE K,STORN R M ,LAMPINEN J A. Differential Evolution-A Practical Approach to Global Optimization[M]. Berlin:Springer,2005.
[50] SALOMON R. Re-evaluating genetic algorithm performance under coordinate rotation of benchmark functions:a survey of some theoretical and practical aspects of genetic algorithms[J]. Bio Systems, 1996,39(3):263-278.
[51] SCHWEFEL H P. Numerical optimization for computer models[M]. New York:John Wiley & Sons Ltd. ,Chichester,1981.
[52] SCHWEFEL H P. Evolution and optimum seeking,[M]:New York:John Wiley & Sons Inc. ,1995.
[53] WHITLEY D,RANA S,DZUBERA J,et al. Evaluating evolutionary algorithms[J]. Artificial Intelligence,1996,85(1-2):245-276.
[54] YANG X S. Firefly algorithm, stochastic test functions and design optimisation[J]. International Journal of Bio-Inspired Computation,2010,2(2):78-84.
[55] YANG X S. Appendix A:test problems in optimization[J]. Engineering optimization,2010:261-266.
[56] DIETERICH J M,HARTKE B. Empirical review of standard benchmark functions using evolutionary global optimization[J]. Applied Mathematics-a Journal of Chinese Universities Series B,2012,03 (10):1552-1564.
[57] DING K,TAN Y. A CUDA-based real parameter optimization benchmark[J]. Eprint Arxiv:2014, 29:1407.

第 2 章 含约束的单目标优化标准测试函数

2.1 约束优化问题概述

约束优化问题是一类广泛存在于实际工程中但又较难求解的问题,因而对其研究具有十分重要的理论和实际意义。约束全局优化关注的是在约束条件下如何计算问题的最大值或最小值。约束全局最小化问题的一般形式如下:

$$
\begin{aligned}
\min\quad & f(\boldsymbol{x}) \\
\text{s. t.}\quad & h(\boldsymbol{x})=0 \\
& g(\boldsymbol{x})\leqslant 0 \\
& l_k\leqslant x_k\leqslant u_k,\boldsymbol{x}\in\mathbf{R}^n,\quad k=1,2,\cdots,n
\end{aligned}
\tag{2.1}
$$

式中:$f(\boldsymbol{x})$为实连续函数;$\boldsymbol{x}=(x_1,x_2,\cdots,x_n)\in\mathbf{R}^n$ 为决策向量;$h(\boldsymbol{x})$为等式约束条件;$g(\boldsymbol{x})$为不等式约束条件;搜索空间 $S=\{x\in\mathbf{R}^n|l_k\leqslant x_k\leqslant u_k,k=1,2,\cdots,n\}$ 中满足所有不等式约束和等式约束的所有解构成的集合 $D=\{\boldsymbol{x}\in S|g(\boldsymbol{x})\leqslant 0,h(\boldsymbol{x})=0\}$ 称为约束优化问题的可行解。求解约束优化问题就是要从搜索空间 S 中寻找使目标函数 $f(\boldsymbol{x})$ 达到最小的可行解 $\boldsymbol{x}^*\in D$。不失一般性,对于最大化的约束优化问题,可以将目标函数乘以-1,转化为最小约束优化问题来求解。

求解约束优化问题的方法有很多,其中经典方法有解析法[1-4]和数值法[5-8],求解约束优化问题的经典方法存在很多弊端,如它们很容易陷入局部最优。求解约束优化问题的现代优化算法有启发式算法[9-10]和进化算法。

约束优化进化算法研究的一个重要问题,就是如何定义实际约束优化问题的共同特性,并把这些共同的特性作为算法所要解决的特殊问题。实际问题是丰富多彩的,但并不是每一个实际的约束优化问题都包括了约束优化问题的所有特征。因而,设计一些能够反映实际约束优化问题基本特征的标准测试函数,是该领域需要研究的一个重要问题。本章的主要内容是介绍现有的含约束的单目标优化测试函数。

当需要用约束优化方法解决实际问题时，只有通过比较不同测试函数的测试结果，才能选取最优的解决方法。这里为约束优化爱好者提供了寻找测试函数代码的途径。随机产生测试问题的方法可见参考文献[11-12]；参考文献[13]产生非线性连续参数优化问题；参考文献[14]用来产生非线性参数优化问题，也是用来产生含约束参数优化问题，它可以产生具有指定特点的优化问题，如产生指定维度、局部最优个数、最优点起积极作用的约束条件个数和在可行域搜索空间的拓扑结构的问题。

以往用来测试和比较优化程序的方法是结合小型人造或所谓真实生活的问题来反映数学规划的典型应用，这些测试问题的例子参见参考文献[15]。本书搜集了许多用于数学规划试验的测试函数，它们分别在参考文献[16-22]中可以找到。问题包含的变量多达 100 个，约束条件达 38 个，并且所有的测试问题都跟合格的优化方案比较过。问题的子程序可以参考文献[23]。

连续全局优化的软件系统可以参考文献[24]。文献大致介绍了全局优化的模型和解决方法，然后介绍了全局优化软件的来源（包括网址和邮箱），读者如果对连续全局优化感兴趣可以查阅该文献。

2.2 测试问题集介绍

2.2.1 H. S. Rvoo 的非凸非线性规划全局优化

参考文献[25]提到了 21 个含约束的单目标优化标准测试函数，函数的信息归纳如表 2-1 所列。

表 2-1 参考文献[25]中 21 个含约束的单目标优化标准测试函数的信息

序号	n	函数类型	LI	NI	LE	NE	目前最优结果
1	2	二次	0	1	0	0	-6.666667
2	3	线性	0	0	0	3	201.159334
3	10	多项式	0	1	2	4	-1161.336694
4	4	非线性	0	0	0	2	5194.866243
5	5	线性	0	0	1	2	7049.249
6	3	线性	1	0	1	2	50
7	10	线性	0	2	4	1	-400
8	2	线性	0	2	0	0	0.741782
9	2	二次	0	1	0	0	-0.5
10	2	二次	0	0	0	1	-16.738893
11	3	非线性	0	0	1	1	189.311627
12	4	非线性	2	0	1	0	-4.514202
13	2	线性	1	1	0	0	2
14	7	非线性	5	4	0	0	4.579582

续表

序号	n	函数类型	LI	NI	LE	NE	目前最优结果
15	5	线性	3	0	0	2	7.667180
16	12	非线性	0	0	5	4	12292.467132
17	2	线性	0	1	0	0	376.291932
18	2	线性	2	2	0	0	-2.828427
19	2	多项式	1	1	0	0	-118.704860
20	5	线性	0	1	0	4	-0.388812
21	5	非线性	3	0	3	0	-13.401904

注:n 表示决策变量的个数,LI 表示线性不等式约束的个数,NI 表示非线性不等式约束的个数,LE 表示线性等式约束的个数,NE 表示非线性等式约束的个数。

2.2.2 Mohit Mathur 的蚁群算法在连续函数优化上的应用

参考文献[26]提到了 10 个含约束的单目标优化测试函数,函数信息如表 2-2 所列。

表 2-2 参考文献[26]中 10 个含约束的单目标优化测试函数的信息

序号	n	函数类型	LI	NI	LE	NE	目前最优结果
1	2	非线性	0	2	0	0	172.5
2	3	二次	0	2	0	0	11.68
3	2	二次	0	1	1	0	-1.3777
4	2	二次	0	0	0	1	-16.7389
5	4	二次	0	3	0	0	-44
6	4	线性	3	0	2	0	87.5
7	5	线性	4	0	0	2	7.667
8	6	二次	2	0	0	0	-213
9	7	非线性	5	4	0	0	4.5796
10	7	多项式	0	4	0	0	680.6300573

注:n 表示决策变量的个数,LI 表示线性不等式约束的个数,NI 表示非线性不等式约束的个数,LE 表示线性等式约束的个数,NE 表示非线性等式约束的个数。

函数具体表达式如下。

测试函数 1:

$$\begin{aligned} \max\quad & F=0.033x_1/H \\ \text{s.t.}\quad & 0.2-4.62(10^{-10})x_1^{2.58}x_2+1.055(10^{-4})x_1\geqslant 0 \\ & 4/12-8.2(10^{-7})x_1^{1.85}x_2-2.25/12\geqslant 0 \end{aligned} \tag{2.2}$$

式中

$$H=0.036/F+0.095-9.27(10^{-4})/E(\ln(G/F))$$

$$G=1-\exp(-5.39E)$$

$$F=1-\exp(-107.9E)$$

$$E=x_2/x_1^{0.41}$$

当 $\boldsymbol{X}=[977.12,0.523]$ 时,取得全局最优值 $F=172.5$。

测试函数 2:

$$\begin{aligned}&\max \quad F=x_1^2+x_2^2+x_3^2\\&\text{s.t.}\quad 4(x_1-0.5)^2+2(x_2-0.2)^2+x_3^2+0.1x_1x_2+0.2x_2x_3\leqslant 16\\&\qquad\ 2x_1^2+x_2^2-2x_3^2\geqslant 2\end{aligned}\tag{2.3}$$

当 $\boldsymbol{X}=[0.989,2.674,-1.884]$ 时,取得全局最优值 $F=11.68$。

测试函数 3:

$$\begin{aligned}&\max \quad F=-((x_1-2)^2-(x_2-1)^2)\\&\text{s.t.}\quad x_1-2x_2+1=0\\&\qquad\ -(x_1^2/4)-x_2^2+1\geqslant 0\end{aligned}\tag{2.4}$$

当 $\boldsymbol{X}=[0.8229258,0.9114892]$ 时,取得全局最优值 $F=-1.3777$。

测试函数 4:

$$\begin{aligned}&\max \quad F=-12x_1-7x_2+x_2^2\\&\text{s.t.}\quad -2x_1^4+2-x_2=0\end{aligned}\tag{2.5}$$

当 $\boldsymbol{X}=[0.718,1.47]$ 时,取得全局最优值 $F=-16.7389$。

测试函数 5:

$$\begin{aligned}&\max \quad F=-x_1^2+x_2^2+2x_3^2+x_4^2-5x_1-5x_2-21x_3+7x_4\\&\text{s.t.}\quad x_1^2+x_2^2+x_3^2+x_4^2+x_1-x_2+x_3-x_4-8\leqslant 0\\&\qquad\ x_1^2+2x_2^2+x_3^2+2x_4^2-x_1-x_4-10\leqslant 0\\&\qquad\ 2x_1^2+x_2^2+x_3^2+2x_1-x_2-x_4-4\leqslant 0\end{aligned}\tag{2.6}$$

当 $\boldsymbol{X}=[0,1,2,-1]$ 时,取得全局最优值 $F=-44$。

测试函数 6:

$$\begin{aligned}&\min \quad F=7.5y_1+6.4x_1+5.5y_2+6.0x_2\\&\text{s.t.}\quad 0.8x_1+0.67x_2=10\\&\qquad\ x_1-20y_1\leqslant 0\\&\qquad\ x_2-20y_1\leqslant 0\\&\qquad\ x_1,x_2\geqslant 0\ \ y_1,y_2=\{0,1\}\end{aligned}\tag{2.7}$$

当 $\boldsymbol{X}=[12.5006,0]$, $Y=[1,0]$ 时,取得全局最优值 $F=87.5$。

测试函数 7:

$$\begin{aligned}&\min \quad F=2x_1+3x_2+1.5y_1+2y_2-0.5y_3\\&\text{s.t.}\quad x_1^2+y_1=1.25\\&\qquad\ x_2^{1.5}+1.5y_2=3\\&\qquad\ x_1+y_1\leqslant 1.6\\&\qquad\ 1.333x_2+y_2\leqslant 3\\&\qquad\ -y_1-y_2+y_3\leqslant 0\\&\qquad\ x_1,x_2\geqslant 0\\&\qquad\ y_1,y_2,y_3\in\{0,1\}\end{aligned}\tag{2.8}$$

当 $\boldsymbol{X}=[1.118,1.310]$，$Y=[0,1,1]$时，取得全局最优值 $F=7.667$。

测试函数 8：

$$\begin{aligned}\min\quad & F=-10.5x_1-7.5x_2-3.5x_3-2.5x_4-1.5x_5-10x_6-0.5\sum_{i=1}^{5}x_i^2\\ \text{s.t.}\quad & 6x_1+3x_2+3x_3+2x_4+x_5\leqslant 6.5\\ & 10x_1+10x_3+x_6\leqslant 20\end{aligned}\tag{2.9}$$

当 $\boldsymbol{X}=[0,1,0,1,1,20]$时，取得全局最优值 $F=-213$。

测试函数 9：

$$\begin{aligned}\min\quad & F=(y_1-1)^2+(y_2-2)^2+(y_3-1)^2-\log(y_4+1)+(x_1-1)^2\\ & \quad +(x_2-2)^2+(x_3-3)^2\\ \text{s.t.}\quad & y_1+y_2+y_3+x_1+x_2+x_3\leqslant 5\\ & y_3^2+x_1^2+x_2^2+x_3^2\leqslant 5.5\\ & y_1+x_1\leqslant 1.2\\ & y_2+x_2\leqslant 1.8\\ & y_3+x_3\leqslant 2.5\\ & y_4+x_1\leqslant 1.2\\ & y_2^2+x_2^2\leqslant 1.64\\ & y_3^2+x_3^2\leqslant 4.25\\ & y_2^2+x_3^2\leqslant 4.64\end{aligned}\tag{2.10}$$

当 $\boldsymbol{X}=[0.2,0.8,1.908]$，$Y=[1,1,0,1]$时，取得全局最优值 $F=4.5796$。

测试函数 10：

$$\begin{aligned}\min\quad & F=(x_1-10)^2+5(x_2-12)^2+x_3^4+3(x_4-11)^2+10x_5^6+7x_6^2\\ & \quad +x_7^4-4x_6x_7-10x_6-8x_7\\ \text{s.t.}\quad & 127-2x_1^2-3x_2^4-x_3-4x_4^2-5x_5\geqslant 0\\ & 196-23x_1-x_2^2-6x_6^2+8x_7\geqslant 0\\ & 282-7x_1-3x_2-10x_3^2-x_4+x_5\geqslant 0\\ & -4x_1^2-2x_2^2+3x_1x_2-2x_3^2-5x_6+11x_7\geqslant 0\end{aligned}\tag{2.11}$$

当 $\boldsymbol{X}=[2.330499,1.951372,-0.4775414,4.365726,-6244870,1.038131,1.594227]$时，取得全局最优值 $F=680.6300573$。

2.2.3 Yeniay Ozgur 的约束非线性规划优化方法比较

在工程应用领域（如医学工程、化学工程、电力工程、航空航天工程等）的许多问题都可以表示成含约束的非线性规划问题，如结构优化、机械设计、化工过程控制、工程设计、超大规模电路设计等。解的好坏将在很大程度上影响系统的性能，寻求问题的最优解将为设计出低成本、高性能的系统奠定理论基础[27]。

求解约束非线性规划的方法有很多，总体可分为确定性和随机性两类。

表 2-3 列出几个含约束的非线性规划测试问题[28]信息。

表 2-3 含约束的非线性规划问题信息

序号	n	函数类型	LI	NI	LE	NE	目前最优结果
1	8	线性	3	3	0	0	7049. 25
2	7	多项式	0	4	0	0	680. 6300573
3	6	线性	0	1	0	3	-0. 3888
4	10	线性	0	2	4	1	-400
5	6	非线性	3	0	3	0	-13. 401904
6	5	二次	0	6	0	0	30665. 41
7	10	二次	3	5	0	0	24. 3062
8	13	二次	9	0	0	0	-15
9	2	多项式	1	1	0	0	-118. 704860
10	2	线性	2	2	0	0	-2. 828427
11	2	线性	0	2	0	0	-5. 50801
12	5	非线性	0	0	0	3	0. 053948
13	3	二次	0	2	0	0	11. 68
14	2	二次	0	2	0	0	-79. 8078
15	10	多项式	3	5	0	0	-216. 602

注：n 表示决策变量的个数，LI 表示线性不等式约束的个数，NI 表示非线性不等式约束的个数，LE 表示线性等式约束的个数，NE 表示非线性等式约束的个数。

2.2.4 Haralambos Sarimveis 的非线性约束优化问题

Haralambos Sarimveis[29] 在测试排队优化算法时使用了 15 个非线性约束优化测试问题，问题信息如表 2-4 所列。

表 2-4 非线性约束优化测试问题的信息

序　号	n	目标函数类型	LI	NI	LE	NE
1	2	非线性	2	0	0	0
2	2	非线性	2	0	0	0
3	2	多项式	2	2	0	0
4	2	线性	2	2	0	0
5	2	三次	2	2	0	0
6	2	二次	2	2	0	0
7	2	二次	1	1	0	0
8	5	非线性	2	0	0	3
9	10	二次	4	5	0	0
10	2	二次	3	0	0	0
11	2	二次	2	1	0	0

续表

序　号	n	目标函数类型	LI	NI	LE	NE
12	2	非线性	2	2	0	0
13	4	二次	1	3	0	0
14	2	二次	1	1	1	0
15	2	三次	3	0	1	0

注：n 表示决策变量的个数，LI 表示线性不等式约束的个数，NI 表示非线性不等式约束的个数，LE 表示线性等式约束的个数，NE 表示非线性等式约束的个数。

问题具体表达式如下。

问题 1：

$$\begin{aligned} \max\quad & f(\boldsymbol{x})=21.5+x_1\sin(4\pi x_1)+x_2\sin(20\pi x_2) \\ \text{s.t.}\quad & -3.0\leqslant x_1\leqslant 12.1 \\ & 4.1\leqslant x_2\leqslant 5.8 \end{aligned} \tag{2.12}$$

问题 2：

$$\begin{aligned} \min\quad & f(\boldsymbol{x})=\sum_{i=1}^{5} i\cos[(i+1)x_1+i]\sum_{i=1}^{5} i\cos[(i+1)x_2+i] \\ \text{s.t.}\quad & -10.0\leqslant x_1\leqslant 10.0 \\ & -10.0\leqslant x_2\leqslant 10.0 \end{aligned} \tag{2.13}$$

问题 3：

$$\begin{aligned} \min\quad & f(\boldsymbol{x})=100(x_2-x_1^2)^2+(1-x_1)^2 \\ \text{s.t.}\quad & x_1+x_2^2\geqslant 0 \\ & x_1^2+x_2\geqslant 0 \\ & -0.5\leqslant x_1\leqslant 0.5 \\ & x_2\leqslant 1.0 \end{aligned} \tag{2.14}$$

问题 4：

$$\begin{aligned} \min\quad & f(\boldsymbol{x})=-x_1-x_2 \\ \text{s.t.}\quad & 2x_1^4-8x_1^3+8x_1^2-x_2+2\geqslant 0 \\ & 4x_1^4-32x_1^3+88x_1^2-96x_1-x_2+36\geqslant 0 \\ & 0\leqslant x_1\leqslant 3 \\ & 0\leqslant x_2\leqslant 4 \end{aligned} \tag{2.15}$$

问题 5：

$$\begin{aligned} \min\quad & f(\boldsymbol{x})=(x_1-10)^3+(x_2-20)^3 \\ \text{s.t.}\quad & (x_1-5)^2+(x_2-5)^2-100\geqslant 0 \\ & -(x_1-6)^2-(x_2-5)^2+82.81\geqslant 0 \\ & 13\leqslant x_1\leqslant 100 \\ & 0\leqslant x_2\leqslant 100 \end{aligned} \tag{2.16}$$

问题 6：

$$\begin{aligned}
\min \quad & f(\boldsymbol{x})=0.01x_1^2+x_2^2 \\
\text{s.t.} \quad & x_1x_2-25\geqslant 0 \\
& x_1^2+x_2^2-25\geqslant 0 \\
& 2\leqslant x_1\leqslant 50 \\
& 0\leqslant x_2\leqslant 50
\end{aligned} \tag{2.17}$$

问题 7：

$$\begin{aligned}
\min \quad & f(\boldsymbol{x})=(x_1-2)^2+(x_2-1)^2 \\
\text{s.t.} \quad & -x_1^2+x_2\geqslant 0 \\
& 2-x_1-x_2\geqslant 0
\end{aligned} \tag{2.18}$$

问题 8：

$$\begin{aligned}
\min \quad & f(\boldsymbol{x})=\exp(x_1x_2x_2x_4x_5) \\
\text{s.t.} \quad & x_1^2+x_2^2+x_3^2+x_4^2+x_5^2-10=0 \\
& x_2x_3-5x_4x_5=0 \\
& x_2^3+x_3^3+1=0 \\
& -2.3\leqslant x_i\leqslant 2.3, i=1,2 \\
& -3.2\leqslant x_i\leqslant 3.2, i=3,4,5
\end{aligned} \tag{2.19}$$

问题 9：

$$\begin{aligned}
\min \quad & f(\boldsymbol{x})=x_1^2+x_2^2+x_1x_2-14x_1-16x_2+(x_3-10)^2+4(x_4-5)^2+(x_5-3)^2 \\
& \qquad +2(x_6-1)^2+5x_7^2+7(x_8-11)^2+2(x_9-10)^2+(x_{10}-7)^2+45 \\
\text{s.t.} \quad & 105-4x_1-5x_2+3x_7-9x_8\geqslant 0 \\
& -3(x_1-2)^2-4(x_2-3)^2-2x_3^2+7x_4+120\geqslant 0 \\
& -10x_1+8x_2+17x_7-2x_8\geqslant 0 \\
& -x_1^2-2(x_2-2)^2+2x_1x_2-14x_5+6x_6\geqslant 0 \\
& 8x_1-2x_2-5x_9+2x_{10}+12\geqslant 0 \\
& -5x_1^2-8x_2-(x_3-6)^2+2x_4+40\geqslant 0 \\
& 3x_1-6x_2-12(x_9-8)^2+7x_{10}\geqslant 0 \\
& -0.5(x_1-8)^2-2(x_2-4)^2-3x_5^2+x_6+30\geqslant 0 \\
& -10.0\leqslant x_i\leqslant 10.0, i=1,2,\cdots,10
\end{aligned} \tag{2.20}$$

问题 10：

$$\begin{aligned}
\max \quad & f(\boldsymbol{x})=-2x_1^2+2x_1x_2-2x_2^2+4x_1+6x_2 \\
\text{s.t.} \quad & 2-x_1-x_2\geqslant 0 \\
& 5-x_1-5x_2\geqslant 0 \\
& x_1, x_2\geqslant 0
\end{aligned} \tag{2.21}$$

问题 11：

$$\begin{aligned} \max\quad & f(\boldsymbol{x})=-2x_1^2+2x_1x_2-2x_2^2+4x_1+6x_2 \\ \text{s. t.}\quad & -2x_1^2+x_2\geqslant 0 \\ & 5-x_1-5x_2\geqslant 0 \\ & x_1,x_2\geqslant 0 \end{aligned} \tag{2.22}$$

问题 12：

$$\begin{aligned} \max\quad & f(\boldsymbol{x})=-(1-x_1)^2+10(x_2-x_1^2)^2+x_1^2+\exp(-x_1-x_2) \\ \text{s. t.}\quad & x_1^2+x_2^2-16\geqslant 0 \\ & x_1^2-x_2+1\geqslant 0 \\ & -x_1-x_2+20\geqslant 0 \\ & 0\leqslant x_i\leqslant 100, i=1,2 \end{aligned} \tag{2.23}$$

问题 13：

$$\begin{aligned} \max\quad & f(\boldsymbol{x})=-x_1^2-x_2^2-2x_3^2-x_4^2+5x_1+5x_2+21x_3-7x_4 \\ \text{s. t.}\quad & -x_1^2-x_2^2-x_3^2-x_4^2-x_1+x_2-x_3+x_4+8\geqslant 0 \\ & -x_1^2-2x_2^2-x_3^2-2x_4^2+x_1+x_4+10\geqslant 0 \\ & 2x_1^2+x_2^2+x_3^2+2x_1-x_2-x_4-5=0 \\ & -100\leqslant x_i\leqslant 100,\quad i=1,2,\cdots,5 \end{aligned} \tag{2.24}$$

问题 14：

$$\begin{aligned} \max\quad & f(\boldsymbol{x})=-(x_1-3)^2-(x_2-2)^2 \\ \text{s. t.}\quad & x_1^2+x_2^2-5\geqslant 0 \\ & x_1+2x_2-4=0 \\ & 0\leqslant x_i\leqslant 100, i=1,2 \end{aligned} \tag{2.25}$$

问题 15：

$$\begin{aligned} \max\quad & f(\boldsymbol{x})=4x_1^3-3x_1+6x_2 \\ \text{s. t.}\quad & -x_1-x_2+4\geqslant 0 \\ & -x_1+4x_2\geqslant 0 \\ & 2x_1+x_2-5=0 \\ & 0\leqslant x_i\leqslant 100, i=1,2 \end{aligned} \tag{2.26}$$

详细信息见参考文献[29]。

2.2.5 标准测试函数集 CEC2006

参考文献[30]中介绍了 24 个约束实参优化的标准测试函数。问题的 C/C++/C#、Matlab、Java 源程序可以在网站 https://wwws. ntu. edu. sg/home/epnsugan/中下载。

1. 问题信息描述

G1

问题 G1 有 13 个决策变量，9 个线性不等式约束，二次目标函数。界限是 $0\leqslant x_i\leqslant 100$ $(i=10,11,12)$，$0\leqslant x_{13}\leqslant 1$，在 x^*（见附录）处取得全局最小值 $f(x^*)=-15$，此时有 6 个约

束条件起作用。

G2

问题 G2 有 20 个决策变量,2 个非线性约束,非线性目标函数。界限是 $0 \leqslant x_i \leqslant 10(i=1,2,\cdots,20)$,在 $\boldsymbol{x}^*$ 处取得目前最小值 $f(\boldsymbol{x}^*)=-0.80361910412559$。

G3

问题 G3 有 10 个决策变量,1 个非线性等式约束,多项式目标函数。界限是 $0 \leqslant x_i \leqslant 1$ $(i=1,2,\cdots,10)$,在 $\boldsymbol{x}^*$ 处取得最小值 $f(\boldsymbol{x}^*)=-1.00050010001000$,此时 1 个约束条件起作用。

G4

问题 G4 有 5 个决策变量,6 个非线性不等式约束,二次目标函数。界限是 $76 \leqslant x_1 \leqslant 102$,$33 \leqslant x_2 \leqslant 45$,$27 \leqslant x_i \leqslant 45$ $(i=3,4,5)$,在 $\boldsymbol{x}^*$ 处取得最小值 $f(\boldsymbol{x}^*)=-3.066553867178332 \times 10^4$,此时 2 个约束条件起作用。

G5

问题 G5 有 4 个决策变量,2 个线性不等式约束和 3 个非线性等式约束,三次目标函数。界限是 $0 \leqslant x_1 \leqslant 1200$,$0 \leqslant x_2 \leqslant 1200$,$-0.55 \leqslant x_3 \leqslant 0.55$,$-0.55 \leqslant x_4 \leqslant 0.55$。目前的最优解是在 $\boldsymbol{x}^*$ 处 $f(\boldsymbol{x}^*)=5126.4967140071$,此时 3 个约束条件起作用。

G6

问题 G6 有 2 个决策变量,2 个非线性不等约束,三次目标函数。界限 $13 \leqslant x_1 \leqslant 100$,$0 \leqslant x_2 \leqslant 100$,在 $\boldsymbol{x}^*$ 处取得最小值 $f(\boldsymbol{x}^*)=-6961.81387558015$,此时 2 个约束条件都起作用。

G7

问题 G7 有 10 个决策变量,3 个线性不等式约束,5 个非线性不等式约束,二次目标函数。界限是 $-10 \leqslant x_i \leqslant 10(i=1,2,\cdots,10)$,在 $\boldsymbol{x}^*$ 处取得最小值 $f(\boldsymbol{x}^*)=24.30620906818$(给定的结果可能存在舍入误差),此时 6 个约束条件起作用。

G8

问题 G8 有 2 个决策变量,2 个非线性不等式约束,非线性目标函数。界限是 $0 \leqslant x_1 \leqslant 10$,$0 \leqslant x_2 \leqslant 10$,在 $\boldsymbol{x}^*$ 处取得最小值 $f(\boldsymbol{x}^*)=-0.0958250414180359$。

G9

问题 G9 有 7 个决策变量,4 个非线性不等式约束,多项式目标函数。界限是 $-10 \leqslant x_i \leqslant 10(i=1,2,\cdots,7)$。在 $\boldsymbol{x}^*$ 处取得最小值 $f(\boldsymbol{x}^*)=680.630057374402$,此时 2 个约束条件起作用。

G10

问题 G10 有 8 个决策变量,3 个线性不等式约束,3 个非线性不等式约束,线性目标函数。界限是 $100 \leqslant x_1 \leqslant 10000$,$1000 \leqslant x_i \leqslant 10000(i=2,3)$,$10 \leqslant x_i \leqslant 1000(i=4,5,\cdots,8)$。在 $\boldsymbol{x}^*$ 处取得最小值 $f(\boldsymbol{x}^*)=7049.24802052867$,此时所用的约束条件都起作用。

G11

问题 G11 有 2 个决策变量,1 个非线性等式约束,二次目标函数。界限是 $-1 \leqslant x_1 \leqslant 1$,$-1 \leqslant x_2 \leqslant 1$。在 $\boldsymbol{x}^*$ 处取得最小值 $f(\boldsymbol{x}^*)=0.7499$。

G12

问题 G12 有 3 个决策变量,1 个非线性不等式约束,二次目标函数。界限是 $0 \leqslant x_i \leqslant 10 (i=1,2,3)$,$p,q,r=1,2,9$。搜索空间的可行域是 9^3 个不连续域。当且仅当存在 p、q、r 满足非线性所有的不等式约束的(x_1,x_2,x_3)才是可行解。在 $\boldsymbol{x}^*$ 处取得最优解 $f(\boldsymbol{x}^*)=-1$。

G13

问题 G13 有 5 个决策变量,3 个非线性等式约束,非线性目标函数。界限是$-2.3 \leqslant x_i \leqslant 2.3 (i=1,2)$,$-3.2 \leqslant x_i \leqslant 3.2 (i=3,4,5)$。在 $\boldsymbol{x}^*$ 处取得最优解 $f(\boldsymbol{x}^*)=0.053941514041898$,此时所有的约束条件都起作用。

G14

问题 G14 有 10 个决策变量,3 个线性等式约束,非线性目标函数。界限是 $0<x_i \leqslant 10 (i=1,2,\cdots,10)$,$c_1=-6.089$,$c_2=-17.164$,$c_3=-34.054$,$c_4=-5.914$,$c_5=-24.721$,$c_6=-14.986$,$c_7=-24.1$,$c_8=-10.708$,$c_9=-26.662$,$c_{10}=-22.179$。在 $\boldsymbol{x}^*$ 处取得最优解 $f(\boldsymbol{x}^*)=-47.7648884594915$,此时所有的约束条件都起作用。

G15

问题 G15 有 3 个决策变量,1 个线性等式约束,1 个非线性等式约束,二次目标函数。界限是 $0 \leqslant x_i \leqslant 10 (i=1,2,3)$,在 $\boldsymbol{x}^*$ 处取得最优解 $f(\boldsymbol{x}^*)=961.715022289961$,此时所有的约束条件都起作用。

G16

问题 G16 有 5 个决策变量,4 个线性不等式约束,34 个非线性不等式约束,非线性目标函数。界限是 $704.4148 \leqslant x_1 \leqslant 906.3855$,$68.6 \leqslant x_2 \leqslant 288.88$,$0 \leqslant x_3 \leqslant 134.75$,$193 \leqslant x_4 \leqslant 287.0966$,$25 \leqslant x_5 \leqslant 84.1988$。在 $\boldsymbol{x}^*$ 处取得已知的最优解 $f(\boldsymbol{x}^*)=-1.90515525853479$,此时有 4 个约束条件起作用。

G17

问题 G17 有 6 个决策变量,4 个非线性等式约束,非线性目标函数。界限是 $0 \leqslant x_1 \leqslant 400$,$0 \leqslant x_2 \leqslant 1000$,$340 \leqslant x_3 \leqslant 420$,$340 \leqslant x_4 \leqslant 420$,$-1000 \leqslant x_5 \leqslant 1000$,$0 \leqslant x_6 \leqslant 0.5236$,在 $\boldsymbol{x}^*$ 处取得已知最优解 $f(\boldsymbol{x}^*)=8853.53967480648$。

G18

问题 G18 有 9 个决策变量,13 个非线性不等式约束,二次目标函数。界限是$-10 \leqslant x_i \leqslant 10 (i=1,2,\cdots,8)$,$0 \leqslant x_9 \leqslant 20$,在 $\boldsymbol{x}^*$ 处取得已知最优值 $f(\boldsymbol{x}^*)=-0.866025403784439$,此时 6 个约束条件起作用。

G19

问题 G19 有 15 个决策变量,5 个非线性不等式约束,非线性目标函数。界限是 $0 \leqslant x_i \leqslant 10 (i=1,2,\cdots,15)$,在 $\boldsymbol{x}^*$ 处取得已知最优解 $f(\boldsymbol{x}^*)=32.6555929502463$。

G20

问题 G20 有 24 个决策变量,6 个非线性不等式约束,2 个线性等式约束,12 个非线性等式约束,线性目标函数。界限是 $0 \leqslant x_i \leqslant 10 (i=1,2,\cdots,24)$,目前找到的最优解是 $\boldsymbol{x}^*$,该最优解不可行,目前没有可行的最优解。如果删除前 6 个不等式约束该问题就有可行解。

G21

问题 G21 有 7 个决策变量,1 个非线性不等式约束,5 个非线性等式约束,线性目标函数。界限是 $0 \leqslant x_1 \leqslant 1000$,$0 \leqslant x_2, x_3 \leqslant 40$,$100 \leqslant x_4 \leqslant 300$,$6.3 \leqslant x_5 \leqslant 6.7$,$5.9 \leqslant x_6 \leqslant 6.4$,$4.5 \leqslant x_7 \leqslant 6.25$,在 $\boldsymbol{x}^*$ 处取得已知最优解 $f(\boldsymbol{x}^*) = 193.724510070035$。

G22

问题 G22 有 22 个决策变量,1 个非线性不等式约束,8 个线性等式约束,11 个非线性等式约束,线性目标函数。界限是 $0 \leqslant x_1 \leqslant 20000$,$0 \leqslant x_2, x_3, x_4 \leqslant 1\times10^6$,$0 \leqslant x_5, x_6, x_7 \leqslant 4\times10^7$,$100 \leqslant x_8 \leqslant 299.99$,$100 \leqslant x_9 \leqslant 399.99$,$100.01 \leqslant x_{10} \leqslant 300$,$100 \leqslant x_{11} \leqslant 400$,$100 \leqslant x_{12} \leqslant 600$,$0 \leqslant x_{13}, x_{14}, x_{15} \leqslant 500$,$0.01 \leqslant x_{16} \leqslant 300$,$0.01 \leqslant x_{17} \leqslant 400$,$-4.7 \leqslant x_{18}, x_{19}, x_{20}, x_{21}, x_{22} \leqslant 6.25$,在 $\boldsymbol{x}^*$ 处取得最优解 $f(\boldsymbol{x}^*) = 236.430975504001$,此时 19 个约束条件起作用。

G23

问题 G23 有 9 个决策变量,2 个非线性不等式约束,3 个线性等式约束,1 个非线性等式约束,线性目标函数。界限是 $0 \leqslant x_1, x_2, x_6 \leqslant 300$,$0 \leqslant x_3, x_5, x_7 \leqslant 100$,$0 \leqslant x_4, x_8 \leqslant 200$,$0.01 \leqslant x_9 \leqslant 0.03$。在 $\boldsymbol{x}^*$ 处取得最优值 $f(\boldsymbol{x}^*) = -400.055099999999584$,此时 6 个约束条件起作用。

G24

问题 G24 有 2 个决策变量,两个非线性不等式约束,线性目标函数。界限是 $0 \leqslant x_1 \leqslant 3$,$0 \leqslant x_2 \leqslant 4$,在 $\boldsymbol{x}^*$ 处取得全局最小值 $f(\boldsymbol{x}^*) = -5.50801327159536$。该问题的可行域有不相连的两块区域组成。

2. 问题总结

上面给出了 G1~G24 标准测试函数,这些函数决策变量的维度在 2~24 之间,其中 11~24 维的有 5 个(G1,G2,G19,G20,G22),其余 19 个均小于等于 10 维;目标函数包括 6 个线性(G10,G20~G24),7 个非线性(G2,G8,G13,G14,G16,G17,G19),7 个二次(G1,G4,G7,G11,G12,G15,G18),2 个三次(G5,G6),2 个多项式(G3,G9);可行域与搜索空间的估计比在 0.0000%~99.8474%;只含线性约束的有 G1、G14,只含非线性约束的有 G2、G3、G4、G6、G8、G9、G11、G12、G13、G17、G18、G19、G21、G24,剩余既含有线性约束又含有非线性约束。

CEC 2006 测试函数的详细信息如表 2-5 所列。

表 2-5 CEC2006 测试函数的详细信息

函数	n	目标函数类型	LI	NI	LE	NE	目前最优结果
G1	13	二次	9	0	0	0	-15
G2	20	非线性	0	2	0	0	0.803619
G3	10	多项式	0	0	0	1	1
G4	5	二次	0	6	0	0	-30665.539
G5	4	三次	2	0	0	3	5126.4981
G6	2	三次	0	2	0	0	-6961.81381
G7	10	二次	3	5	0	0	24.3062091
G8	2	非线性	0	2	0	0	0.095825

续表

函数	n	目标函数类型	LI	NI	LE	NE	目前最优结果
G9	7	多项式	0	4	0	0	680. 6300573
G10	8	线性	3	3	0	0	7049. 3307
G11	2	二次	0	0	0	1	0. 75
G12	3	二次	0	1	0	0	1
G13	5	非线性	0	0	0	3	0. 0539498
G14	10	非线性	0	0	3	0	-47. 7644
G15	3	二次	0	0	1	1	955. 0351
G16	5	非线性	4	34	0	0	1. 9146
G17	6	非线性	0	0	0	4	8877
G18	9	二次	0	12	0	0	1
G19	15	非线性	0	5	0	0	—
G20	24	线性	0	6	2	12	—
G21	7	线性	0	1	0	5	193. 7783
G22	22	线性	0	1	8	11	—
G23	9	线性	0	2	3	1	—
G24	2	线性	0	2	0	0	-5. 5080

注:n 表示决策变量的个数,LI 表示线性不等式约束的个数,NI 表示非线性不等式约束的个数,LE 表示线性等式约束的个数,NE 表示非线性等式约束的个数。

测试函数取得最优解时 X^* 的值如表 2-6 所列。

表 2-6　测试函数取得最值是 $\boldsymbol{X}^*$ 的值

函数	$\boldsymbol{X}^*$
G1	[1,1,1,1,1,1,1,1,1,3,3,3,1]
G2	[3. 16246061572185, 3. 12833142812967, 3. 09479212988791, 3. 06145059523469, 3. 02792915885555, 2. 99382606701730, 2. 95866871765285, 2. 92184227312450, 0. 49482511456933, 0. 48835711005490, 0. 48231642711865, 0. 47664475092742, 0. 47129550835493, 0. 46623099264167, 0. 46142004984199, 0. 45683664767217,0. 45245876903267,0. 44826762241853,0. 44424700958760,0. 44038285956317]
G3	[0. 31624357647283069, 0. 316243577414338339, 0. 316243578012345927, 0. 316243575664017895, 0. 316243578205526066, 0. 31624357738855069, 0. 316243575472949512, 0. 316243577164883938, 0. 316243578155920302,0. 316243576147374916]
G4	[78,33,29. 9952560256815985,45,36. 7758129057882073]
G5	[679. 945148297028709,1026. 06697600004691,0. 118876369094410433,-0. 39623348521517826]
G6	[14. 09500000000000064,0. 8429607892154795668]
G7	(2. 17199634142692, 2. 3636830416034, 8. 77392573913157, 5. 09598443745173, 0. 990654756560493, 1. 43057392853463,1. 32164415364306,9. 82872576524495,8. 2800915887356,8. 3759266477347)
G8	(1. 22797135260752599,4. 24537336612274885)
G9	(2. 33049935147405174,1. 95137236847114592,-0. 477541399510615805,4. 36572624923625874, -0. 624486959100388983,1. 03813099410962173,1. 5942266780671519)

续表

函数	X^*
G10	[579.306685017979589, 1359.97067807935605, 5109.97065743133317, 182.01769963061534, 295.601173702746792, 217.982300369384632, 286.41652592786852, 395.601173702746735]
G11	[-0.707036070037170616, 0.500000004333606807]
G12	[5,5,5]
G13	[-1.71714224003, 1.59572124049468, 1.8272502406271, -0.763659881912867, -0.76365986736498]
G14	[0.0406684113216282, 0.147721240492452, 0.783205732104114, 0.00141433931889084, 0.485293636780388, 0.000693183051556082, 0.0274052040687766, 0.0179509660214818, 0.0373268186859717, 0.0968844604336845]
G15	[3.51212812611795133, 0.216987510429556135, 3.55217854929179921]
G16	[705.174537070090537, 68.5999999999999943, 102.899999999999991, 282.324931593660324, 37.5841164258054832]
G17	(201.784467214523659, 99.9999999999999005, 383.071034852773266, 420, - 10.9076584514292652, 0.0731482312084287128)
G18	[-0.657776192427943163, -0.153418773482438542, 0.323413871675240938, -0.946257611651304398, -0.657776194376798906, -0.753213434632691414, 0.323413874123576972, -0.346462947962331735, 0.599794662852175 42]
G19	[$1.66991341326291344\times10^{-17}$, $3.95378229282456509\times10^{-16}$, 3.94599045143233784, $1.06036597479721211\times10^{-16}$, 3.2831773458454161, 9.99999999999999822, $1.12829414671605333\times10^{-17}$, $1.2026194599794709\times10^{-17}$, $2.50706276000769697\times10^{-15}$, $2.24624122987970677\times10^{-15}$, 0.370764847417013987, 0.278456024942955571, 0.523838487672241171, 0.388620152510322781, 0.298156764974678579]
G20	[$1.28582343498528086\times10^{-18}$, $4.83460302526130664\times10^{-34}$, 0, 0, $6.30459929660781851\times10^{-18}$, $7.5719252620114 5068\times10^{-34}$, $5.03350698372840437\times10^{-34}$, $9.28268079616618064\times10^{-34}$, 0, $1.76723384525547359\times10^{-17}$, $3.55686101822965701\times10^{-34}$, $2.99413850083471346\times10^{-34}$, 0.158143376337580827, $2.29601774161699833\times10^{-19}$, $1.06106938611042947\times10^{-18}$, $1.31968344319506391\times10^{-18}$, 0.530902525044209539, 0, $2.89148310257773535\times10^{-18}$, $3.34892126180666159\times10^{-18}$, 0, 0.310999974151577319, $5.41244666317833561\times$ 10^{-5}, $4.84993165246959553\times10^{-16}$]
G21	[193.724510070034967, $5.56944131553368433\times10^{-27}$, 17.3191887294084914, 100.047897801386839, 6.68445185362377892, 5.99168428444264833, 6.21451648886070451]
G22	[236.430975504001054, 135.82847151732463, 204.818152544824585, 6446.54654059436416, 3007540.83940215595, 4074188.65771341929, 32918270.5028952882, 130.075408394314167, 170.817294970528621, 299.924591605478554, 399.258113423595205, 330.817294971142758, 184.51831230897065, 248.64670239647424, 127.658546694545862, 269.182627528746707, 160.000016724090955, 5.29788288102680571, 5.13529735903945728, 5.59531526444068827, 5.43444479314453499, 5.07517453535834395]
G23	[0.00510000000000259465, 99.9947000000000514, $9.01920162996045897\times10^{-18}$, 99.9999000000000535, 0.000100000000027086086, $2.75700683389584542\times10^{-14}$, 99.9999999999999574, 2000.0100000100000100008]
G24	[2.32952019747762, 3.17849307411774]

参考文献

[1] 胡寿松,王执铨,胡维礼. 最优控制理论与系统[M]. 北京:科学出版社,2005.

[2] 陈宝林. 最优化理论与算法[M]. 北京:清华大学出版社,2005.

[3] 邢继祥,张春蕊,徐洪泽. 最优控制应用基础[M]. 北京:科学出版社,2007.

[4] 李国勇,等,最优控制理论及参数优化[M]. 北京:国防工业出版社,2006.

[5] 刘红卫. 半定规划及其应用[D]. 西安:西安电子科技大学,2002.

[6] 沈洁. 近似束方法及其应用[D]. 大连:大连理工大学,2006.

[7] ZHU J,SANTERRE R. Improvement of GPS phase ambiguity resolution using prior height information as a quasi-observation[J]. Geomatica,2002,56(3):211-221.

[8] LU G,KRAKIWSKY E J,LACHAPELLE G. Application of inequality constraint least squares to GPS navigation under selective availability[J]. Manuscripta Geodaetica,1993,18:124-124.

[9] 邢文训,谢金星. 现代优化计算方法[M]. 北京:清华大学出版社,1999.

[10] 王士同. 多因素问题的启发式搜索算法 MFRA[J]. 计算机学报,1996,19(2):149-153.

[11] SCHITTKOWSKI K. Randomly generated nonlinear programming test problems [M]. Berlin: Springer,1980.

[12] SCHITTKOWSKI K. A numerical comparison of 13 nonlinear programming codes with randomly generated test problems[J]. Numerical optimisation of dynamic systems. (A 82-15860 04-59) Amsterdam, 1980:213-234.

[13] MICHALEWICZ Z,DEB K,SCHMIDT M,et al. Test-case generator for nonlinear continuous parameter optimization techniques[J]. IEEE Transactions on Evolutionary Computation,2000,4(3):197-215.

[14] SCHMIDT M,MICHALEWICZ Z. Test-case generator TCG-2 for nonlinear parameter optimisation [C]. Evolutionary Computation,2000. Proceedings of the 2000 Congress on. IEEE,2000.

[15] BETTS J T. An accelerated multiplier method for nonlinear programming[J]. Journal of Optimization Theory and Applications,1977,21(2):137-174.

[16] Colville A R. A comparative study on nonlinear programming codes[C]. [s. l.]:Proceedings of the Princeton Symposium on Mathematical Programming,2015.

[17] HIMMELBLAU D M. Applied nonlinear programming[M]. New York:McGraw-Hill Companies,1972.

[18] Bracken J, McCormick G P. Selected applications of nonlinear programming [R]. New York: Wiley,1968.

[19] HUANG H Y, AGGARWAL A K. A class of quadratically convergent algorithms for constrained function minimization[J]. Journal of Optimization Theory and Applications,1975,16(5-6):447-485.

[20] DEMBO R S. A set of geometric programming test problems and their solutions[J]. Mathematical Programming,1976,10(1):192-213.

[21] MIELE A,CRAGG E E,Levy A V. Use of the augmented penalty function in mathematical programming problems,part 2[J]. Journal of Optimization Theory and Applications,1971,8(2): 131-153.

[22] MIELE A,TIETZE J L,LEVY A V. Comparison of several gradient algorithms for mathematical programming problems[R]. [s. l.]:Rice Univ Houston TX Aero-Astronautics Group,1972.

[23] HOCK W,SCHITTKOWSKI K. Test examples fur the solution of nonlinear programming problems

[M]. Wurzbury: Institut far Angewandte Mathematik and Statisck, 1979.

[24] PINTÉR J D. Continuous global optimization software: A brief review[J]. Optima, 1996, 52(1-8): 268.

[25] RYOO H S, SAHINIDIS N V. Global optimization of nonconvex NLPs and MINLPs with applications in process design[J]. Computers & Chemical Engineering, 1995, 19(5): 551-566.

[26] MATHUR M, KARALE S B, PRIYE S, et al. Ant colony approach to continuous function optimization [J]. Industrial & Engineering Chemistry Research, 2000, 39(10): 3814-3822.

[27] WANG T. Global optimization for constrained nonlinear programming[D]. [s.l.]: University of Illinois at Urbana-Champaign, 2001.

[28] YENIAY O. A comparative study on optimization methods for the constrained nonlinear programming problems[J]. Mathematical Problems in Engineering, 2005, (2): 165-173.

[29] SARIMVEIS H, NIKOLAKOPOULOS A. A line up evolutionary algorithm for solving nonlinear constrained optimization problems[J]. Computers & Operations Research, 2005, 32(6): 1499-1514.

[30] LIANG J J, RUNARSSON T P, MEZURA-MONTES E, et al. Problem definitions and evaluation criteria for the CEC 2006 special session on constrained real-parameter optimization[J]. Journal of Applied Mechanics, 2006, 41(8): 8-31.

第3章 多目标优化标准测试函数

3.1 多目标测试函数

3.1.1 简单多目标测试函数

（1）Schaffer 等在参考文献[1]中提出简单的测试函数 SCH 函数，其表达式为$f_1(\boldsymbol{x})=\boldsymbol{x}^2$，$f_2(\boldsymbol{x})=(\boldsymbol{x}-2)^2$，$\boldsymbol{x}\in[-10^3,10^3]$。

（2）Lis[2]在对其提出多性别遗传算法（MSGA）进行测试时，提出了 Lis 函数，其表达式为$f_1(\boldsymbol{x})=(x_1^2+x_2^2)^{1/8}$，$f_2(\boldsymbol{x})=[(x_1-0.5)^2+(x_2-0.5)^2]^{1/8}$，$\boldsymbol{x}\in[-5,10]$。

（3）Murata 等提出简单测试函数 Murata 函数，其表达式为$f_1(\boldsymbol{x})=2\sqrt{x_1}$，$f_2(\boldsymbol{x})=x_1(1-x_2)+5$，$x_1\in[1,4]$，$x_2\in[1,2]$。

3.1.2 决策变量维数可扩展的多目标测试函数

（1）Kursawe 等在参考文献[3]中提出 Kur 函数，其表达式为 $f_1(\boldsymbol{x})=\sum_{i=1}^{n}(-10e^{-0.2\sqrt{x_i^2+x_{i+1}^2}})$，$f_2(\boldsymbol{x})=\sum_{i=1}^{n}[|x_i|^{0.8}+5\sin(x_i)^3]$，$x_i\in[-5,5]$，Kur 函数由两个目标函数组成，相比 SCH 函数，其决策变量维数可以扩展。

（2）Fonseca 等在参考文献[4]中提出两个 FON 函数，其表达式为$f_1(\boldsymbol{x})=1-\exp[-(x_1-1)^2-(x_2+1)^2]$，$f_2(x)=1-\exp[-(x_1+1)^2-(x_2-1)^2]$，$\boldsymbol{x}\in[-4,4]$。随后，又在参考文献[5]中提出新的 FON 函数，其表达式为$f_1(\boldsymbol{x})=1-\exp\left[-\sum_{i=1}^{n}(x_i-1/\sqrt{n})^2\right]$，$f_2(\boldsymbol{x})=1-\exp\left[-\sum_{i=1}^{n}(x_i+1/\sqrt{n})^2\right]$，$\boldsymbol{x}\in[-2,2]$。可以看出，FON 函数同样不能改变目标函数的个数，但是改进过的 FON 函数决策变量的维数可以进行扩展。

（3）Deb 在组合函数[6]中提到了构造多目标测试函数的方法。

① 利用两个简单函数$f_1(\boldsymbol{x})=x_1$和$f_2(\boldsymbol{x})=g(x_2)/x_1$构造多目标函数。其中$g(x_2)$是仅关于$x_2$的函数,通过不同的$g(x_2)$可以构造不同特性的测试函数。例如,当$g(x_2)=2-\exp\left\{-\left(\frac{x_2-0.2}{0.004}\right)^2\right\}-0.8\exp\left\{-\left(\frac{x_2-0.6}{0.4}\right)^2\right\}$时,为一个多模态函数,此时便构造出一个多模态多目标函数。

② 通用(genetic)两目标测试函数构造方法。其基础函数为$f_1(\boldsymbol{x})=f_1(x_1,x_2,\cdots,x_m)$,$f_2(\boldsymbol{x})=g(x_{m+1},x_{m+2},\cdots,x_N)h[f_1(x_1,x_2,\cdots,x_m),g(x_{m+1},x_{m+2},\cdots,x_N)]$,其问题维数为$N$,其中$f_1$为关于向量$(x_1,x_2,\cdots,x_m)$的函数,$g$为关于向量$(x_{m+1},x_{m+2},\cdots,x_N)$的函数,而$h$则是函数$f_1$和$h$直接构成的函数。通过不同的$f_1$、$g$以及$h$的选择,可以使构造的多目标函数具有不同的特性。需要注意以下几点:①通过函数h来改变帕累托最优曲面的凸(非凸)特性和不连续特性;②通过函数g可以控制向真实帕累托最优曲面的收敛性;③通过函数f_1改变帕累托最优曲面的分布性。

Deb组合函数的特点都是针对两个目标函数,其构造的函数的凹凸性,连续还是离散,可以通过改变f_1、g和h 3个函数来满足不同难度的测试函数的需要。

(4) 基于Deb的构造测试函数方法,Ziteler在其博士论文[7]中构造了6个测试函数,被称为ZDT(Ziteler-Deb-Thiele)测试函数。ZDT测试函数共包含6个测试函数ZDT1~ZDT6,其基础构造函数为$f_1(\boldsymbol{x})=f_1(x_1,x_2,\cdots,x_m)$,$f_2(x)=g(x_{m+1},x_{m+2},\cdots,x_N)h(f_1(x_1,x_2,\cdots,x_m),g(x_{m+1},x_{m+2},\cdots,x_N))$。

ZDT1:$f_1(\boldsymbol{x})=x_1, g(\boldsymbol{x})=1+9\cdot\left(\sum_{i=2}^{n}x_i\right)/(n-1)$,

$h(\boldsymbol{x})=1-\sqrt{f_1/g}, x_i\in[0,1], n=30$

ZDT2:$f_1(\boldsymbol{x})=x_1, g(\boldsymbol{x})=1+9\cdot\left(\sum_{i=2}^{n}x_i\right)/(n-1)$,

$h(\boldsymbol{x})=1-(f_1/g)^2, x_i\in[0,1], n=30$

ZDT3:$f_1(\boldsymbol{x})=x_1, g(\boldsymbol{x})=1+9\cdot\left(\sum_{i=2}^{n}x_i\right)/(n-1)$,

$h(\boldsymbol{x})=1-\sqrt{f_1/g}-(f_1/g)\sin(10\pi f_1), x_i\in[0,1], n=30$

ZDT4:$f_1(\boldsymbol{x})=x_1, g(\boldsymbol{x})=1+10(n-1)+\sum_{i=2}^{n}[x_i^2-\cos(4\pi x_i)]$,

$h(\boldsymbol{x})=1-\sqrt{f_1/g}, x_1\in[0,1], x_2,x_3,\cdots,x_n\in[-5,5], n=10$

ZDT5:$f_1(\boldsymbol{x})=1+u(x_1), g(\boldsymbol{x})=\sum_{i=2}^{n}v[u(x_i)]$,

$h(\boldsymbol{x})=1/f_1, v(u(x_2))=\begin{cases}2+u(x_i), & u(x_i)<5\\ 1, & u(x_i)=5\end{cases}$,其中,$u(x_i)$为$x_i$的位数,$x_1\in\{0,1\}^{30}, x_2,x_3,\cdots,x_n\in\{0,1\}^5, n=11$

ZDT6:$f_1(\boldsymbol{x})=1-\exp(-4x_1)\sin^6(6\pi x_1)$,

$$g(\boldsymbol{x}) = 1 + 9 \cdot \left[\left(\sum_{i=2}^{n} x_i\right)/(n-1)\right]^{0.25}, h(\boldsymbol{x}) = 1 - (f_1/g)^2, x_i = [0,1], n = 11$$

3.1.3 决策变量维数和目标个数均可扩展的多目标测试函数

(1) 值得注意的是,之前提出的多目标测试函数都只包含了两个目标函数,为了测试算法在解决 3 个及以上目标函数的能力,Deb 等[8]提出了一套目标函数可以扩展的测试函数,称为 DTLZ 测试函数。

$$\text{DTLZ1:}\begin{cases} f_1(\boldsymbol{x}) = \dfrac{1}{2}x_1x_2\cdots x_{M-1}[1 + g(\boldsymbol{x})] \\ f_2(\boldsymbol{x}) = \dfrac{1}{2}x_1x_2\cdots(1 - x_{M-1})[1 + g(\boldsymbol{x})] \\ \vdots \\ f_{M-1}(\boldsymbol{x}) = \dfrac{1}{2}x_1(1 - x_2)[1 + g(\boldsymbol{x})] \\ f_M(\boldsymbol{x}) = \dfrac{1}{2}(1 - x_1)[1 + g(\boldsymbol{x})] \\ g(\boldsymbol{x}) = 100\left\{|\boldsymbol{x}| + \sum\limits_{x_i \in x}(x_i - 0.5)^2 - \cos[20\pi(x_i - 0.5)]\right\} \end{cases}$$

其中,$x_i \in [0,1]$,x 为 n 个决策向量的后 $n-M+1$ 个分量。

$$\text{DTLZ2:}\begin{cases} f_1(\boldsymbol{x}) = [1 + g(x)]\cos(x_1\pi/2)\cdots\cos(x_{M-2}\pi/2)\cos(x_{M-1}\pi/2) \\ f_2(\boldsymbol{x}) = [1 + g(x)]\cos(x_1\pi/2)\cdots\cos(x_{M-2}\pi/2)\sin(x_{M-1}\pi/2) \\ f_3(\boldsymbol{x}) = [1 + g(x)]\cos(x_1\pi/2)\cdots\sin(x_{M-2}\pi/2) \\ \vdots \\ f_M(\boldsymbol{x}) = [1 + g(x)]\sin(x_1\pi/2) \\ g(\boldsymbol{x}) = \sum\limits_{x_i \in x}(x_i - 0.5)^2 \end{cases}$$

其中,$x_i \in [0,1]$,$\boldsymbol{x}$ 为 n 个决策向量的后 $n-M+1$ 个分量。

$$\text{DTLZ3:}\begin{cases} f_1(\boldsymbol{x}) = [1 + g(x)]\cos(x_1\pi/2)\cdots\cos(x_{M-2}\pi/2)\cos(x_{M-1}\pi/2) \\ f_2(\boldsymbol{x}) = [1 + g(x)]\cos(x_1\pi/2)\cdots\cos(x_{M-2}\pi/2)\sin(x_{M-1}\pi/2) \\ f_3(\boldsymbol{x}) = [1 + g(x)]\cos(x_1\pi/2)\cdots\sin(x_{M-2}\pi/2) \\ \vdots \\ f_M(\boldsymbol{x}) = [1 + g(x)]\sin(x_1\pi/2) \\ g(\boldsymbol{x}) = 100\left\{|x| + \sum\limits_{x_i \in x}(x_i - 0.5)^2 - \cos[20\pi(x_i - 0.5)]\right\} \end{cases}$$

其中,$x_i \in [0,1]$,$\boldsymbol{x}$ 为 n 个决策向量的后 $n-M+1$ 个分量。

$$
\text{DTLZ4:}\begin{cases}
f_1(\boldsymbol{x}) = [1 + g(\boldsymbol{x})]\cos(x_1^{\alpha}\pi/2)\cdots\cos(x_{M-2}^{\alpha}\pi/2)\cos(x_{M-1}^{\alpha}\pi/2)\\
f_2(\boldsymbol{x}) = [1 + g(\boldsymbol{x})]\cos(x_1^{\alpha}\pi/2)\cdots\cos(x_{M-2}^{\alpha}\pi/2)\sin(x_{M-1}^{\alpha}\pi/2)\\
f_3(\boldsymbol{x}) = [1 + g(\boldsymbol{x})]\cos(x_1^{\alpha}\pi/2)\cdots\sin(x_{M-2}^{\alpha}\pi/2)\\
\vdots\\
f_M(\boldsymbol{x}) = [1 + g(\boldsymbol{x})]\sin(x_1^{\alpha}\pi/2)\\
g(\boldsymbol{x}) = \sum\limits_{x_i \in x}(x_i - 0.5)^2
\end{cases}
$$

其中,$x_i \in [0,1]$,x 为 n 个决策向量的后 $n-M+1$ 个分量。

$$
\text{DTLZ5:}\begin{cases}
f_1(\boldsymbol{x}) = [1 + g(\boldsymbol{x})]\cos(\theta_1\pi/2)\cdots\cos(\theta_{M-2}\pi/2)\cos(\theta_{M-1}\pi/2)\\
f_2(\boldsymbol{x}) = [1 + g(\boldsymbol{x})]\cos(\theta_1\pi/2)\cdots\cos(\theta_{M-2}\pi/2)\sin(\theta_{M-1}\pi/2)\\
f_3(\boldsymbol{x}) = [1 + g(\boldsymbol{x})]\cos(\theta_1\pi/2)\cdots\sin(\theta_{M-2}\pi/2)\\
\vdots\\
f_M(\boldsymbol{x}) = [1 + g(\boldsymbol{x})]\sin(\theta_1\pi/2)\\
\theta_i = \dfrac{\pi}{4[1 + g(\boldsymbol{x})]}[1 + 2g(\boldsymbol{x})],\ g(\boldsymbol{x}) = \sum\limits_{x_i \in x} x_i^{0.1}
\end{cases}
$$

其中,$x_i \in [0,1]$,$\boldsymbol{x}$ 为 n 个决策向量的后 $n-M+1$ 个分量。

$$
\text{DTLZ6:}\begin{cases}
f_1(\boldsymbol{x}) = x_1\\
f_2(\boldsymbol{x}) = x_2\\
\vdots\\
f_{M-1}(\boldsymbol{x}) = x_{M-1}\\
f_M(\boldsymbol{x}) = [1 + g(x)]h(f_1, f_2, \cdots, f_{M-1}, g)\\
g(\boldsymbol{x}) = 1 + \dfrac{9}{|\boldsymbol{x}|}\sum\limits_{x_i \in x} x_i\\
h(f_1, f_2, \cdots, f_{M-1}, g) = M - \sum\limits_{i=1}^{M-1}\left\{\dfrac{f_i}{1 + g}[1 + \sin(3\pi f_i)]\right\}
\end{cases}
$$

其中,$x_i \in [0,1]$,$\boldsymbol{x}$ 为 n 个决策向量的后 $n-M+1$ 个分量。

$$
\text{DTLZ7:}\begin{cases}
f_i(\boldsymbol{x}) = \dfrac{1}{\lfloor n/M \rfloor}\sum\limits_{i=\lfloor (j-1)\frac{n}{M} \rfloor}^{\lfloor \frac{jn}{M} \rfloor} x_i,\ j = 1,2,\cdots,M\\
\text{s.t. } g_j(\boldsymbol{x}) = f_M(\boldsymbol{x}) + 4f_j(\boldsymbol{x}) - 1 \geqslant 0\\
g_M(\boldsymbol{x}) = 2f_M(\boldsymbol{x}) + \min\limits_{i,j=1,i\neq j}^{M-1}[f_i(\boldsymbol{x}) + f_j(\boldsymbol{x})] - 1 \geqslant 0
\end{cases}
$$

其中,$x_i \in [0,1]$,$n>M$。

(2) Deb 在文献[9]中提出 Modified ZDT 和 Modified DTLZ 函数。

(3) 以 ZDT 和 DTLZ 函数集为代表的测试函数集虽然是现在使用比较多的测试函数集,但也有其不足之处,主要表现在:①对于不同维数的决策变量,其最优位置的参数设置都是相同的;②其问题的最优位置都在搜索空间的中心部分或是边界上;③所有的问题都是变量可分离的。针对以上提出的问题,Huang 等在参考文献[10]中对其进行改进,主要是对其原测试函数进行旋转和平移,提出了改进的测试函数:S_ZDT1、S_ZDT2、S_ZDT4、R_ZDT4、S_ZDT6、S_DTLZ2、R_DTLZ2、S_DTLZ3 等测试函数,其具体内容可以参考文献[10]。

(4) Zhang 等[11]重新设计了一些更复杂的能反映真实生活问题并能够模拟多目标进化算法研究的一系列测试函数,其包含一组 13 个无约束的测试函数和一组 10 个带约束的测试函数。

(5) Goh 等[12]提出了一套构造鲁棒多目标测试函数的方法,并基于此提出了一个测试函数集 GTCO1~GTCO5。

(6) Li 等[13]提出了一个 Pareto Set (PS)复杂的测试问题集,代码链接:http://dces. essex. ac. uk/staff/zhang/webofmoead. htm。

(7) Liang 等[14]提出了一套稀疏优化多目标测试函数,其中包含 9 个不含噪声的测试函数 SOTF1~9 和 9 个含噪声的测试函数 SOTF10~18。

(8) Tian 等[15]设计了一个基于 Matlab 的进化多目标优化开源平台,下载地址 http://bimk. ahu. edu. cn/index. php?s=/Index/Software/index. html。该平台包含 60 多种多目标优化算法,100 多个常用的多目标测试问题,多个多目标优化算法评价指标,是一个便捷有效的多目标测试平台。

纵观多目标测试函数的发展史,可以看出最早的测试函数都是由简单的单目标函数组成的,一般都只有两个目标函数。随着算法的发展,其复杂程度远不能满足需求,从而出现了将目标函数的个数进行扩展的情况,并从简单的组合函数逐步转变为系统构造的多目标测试函数,不仅决策变量的维数,目标函数的个数,包括问题的复杂程度都可以根据研究者的需要来进行调节,大大提高了多目标进化算法研究的效率和可信度。许多学者也对测试函数的复杂程度和特性进行了分析,同样为更加公平地测试和评价算法提供了理论基础。值得注意的是,通过充分了解测试函数的特性,可以对算法的改进提供一些不同的思路。

3.1.4 多目标优化测试函数生成器

为了更好地产生难度可控的测试函数,许多学者提出了多目标测试函数生成器,这些生成器一般是针对某一类特殊问题,生成器留有控制参数接口,输入不同的参数会产生不同难度的测试函数,在这些特殊方面更好地满足测试者的需求。

Knowles 等[16]设计了多目标二次分配问题生成器,该生成器允许设置多个参数,包括 Controlling Epistasis 和 Inter-objective Correlations 等。基于这些生成器,他们设计了几种初始测试函数集。

Knowles 等[17]设计了多目标最小生成树(MST)问题生成器,提出了几个不同的参数化问题生成器,用于生成具有不同问题特征的 MST 实例,包括任意数量的目标、帕累托前沿的不同程度的凸或非凸性,以及误导贪婪方法的边缘权重组合。

Wang 等[18]提出了生成帕累托前沿边界点难以获得(difficult to-approximate,DtA)的多目标优化测试函数生成器,所提出的发生器使得能够设计具有关于 DtA 帕累托前沿边界的特征的可控困难的测试问题。

3.2 含约束多目标测试函数

现实生活中大多数优化问题包含约束条件,约束处理的难点可以概括为 3 点:可行域搜索困难、收敛困难和多样性保持困难。根据这 3 个难点 Fan 等[19]提出了一个难度可调可扩展的约束多目标优化测试函数集,含约束多目标优化问题难度类型和基本描述如表 3-1 所列。

表 3-1 含约束多目标优化问题难度类型和基本描述

基本难度类型	内　容
多样性-硬度(diversity-hardness)	难以在完整的 PF 中分配可行的解
可行性-硬度(feasibility-hardness)	难以获得可行解
收敛性-硬度(convergence-hardness)	难以获得帕累托最优解
多样性-硬度和可行性-硬度(diversity-hardness and feasibility-hardness)	难以获得一个可行解和完整 PF
多样性-硬度和收敛性-硬度(diversity-hardness and convergence-hardness)	难以获得一个帕累托最优解和完整 PF
可行性-硬度和收敛性-硬度(feasibility-hardness and convergence-hardness)	难以获得一个可行解和帕累托最优解
多样性-硬度、可行性-硬度和收敛性-硬度(diversity-hardness, feasibility-hardness and convergence-hardness)	难以获得一个帕累托最优解和完整 PF

基于上述框架,Fan 等 2017 年又提出了可行域较大的含约束多目标优化测试问题集[20],测试问题集的代码可在网站 http://imagelab.stu.edu.cn/Content.aspx?type=content&Content_ID=238 中下载。

3.3 动态多目标测试函数

动态多目标问题主要有 4 种形式,设 S_p 为 Pareto-optimal set, F_p 为 Pareto-optimal front,其形式可以表述如下。

Type1: S_p 随时间变化,但是 F_p 不随时间变化;

Type2: S_p 和 F_p 同时变化;

Type3: S_p 不随时间变化,但是 F_p 随时间变化;

Type4:优化问题随时间改变,但是 S_p 和 F_p 不变化。

(1) Farina 等[21]在 ZDT 和 DTL 测试函数集的基础上,第一次比较系统地提出了一组动态多目标测试函数集 FDA1~FDA5,这组测试函数的搜索空间是连续的,同时基于旅行商问题(TSP),提出了搜索空间非连续的 DMTSP 函数。

(2) 为了更独立地分析不同的动态评价策略,Mehnen 等[22]提出了新的测试函数

DSW1~DSW3,并对 FDA 测试函数集进行改进,提出了 DTF 函数。

(3) Zhou 等在对其重组的策略进行测试时对 FDA1 函数进行改进,提出了新的 ZJZ 测试函数。

(4) Tang 等[23]提出了一种简单的构造动态多目标函数的方法,可以构造维数和目标函数个数可以调节的动态多目标测试函数。

(5) Helbig 等[24]基于 ZDT3 函数,提出了 HE1 和 HE2 两个动态多目标测试函数。

动态问题相对于非动态问题来说复杂性较高,如果问题的变化是无规律的,那么只需要重新初始化即可。但是如果问题的变化是呈现某种规律的,那么怎么来初始化就是一个需要研究的问题。

参考文献

[1] SCHAFFER J D. Some experiments in machine learning using vector evaluated genetic algorithms[R]. Nashville:Vanderbilt Univ. ,1985.

[2] LIS J,EIBEN A E. A multi-sexual genetic algorithm for multiobjective optimization[C]. Indianapolis: Evolutionary Computation,IEEE International Conference on,1997.

[3] KURSAWE F. A variant of evolution strategies for vector optimization:International Conference on Parallel Problem Solving from Nature. Borlin Springer,1990.

[4] FONSECA C M,FLEMING P J. An overview of evolutionary algorithms in multiobjective optimization [J]. Evolutionary computation,1995,3(1):1-16.

[5] FONSECA C M,FLEMING P J. Multiobjective genetic algorithms made easy:selection sharing and mating restriction[C]. Lisbon:Genetic Algorithms in Engineering Systems:Innovations and Applications, 1995.

[6] DEB K. Multi-objective genetic algorithms:Problem difficulties and construction of test problems[J]. Evolutionary computation,1999,7(3):205-230.

[7] ZITZLER E. Evolutionary algorithms for multiobjective optimization:Methods and applications[J]. Doctoral Dissertation,Swiss Federal Insitute of Technology,Zurich Switzerland,1999.

[8] DEB K,Thiele L,Laumanns M,et al. Scalable multi - objective optimization test problems [C]. Sheffield:Proceedings of the 2002 IEEE Congress on Evolutionary Computation,2002,1:825-830.

[9] DEB K,SINHA A,KUKKONEN S. Multi-objective test problems,linkages,and evolutionary methodologies[C]. Proceedings of the 8th annual conference on Genetic and evolutionary computation,2006.

[10] HUANG V L,QIN A K,DEB K,et al. Problem definitions for performance assessment of multi-objective optimization algorithms[R]. Sigapore:Nanyang Technological University,2007.

[11] ZHANG Q,ZHOU A,ZHAO S,et al. Multiobjective optimization test instances for the CEC 2009 special session and competition [R]. Colchester: University of Essex and Nanyang technological University,2008.

[12] GOH C K ,TAN K C. Evolutionary Multi-objective Optimization in Uncertain Environments[M]. Berlin:Springer,2009.

[13] LI H,ZHANG Q. Multiobjective optimization problems with complicated Pareto sets,MOEA/D and NSGA-Ⅱ[J]. IEEE Transactions on Evolutionary Computation,2009,13(2):284-302.

[14] LIANG J,GONG M,LI H,et al. Problem definitions and evaluation criteria for the CEC special session

on evolutionary algorithms for sparse optimization[C]. Zhengzhou: Computational Intelligence laboratory, 2017.

[15] TIAN Y, CHENG R, ZHANG X, et al. PlatEMO: A MATLAB Platform for Evolutionary Multi-Objective Optimization [Educational Forum][J]. IEEE Computational Intelligence Magazine, 2017, 12(4): 73-87.

[16] KNOWLES J D, CORNE D. Instance generators and test suites for the multiobjective quadratic assignment problem[C]. Zurich: International Conference on Evolutionary Multi-Criterion Optimization, 2003.

[17] KNOWLES J D, CORNE D. Benchmark problem generators and results for the multiobjective degree-constrained minimum spanning tree problem[C]. [s. l.]: The Annual Conference on Genetic and Evolutionary Computation, 2001.

[18] WANG Z, ONG Y, SUN J, et al. A Generator for Multiobjective Test Problems With Difficult-to-Approximate Pareto Front Boundaries[J]. IEEE Transactions on Evolutionary Computation, 2019, 23(4): 556-571.

[19] FAN Z, LI W, CAI X, et al. Difficulty Adjustable and Scalable Constrained Multi-objective Test Problem Toolkit[J]. Evolutionary Computation, 2019, 28(3): 1-40.

[20] FAN Z, LI W, CAI X, et al. An improved epsilon constraint-handling method in MOEA/D for CMOPs with large infeasible regions[J]. soft computing, 2019, 23(23): 12491-12510.

[21] FARINA M, DEB K, AMATO P. Dynamic multiobjective optimization problems: Test cases, approximation, and applications: International Conference on Evolutionary Multi-Criterion Optimization[C]. Berlin: Springer, 2003.

[22] MEHNEN J, RUDOLPH G, WAGNER T. Evolutionary optimization of dynamic multiobjective functions [J]. Universitat Portmund, Dortmund Germany, 2006.

[23] TANG M, HUANG Z, CHEN G. The construction of dynamic multi-objective optimization test functions: International Symposium on Intelligence Computation and Applications[C]. Berlin: Springer, 2007.

[24] HELBIG M, ENGELBRECHT A P. Archive management for dynamic multi-objective optimisation problems using vector evaluated particle swarm optimisation[C]. New Orleans: IEEE Congress of Evolutionary Computation, 2011.

第 4 章 多模态优化标准测试函数

多模态优化问题是指所研究的优化问题中存在多个全局或局部最优解。针对这类问题,进化算法的主要目标是在搜索空间内同时搜寻多个最优解。

4.1 多模态单目标优化测试函数

只有一个优化目标,且具有多个全局或局部最优解的问题被称为多模态单目标优化问题。多模态单目标优化问题发展时间较长,测试函数种类较多,可分为经典、拓展、复合、新合成测试函数。

4.1.1 经典多模态单目标优化测试函数

几个经典测试函数如表 4-1 所列,具体函数参见附录 A。

表 4-1 经典测试函数信息

序 号	函数名称	维 数	全局峰值
1	Two-peak trap	1	2
2	Central two-peak trap	1	2
3	Five-uneven-peak trap	1	5
4	Equal maxima	1	5
5	Decreasing maxima	1	1
6	Uneven maxima	1	5
7	Uneven decreasing maxima	1	1
8	Himmelblau's function	2	4
9	Six-hump camel back	2	2
10	Shekel's foxholes	2	1
11	Inverted shubert function	2	18
12	Inverted vincent function(1-D,2-D,3-D)	1/2/3	6/36/216

续表

序 号	函数名称	维 数	全局峰值
13	Branin RCOS	2	3
14	Michalewicz	2	1
15	Ursem F1	2	1
16	Ursem F3	2	1

4.1.2 经典函数拓展变形后的多模态单目标优化测试函数

下面介绍 8 个经典函数拓展变形后的测试函数，如表 4-2 所列，具体函数参见附录 B。

表 4-2 经典函数拓展变形后的测试函数信息

序 号	函数名称	维 数	全局最优个数	局部最优个数	期望值
1	Expanded two-peak trap	5 10 20	1 1 1	15 55 210	100
2	Expanded five-uneven-peak trap	2 5 8	4 32 25	21 0 0	200
3	Expanded equal minima	2 3 4	25 125 625	0 0 0	300
4	Expanded decreasing minima	5 10 20	1 1 1	15 55 210	400
5	Expanded uneven minima	2 3 4	25 125 625	0 0 0	500
6	Expanded himmelblau's function	4 6 8	16 64 256	0 0 0	600
7	Expanded six-hump camel back	6 10 16	8 32 25	0 0 0	700
8	Modified vincent function	2 3 4	36 216 1296	0 0 0	800

4.1.3 复合多模态单目标优化测试函数

下面为 15 个复合测试函数，如表 4-3 所列，具体函数参见附录 C。

表 4-3 复合测试函数信息

序号	函数	维数	全局峰值	构成此函数的简单函数个数
1	CF 1	10	8	4
2	CF 2	10	6	3
3	CF 3	10	6	3
4	CF 4	10	6	3
5	CF 5	10	6	3
6	CF 6	10	6	3
7	CF 7	10	6	3
8	CF 8	10	6	3
9	CF 9	10	6	3
10	CF 10	10	6	3
11	CF 11	10	8	4
12	CF 12	10	8	4
13	CF 13	10	10	5
14	CF 14	10	10	5
15	CF 15	10	10	5

$F(\boldsymbol{x})$：复合测试函数。

$$F(\boldsymbol{x}) = \sum_{i=1}^{n} \{w_i \cdot [f'_i((\boldsymbol{x} - \boldsymbol{o}_i)/\boldsymbol{\lambda}_i \cdot \boldsymbol{M}_i)]\}$$

$f_i(\boldsymbol{x})$：用于构成新函数的第 i 个基本函数。

n：基本函数的个数。

$\boldsymbol{\lambda}_i$：对函数 $f_i(\boldsymbol{x})$ 进行的拉伸压缩系数。

$\boldsymbol{M}_i$：对 $f_i(\boldsymbol{x})$ 进行线性转换的矩阵。

$\boldsymbol{o}_i$：对 $f_i(\boldsymbol{x})$ 最优位置进行移动，定义全局或者局部最优位置。

w_i：函数 $f_i(x)$ 所占比重，权重计算方法如下：

$$w_i = \exp\left(-\frac{\sum_{k=1}^{D}(\boldsymbol{x}_k - \boldsymbol{o}_{ik})}{2D\sigma_i^2}\right) \tag{4.1}$$

$$w_i = \begin{cases} w_i, & w_i = \max(w_i) \\ w_i \cdot [1-\max(w_i)^{10}], & w_i \neq \max(w_i) \end{cases} \tag{4.2}$$

权重归一化 $w_i = w_i / \sum_{i=1}^{n} w_i$

σ_i：对函数 $f_i(\boldsymbol{x})$ 进行涵盖范围控制的系数。

D：维度（可以从 1~100 选择）。

$f'_i(x) = C \cdot f_i(\boldsymbol{x}) / |f_{\max i}|$，$C$ 为预设常数。

$|f_{\max i}|$ 为估计值，估计方法为 $|f_{\max i}| = f_i[(\boldsymbol{x}'/\lambda_i) \cdot \boldsymbol{M}_i]$，$\boldsymbol{x}' = [5,5,\cdots,5]$。

4.1.4 新合成复合多模态单目标优化测试函数

为了克服算法利用测试函数的某些缺陷，如局部最优值一般沿着坐标轴分布，或者在全局最优值时许多变量取值相同等，需要设计新型复合测试函数。下面为 7 个新合成的复合测试函数，如表 4-4 所列，具体函数参见附录 D。

表 4-4 新合成复合测试函数信息

序 号	函 数	维 数	全局最优个数	期望值
1	Composition Function 1	10,20,30	5	900
2	Composition Function 2	10,20,30	5	1000
3	Composition Function 3	10,20,30	5	1100
4	Composition Function 4	10,20,30	5	1200
5	Composition Function 5	10,20,30	5	1300
6	Composition Function 6	10,20,30	5	1400
7	Composition Function 7	10,20,30	5	1500

新构成复合函数采用如下形式：

$$F(\boldsymbol{x}) = \sum_{i=1}^{N} \{ w_i \cdot [\lambda_i g_i(\boldsymbol{x}) + \text{bias}_i] \} + F^* \tag{4.3}$$

$F(\boldsymbol{x})$：所构成新复合函数。

$g_i(\boldsymbol{x})$：用于构成新函数的第 i 个基本函数。

N：构成新复合函数的基本函数个数。

bias_i：全局最优。

λ_i：用来控制 $g_i(\boldsymbol{x})$ 的高度。

w_i：各个 $g_i(\boldsymbol{x})$ 的权重，计算如下：

$$w_i = \frac{1}{\sqrt{\sum_{j=1}^{D} (x_j - o_{ij})^2}} \exp\left(- \frac{\sum_{j=1}^{D} (x_j - o_{ij})^2}{2D\sigma_i^2} \right) \tag{4.4}$$

σ_i：用于控制 $g_i(\boldsymbol{x})$ 范围，σ_i 越小代表 $g_i(\boldsymbol{x})$ 的范围越小。

权重归一方法 $\omega_i = w_i / \sum_{i=1}^{n} w_i$

当 $\boldsymbol{x} = \boldsymbol{o}_i$，$w_j = \begin{cases} 1, & j=i \\ 0, & j \neq i \end{cases}$ $j=1,2,\cdots,N$，$f(x) = \text{bias}_i + f^*$

此外，GAVIANO 设计了一个多模态单目标优化测试函数生成平台 GKLS(http://ww-winfo. deis. unical. it/~yaro/GKLS. html)，该生成平台可以自定义测试函数的维度、局部最优的个数、全局最优的个数、全局最优吸引区域的半径等。

4.2 多模态多目标优化测试函数

具有两个或两个以上的优化目标，且有多个全局或局部最优帕累托解集的优化问题被称为多模态多目标优化问题[1-2]。在多模态多目标优化问题的决策空间中，存在多个帕累托最优解对应目标空间帕累托前沿上的同一个点，此类问题在实际应用中广泛存在，如路径优化问题、特征选择优化问题[3]、调度优化问题、医药分子结构设计[4]等。

Yue 等[5]提出了具有不同特征和不同复杂度的多模态多目标优化测试函数，并综合了原有文献中的函数 SYM-PART[6]和 Omni-test[7]，组织了 CEC2019 多模态多目标优化竞赛[8]，这些函数的简略信息如表 4-5 所列。

表 4-5 CEC2019 多模态多目标优化测试函数信息

序号	函数	维数(决策空间,目标空间)	最优解集的个数	各维度间是否均有重叠
1	MMF1	2,2	2	×
2	MMF1_z	2,2	2	×
3	MMF1_e	2,2	2	×
4	MMF2	2,2	2	×
5	MMF3	2,2	2	√
6	MMF4	2,2	4	×
7	MMF5	2,2	4	×
8	MMF6	2,2	4	√
9	MMF7	2,2	2	×
10	MMF8	2,2	4	×
11	MMF9	2,2	2	×
12	MMF9_r	2,2	2	√
13	MMF10	2,2	2(1 全局,1 局部)	×
14	MMF11	2,2	n_p(1 全局,n_p-1 局部)	×
15	MMF12	2,2	n_p(1 全局,n_p-1 局部)	×
16	MMF13	2,3	n_p(1 全局,n_p-1 局部)	√
17	MMF14	n,m	n_p	×
18	MMF14_a	n,m	n_p	√
19	MMF15	n,m	n_p(1 全局,n_p-1 局部)	×
20	MMF15_a	n,m	n_p(1 全局,n_p-1 局部)	√
21	SYM-PART simple	2,2	9	√
22	SYM-PART rotated	2,2	9	√
23	Omni-test	n,2	3^n	√

Liu 等[9]提出了 MMMOP1～6 测试函数，这些函数从 CEC2013[10]、CEC2015[11]、CEC2009[12]和 DLTZ[13]改进而来，函数的特点是具有可扩展性，同时提高了决策空间和目标空间的多样性。

Hisao 等[14]提出了可扩展的基于多边形的多模态多目标测试函数集，此函数集的特点是可根据二维决策空间解的分布特性反映高维目标空间的性质。

多模态多目标优化方面的理论研究尚处于初级阶段，因此测试函数对该领域的发展起着至关重要的作用。现存的多模态多目标测试函数较少，本节对此类问题进行了搜集整理。具体函数参见附录 E。更多关于多模态多目标优化测试函数信息，可访问 http://www5. zzu. edu. cn/ecilab/MMO. htm。

参考文献

[1] DEB K. Multi-objective genetic algorithms:problem difficulties and construction of test problems[J]. Evolutionary Computation,1999,7(3):205-230.

[2] YUE C T,QU B Y,LIANG J J. A multi-objective particle swarm optimizer using ring topology for solving multimodal multi-objective problems [J]. IEEE Transactions on Evolutionary Computation, 2018,22(5):805-817.

[3] YUE C T,LIANG J J,QU B Y,et al. Multimodal multiobjective optimization in feature selection [C]. Wellington:IEEE Congress on Evolutionary Computation,2019.

[4] LI X,EPITROPAKIS M G,DEB K,et al. Seeking multiple solutions:an updated survey on niching methods and their applications[J]. IEEE Transactions on Evolutionary Computation,2017,21(4):518-538.

[5] YUE C T,QU B Y,YU K J,et al. A novel scalable test problem suite for multimodal multiobjective optimization[J]. Swarm and Evolutionary Computation,2019,48:62-71.

[6] RUDOLPH G,NAUJOKS B,PREUSS M. Capabilities of EMOA to detect and preserve equivalent Pareto subsets [C]: International Conference on Evolutionary Multi - Criterion Optimization. Berlin: Springer,2007.

[7] DEB K,TIWARI S. Omni-optimizer: a procedure for single and multi-objective optimization [C]: International Conference on Evolutionary Multi-Criterion Optimization. Berlin:Springer,2005.

[8] LIANG J J,QU B Y,GONG D W,et al. Problem definitions and evaluation criteria for the CEC 2019 special session on multimodal multiobjective optimization[R]. Zhengzhou:Zhengzhou University,2019.

[9] LIU Y,YEN G G,GONG D. A multi-modal multi-objective evolutionary algorithm using two-archive and recombination strategies [J]. IEEE Transactions on Evolutionary Computation, 2018, 23(4): 660-674.

[10] LI X,ENGELBRECHT A,EPITROPAKIS M G. Benchmark functions for CEC 2013 special session and competition on niching methods for multimodal function optimization[R]. Australia:RMIT University, Evolutionary Computation and Machine Learning Group,2013.

[11] QU B Y,LIANG J J,WANG Z,et al. Novelbenchmark functions for continuous multimodal optimization with comparative results[J]. Swarm and Evolutionary Computation,2016,26:23-24.

[12] ZHANG Q,ZHOU A,ZHAO S,et al. Multiobjective optimization test instances for the CEC 2009 special session and competition[R]. Wivenhoe Park:University of Essex,2008.

[13] DEB K,THIELE L,LAUMANNS M,et al. Scalable test problems for evolutionary multiobjective optimi-

zation[M]. London:Springer,2005.
[14] ISHIBUCHI H,PENG Y,SHANG K. A scalable multimodal multiobjective test problem [C]. Wellington:IEEE Congress on Evolutionary Computation,2019.

附录 A 经典多模态单目标测试函数

F1:Two-peak trap[1]

$$f_1(\boldsymbol{x})=\begin{cases}\dfrac{160}{15}(15-\boldsymbol{x}), & 0\leqslant\boldsymbol{x}\leqslant15\\ \dfrac{200}{5}(\boldsymbol{x}-15), & 15\leqslant\boldsymbol{x}\leqslant20\end{cases}$$

Range: $0\leqslant\boldsymbol{x}\leqslant20$

F2:Central two-peak trap[1]

$$f_2(\boldsymbol{x})=\begin{cases}\dfrac{160}{10}\boldsymbol{x}, & 0\leqslant\boldsymbol{x}\leqslant10\\ \dfrac{160}{5}(15-\boldsymbol{x}), & 10\leqslant\boldsymbol{x}\leqslant15\\ \dfrac{200}{5}(\boldsymbol{x}-15), & 15\leqslant\boldsymbol{x}\leqslant20\end{cases}$$

Range: $0\leqslant\boldsymbol{x}\leqslant20$

F3:Five-uneven-peak trap[2]

$$f_3(\boldsymbol{x})=\begin{cases}80(2.5-\boldsymbol{x}), & 0\leqslant\boldsymbol{x}<2.5\\ 64(\boldsymbol{x}-2.5), & 2.5\leqslant\boldsymbol{x}<5\\ 64(7.5-\boldsymbol{x}), & 5\leqslant\boldsymbol{x}<7.5\\ 28(\boldsymbol{x}-7.5), & 7.5\leqslant\boldsymbol{x}<12.5\\ 28(17.5-\boldsymbol{x}), & 12.5\leqslant\boldsymbol{x}<17.5\\ 32(\boldsymbol{x}-17.5), & 17.5\leqslant\boldsymbol{x}<22.5\\ 32(27.5-\boldsymbol{x}), & 22.5\leqslant\boldsymbol{x}<27.5\\ 80(\boldsymbol{x}-27.5), & 27.5\leqslant\boldsymbol{x}\leqslant30\end{cases}$$

Range: $0\leqslant\boldsymbol{x}\leqslant20$

F4:Equal maxima[3]

$$f_4(\boldsymbol{x})=\sin^6(5\pi\boldsymbol{x})$$

Range: $0\leqslant\boldsymbol{x}\leqslant1$

F5:Decreasing maxima[3]

$$f_5(\boldsymbol{x})=\exp\left[-2\log(2)\cdot\left(\frac{\boldsymbol{x}-0.1}{0.8}\right)^2\right]\cdot\sin^6(5\pi\boldsymbol{x})$$

Range: $0\leqslant\boldsymbol{x}\leqslant1$

F6:Uneven maxima[3]

$$f_6(\boldsymbol{x})=\sin^6[5\pi(\boldsymbol{x}^{3/4}-0.05)]$$

Range: $0\leqslant\boldsymbol{x}\leqslant1$

F7:Uneven decreasing maxima[3]

$$f_7(\boldsymbol{x})=\exp\left[-2\log(2)\cdot\left(\frac{\boldsymbol{x}-0.08}{0.854}\right)^2\right]\cdot\sin^6[5\pi(\boldsymbol{x}^{3/4}-0.05)]$$

Range: $0\leqslant \boldsymbol{x}\leqslant 1$

F8: Himmelblau's function[3]

$$f_8(\boldsymbol{x},\boldsymbol{y})=200-(\boldsymbol{x}^2+\boldsymbol{y}-11)^2-(\boldsymbol{x}+\boldsymbol{y}^2-7)^2$$

Range: $-6\leqslant \boldsymbol{x},\boldsymbol{y}\leqslant 6$

F9: Six-hump camel back[4]

$$f_9(\boldsymbol{x},\boldsymbol{y})=-4\left[\left(4-2.1\boldsymbol{x}^2+\frac{\boldsymbol{x}^4}{3}\right)\boldsymbol{x}^2+\boldsymbol{xy}+(-4+4\boldsymbol{y}^2)\boldsymbol{y}^2\right]$$

Range: $-1.9\leqslant \boldsymbol{x}\leqslant 1.9,-1.1\leqslant \boldsymbol{y}\leqslant 1.1$

F 10: Shekel's foxholes[5]

$$f_{11}(\boldsymbol{x},\boldsymbol{y}) = 500 - \frac{1}{0.002+\sum\limits_{i=0}^{24}\frac{1}{1+i+[\boldsymbol{x}-a(i)]^6+[\boldsymbol{y}-b(i)]^6}}$$

where $a(i)=16(i \bmod 5)-2)$, $b(i)=16(\lfloor(i/5)\rfloor-2)$

Range: $-65.536\leqslant \boldsymbol{x},\boldsymbol{y}\leqslant 65.535$

F11: Inverted shubert function[6]

$$f_{12}(\boldsymbol{x})=-\prod_{i=1}^{2}\sum_{j=1}^{5}j\cos[(j+1)x_i+j]$$

Range: $-10\leqslant x_1,x_2\leqslant 10$

F12: Inverted vincent function[7]

$$f(\boldsymbol{x})=\frac{1}{n}\sum_{i=1}^{n}\sin[10\log(x_i)]$$ 其中 n 为问题的维度

Range: $0.25\leqslant x_i\leqslant 10$

F13: Branin RCOS[6]

$$f_{16}(\boldsymbol{x},\boldsymbol{y})=\left(y-\frac{5.1}{4\pi^2}\boldsymbol{x}^2+\frac{5}{\pi}\boldsymbol{x}-6\right)^2+10\left(1-\frac{1}{8\pi}\right)\cos\boldsymbol{x}+10$$

Range: $-5\leqslant \boldsymbol{x}\leqslant 10,0\leqslant y\leqslant 15$

F14: Michalewicz[8]

$f_i(\boldsymbol{x}),i=1,2,\cdots,M$

Range: $\boldsymbol{x}=[x_1,x_2,\cdots,x_D]$

F15: Ursem F1[9]

$$f_{19}(\boldsymbol{x},\boldsymbol{y})=\sin(2\boldsymbol{x}-0.5\pi)+3\cos\boldsymbol{y}+0.5\boldsymbol{x}$$

Range: $-2.5\leqslant \boldsymbol{x}\leqslant 3,-2\leqslant \boldsymbol{y}\leqslant 2$

F16: Ursem F3[9]

$$f_{20}(\boldsymbol{x},\boldsymbol{y})=\sin(2.2\pi\boldsymbol{x}+0.5\pi)\cdot\frac{2-|\boldsymbol{y}|}{2}\cdot\frac{3-|\boldsymbol{x}|}{2}+\sin(0.5\pi y^2+0.5\pi)\cdot\frac{2-|\boldsymbol{y}|}{2}\cdot\frac{2-|\boldsymbol{x}|}{2}$$

Range: $-2.5\leqslant \boldsymbol{x}\leqslant 3,-2\leqslant \boldsymbol{y}\leqslant 2$

参考文献

[1] ACKLEY D H. An empirical study of bit vector function optimization[J]. Genetic Algorithms and Simulated Annealing,1987,1:170-204.

[2] LI J P,BALAZS M E,PARKS G T,et al. A species conserving genetic algorithm for multimodal function optimization[J]. Evolutionary Computation,2002,10(3):207-234.

[3] DEB K. Genetic algorithms in multimodal function optimization [D]. Tuscaloosa: University of Alabama,1989.

[4] MICHALEWICZ Z,HARTLEY S J. Genetic algorithms+data structures=evolution programs[J]. Mathematical Intelligencer,1996,18(3):71.

[5] DEJONG K. An analysis of the behavior of a class of genetic adaptive systems[D]. Ann Arbor:University of Michigan,1975.

[6] LI J P,BALAZS M E,PARKS G T,et al. A species conserving genetic algorithm for multimodal function optimization[J]. Evolutionary Computation,2002,10(3):207-234.

[7] SHIR O M, BÄCK T. Niche radius adaptation in the cma - es niching algorithm [M]. Berlin: Springer,2006.

[8] THOMSEN R. Multimodal optimization using crowding-based differential evolution[C]. Portland:IEEE Congress on Evolutionary Computation,2004.

[9] URSEM R K. Multinational evolutionary algorithms[C]. Washington DC:IEEE Congress on Evolutionary Computation,1999.

附录 B 拓展测试集

Expanded two-peak trap

$$f_1(\boldsymbol{x}) = \sum_{i=1}^{D} t_i + 200D$$

$$t_i=\begin{cases}-160+y_i^2, & y_i<0\\ \dfrac{160}{15}(y_i-15), & 0\leqslant y_i\leqslant 15\\ \dfrac{200}{5}(15-y_i), & 15\leqslant y_i\leqslant 20\\ -200+(y_i-20)^2, & y_i>20\end{cases}$$

$$\boldsymbol{y}=\boldsymbol{x}+20$$

$$f_1(\boldsymbol{x}^*)=0,\boldsymbol{x}^*=[0,0,\cdots,0]^D$$

$$F_1(\boldsymbol{x})=f_1[\boldsymbol{M}_1(\boldsymbol{x}-\boldsymbol{o}_1)]+F_1^*$$

Expanded five-uneven-peak trap

$$f_2(\boldsymbol{x}) = \sum_{i=1}^{D} t_i + 200D$$

$$t_i=\begin{cases}-200+x_i^2, & x_i<0\\ -80(2.5-x_i), & 0\leqslant x_i<2.5\\ -64(x_i-2.5), & 2.5\leqslant x_i<5\\ -64(7.5-x_i), & 5\leqslant x_i<7.5\\ -28(x_i-7.5), & 7.5\leqslant x_i<12.5\\ -28(17.5-x_i), & 12.5\leqslant x_i<17.5\\ -32(x_i-17.5), & 17.5\leqslant x_i<22.5\\ -32(27.5-x_i), & 22.5\leqslant x_i<27.5\\ -80(x_i-27.5), & 27.5\leqslant x_i\leqslant 30\\ -200+(x_i-30)^2, & x_i>30\end{cases}$$

$f_2(\boldsymbol{x}^*)=0, \boldsymbol{x}_i^*=0,30(i=1,2,\cdots,D)$

$F_2(x)=f_2[\boldsymbol{M}_2(\boldsymbol{x}-\boldsymbol{o}_2)]+F_2^*$

Expanded equal minima

$$f_3(\boldsymbol{x})=\sum_{i=1}^{D} t_i + D$$

$$t_i=\begin{cases}y_i^2, & y_i<0, y_i>1\\ -\sin^6(5\pi y_i), & 0\leqslant y_i\leqslant 1\end{cases},\quad i=1,2,\cdots,D$$

$\boldsymbol{y}=\boldsymbol{x}+0.1$

$f_3(\boldsymbol{x}^*)=0, \boldsymbol{x}_i^*=0.0,0.2,0.4,0.6,0.8, i=1,2,\cdots,D$

$$F_3(\boldsymbol{x})=f_3\left[\boldsymbol{M}_3\left(\frac{\boldsymbol{x}-\boldsymbol{o}_3}{20}\right)\right]+F_3^*$$

Expanded decreasing minima

$$f_4(\boldsymbol{x})=\sum_{i=1}^{D} t_i + D$$

$$t_i=\begin{cases}y_i^2, & y_i<0, y_i>1\\ -\exp\left[-2\log(2)\cdot\left(\dfrac{y_i-0.1}{0.8}\right)^2\right]\cdot\sin^6(5\pi y_i), & 0\leqslant y_i\leqslant 1\end{cases}$$

$i=1,2,\cdots,D$

$\boldsymbol{y}=\boldsymbol{x}+0.1$

$f_4(\boldsymbol{x}^*)=0, \boldsymbol{x}^*=[0,0,\cdots,0]^D$

$$F_4(\boldsymbol{x})=f_4\left[\boldsymbol{M}_4\left(\frac{\boldsymbol{x}-\boldsymbol{o}_4}{20}\right)\right]+F_4^*$$

Expanded uneven minima

$$f_5(\boldsymbol{x})=\sum_{i=1}^{D} t_i - D$$

$$t_i=\begin{cases}y_i^2, & y_i<0, y_i>1\\ -\sin^6[5\pi(y_i^{3/4}-0.05)], & 0\leqslant y_i\leqslant 1\end{cases},\quad i=1,2,\cdots,D$$

$$\boldsymbol{y}=\boldsymbol{x}+0.079699392688696$$

$$f_5(\boldsymbol{x}^*)=0,\quad x_i^*=\begin{cases}0\\0.166955\\0.370927, i=1,2,\cdots,D\\0.601720\\0.854195\end{cases}$$

$$F_5(\boldsymbol{x})=f_5\left[\boldsymbol{M}_5\left(\frac{\boldsymbol{x}-\boldsymbol{o}_5}{20}\right)\right]+F_5^*$$

Expanded himmelblau's function

$$f_6(\boldsymbol{x})=\sum_{i=1,3,5,\cdots}^{D-1}[(y_i^2+y_{i+1}-11)^2+(y_i+y_{i+1}^2-7)^2]$$

$$y_i=\begin{cases}x_i+3, & i\text{ 是奇数}\\ x_i+2, & i\text{ 是偶数}\end{cases},\quad i=1,2,\cdots,D$$

D must be an even number

$$f_6(\boldsymbol{x}^*)=0$$

$$\boldsymbol{x}^*=[\boldsymbol{y}_1,\boldsymbol{y}_2,\cdots,\boldsymbol{y}_{D/2}]$$

$$\boldsymbol{y}_i=\begin{cases}[0,0]\\ [0.584428,-3.848126]\\ [-6.779310,-5.283186]\\ [-5.805118,1.131312]\end{cases},i=1,2,\cdots,\frac{D}{2}$$

$$F_6(\boldsymbol{x})=f_6\left[\boldsymbol{M}_6\left(\frac{\boldsymbol{x}-\boldsymbol{o}_6}{5}\right)\right]+F_6^*$$

Expanded six-hump camel back

$$f_7(\boldsymbol{x})=\sum_{i=1,3,5,\cdots}^{D-1}\left\{-4\left[\left(4-2.1y_i^2+\frac{y_i^4}{3}\right)y_i^2+y_iy_{i+1}+(-4+4y_{i+1}^2)y_{i+1}^2\right]\right\}+4.126514\cdot\frac{D}{2}$$

$$y_i=\begin{cases}x_i-0.089842, & i\text{ 是奇数}\\ x_i+0.712656, & i\text{ 是偶数}\end{cases},\quad i=1,2,\cdots,D$$

D must be an even number

$$f_7(\boldsymbol{x}^*)=0$$

$$\boldsymbol{x}^*=[\boldsymbol{y}_1,\boldsymbol{y}_2,\cdots,\boldsymbol{y}_{D/2}]$$

$$\boldsymbol{y}_i=\begin{cases}[0,0]\\ [-0.179684,1.425312]\end{cases},\quad i=1,2,\cdots,\frac{D}{2}$$

$$F_7(\boldsymbol{x})=f_7[\boldsymbol{M}_7(\boldsymbol{x}-\boldsymbol{o}_7)]+F_7^*$$

Modified vincent function

$$f_8(\boldsymbol{x}) = \frac{1}{D}\sum_{i=1}^{D}(t_i + 1.0)$$

$$t_i = \begin{cases} \sin[10\log(y_i)], & 0.25 \leqslant y_i \leqslant 10 \\ (0.25-y_i)^2+\sin[10\log(2.5)], & y_i<0.25 \\ (y_i-10)^2+\sin[10\log(10)], & y_i>10 \end{cases}, \quad i=1,2,\cdots,D$$

$$\boldsymbol{y}=\boldsymbol{x}+4.1112$$

$$f_8(\boldsymbol{x}^*)=0, \quad \boldsymbol{x}_i^* = \begin{cases} -3.7782 \\ -3.4870 \\ -2.9411 \\ -1.9179 \\ 0 \\ 3.5951 \end{cases}, \quad i=1,2,\cdots,D$$

$$F_8(\boldsymbol{x})=f_8\left[\boldsymbol{M}_8\left(\frac{\boldsymbol{x}-\boldsymbol{o}_8}{5}\right)\right]+F_8^*$$

附录 C 所构复合函数 C 测试集

复合函数 CF1(n=8)

$f_{1-2}(\boldsymbol{x})$:Rastrigin's Function

$$f_i(\boldsymbol{x}) = \sum_{i=1}^{D}[x_i^2 - 10\cos(2\pi x_i) + 10]$$

$f_{3-4}(\boldsymbol{x})$:Weierstrass Function

$$f_i(\boldsymbol{x}) = \sum_{i=1}^{D}\left\{\sum_{k=0}^{k\max}[a^k\cos(2\pi b^k(x_i + 0.5))]\right\} - D\sum_{k=0}^{k\max}[a^k\cos(2\pi b^k \cdot 0.5)]$$

$a = 0.5, b = 3, k_{\max} = 20$

$f_{5-6}(\boldsymbol{x})$:Griewank's Function

$$f_i(\boldsymbol{x}) = \sum_{i=1}^{D}\frac{x_i^2}{4000} - \prod_{i=1}^{D}\cos\left(\frac{x_i}{\sqrt{i}}\right) + 1$$

$f_{7-8}(\boldsymbol{x})$:Sphere Function

$$f_i(\boldsymbol{x}) = \sum_{i=1}^{D}x_i^2$$

$\sigma_i=1,2,\cdots,i$

$\lambda=[1,1,10,10,5/60,5/60,5/32,5/32]$

$\boldsymbol{M}_i$:全部选为单位矩阵

这些公式为基本函数;需对这些函数进行移动、旋转。以 f_1 为例,下列函数必须经过计算得到

$$f_i(z) = \sum_{i=1}^{D}[z_i^2 - 10\cos(2\pi z_i) + 10]$$

其中 $\boldsymbol{z}=[(\boldsymbol{x}-\boldsymbol{o}_i)/1_1]\cdot \boldsymbol{M}_1$。

复合函数 CF 2(n=6)

$f_{1-2}(\boldsymbol{x})$: Griewank's Function

$f_{3-4}(\boldsymbol{x})$: Weierstrass Function

$f_{5-6}(\boldsymbol{x})$: Sphere Function

$\sigma_i=1,2,\cdots,i$

$\lambda=[1,1,10,10,5/60,5/60]$

$\boldsymbol{M}_i$:全部选为单位矩阵

复合函数 CF 3(n=6)

$f_{1-2}(\boldsymbol{x})$: Rastrigin's Function

$f_{3-4}(\boldsymbol{x})$: Griewank's Function

$f_{5-6}(\boldsymbol{x})$: Sphere Function

$\sigma_i=1,2,\cdots,i$

$\lambda=[1,1,10,10,5/60,5/60]$

$\boldsymbol{M}_i$:全部选为单位矩阵

复合函数 CF 4(n=6)

$f_{1-2}(\boldsymbol{x})$: Rastrigin's Function

$f_{3-4}(\boldsymbol{x})$: Weierstrass Function

$f_{5-6}(\boldsymbol{x})$: Griewank's Function

$\sigma_i=1,2,\cdots,i$

$\lambda=[1,1,10,10,5/60,5/60]$

$\boldsymbol{M}_i$:全部选为单位矩阵

复合函数 CF 5(n=6)

$f_{1-2}(\boldsymbol{x})$: Rastrigin's Function

$f_{3-4}(\boldsymbol{x})$: Weierstrass Function

$f_{5-6}(\boldsymbol{x})$: Sphere Function

$\sigma_i=1,2,\cdots,i$

$\lambda=[1,1,10,10,5/60,5/60]$

$\boldsymbol{M}_i$:全部选为单位矩阵

复合函数 CF 6(n=6)

$f_{1-2}(\boldsymbol{x})$: F8 和 F2 Function

$$F8(\boldsymbol{x})=\sum_{i=1}^{D}\frac{x_i^2}{4000}-\prod_{i=1}^{D}\cos\left(\frac{x_i}{\sqrt{i}}\right)+1$$

$$F2(\boldsymbol{x}) = \sum_{i=1}^{D-1} [100(x_i^2 - x_{i+1})^2 + (x_i - 1)^2]$$

$f_i(\boldsymbol{x}) = F8[F2(x_1, x_2)] + F8[F2(x_2, x_3)] + \cdots + F8[F2(x_{D-1}, x_D)] + F8[F2(x_D, x_1)]$

$f_{3\text{-}4}(\boldsymbol{x})$：Weierstrass Function

$f_{5\text{-}6}(\boldsymbol{x})$：Griewank's Function

$\sigma = [1,1,1,1,1,2]$

$\lambda = [25/100;5/100;5;1;5;1]$

$\boldsymbol{M}_i$：为正交矩阵

复合函数 CF 7(n=6)

$f_{1\text{-}2}(\boldsymbol{x})$：Rotated Expanded Scaffer's F6 Function

$f_i(\boldsymbol{x}) = F(x_1, x_2) + F(x_2, x_3) + \cdots + F(x_{D-1}, x_D) + F(x_D, x_1)$

$$F(\boldsymbol{x}, \boldsymbol{y}) = 0.5 + \frac{[\sin^2(\sqrt{\boldsymbol{x}^2 + \boldsymbol{y}^2}) - 0.5]}{[1 + 0.001(\boldsymbol{x}^2 + \boldsymbol{y}^2)]^2}$$

$f_{3\text{-}4}(\boldsymbol{x})$：F8 和 F2 Function

$f_{5\text{-}6}(\boldsymbol{x})$：Weierstrass Function

$\sigma = [1,1,1,1,1,2]$

$\lambda = [5;10;5;1;25/100;5/100]$

$\boldsymbol{M}_i$：为正交矩阵

复合函数 CF 8(n=6)

$f_{1\text{-}2}(\boldsymbol{x})$：Rotated Expanded Scaffer's F6 Function

$f_{3\text{-}4}(\boldsymbol{x})$：F8 和 F2 Function

$f_{5\text{-}6}(\boldsymbol{x})$：Griewank's Function

$\sigma = [1,1,1,1,1,2]$

$\lambda = [25/100;5/100;5;1;5;1]$

$\boldsymbol{M}_i$：为正交矩阵

复合函数 CF 9(n=6)

$f_{1\text{-}2}(\boldsymbol{x})$：Rotated Expanded Scaffer's F6 Function

$f_{3\text{-}4}(\boldsymbol{x})$：Weierstrass Function

$f_{5\text{-}6}(\boldsymbol{x})$：Griewank's Function

$\sigma = [1,1,1,1,1,2]$

$\lambda = [5;10;25/100;5/100;5;1]$

$\boldsymbol{M}_i$：为正交矩阵

复合函数 CF 10(n=6)

$f_{1\text{-}2}(\boldsymbol{x})$：Rastrigin's Function

$f_{3\text{-}4}(\boldsymbol{x})$：F8 和 F2 Function

$f_{5\text{-}6}(\boldsymbol{x})$:Weierstrass Function

$\sigma=[1,1,1,1,1,2]$

$\lambda=[5;10;25/100;5/100;5;1]$

$\boldsymbol{M}_i$:为正交矩阵

复合函数 CF 11(n=8)

$f_{1\text{-}2}(\boldsymbol{x})$:Rastrigin's Function

$f_{3\text{-}4}(\boldsymbol{x})$:F8 和 F2 Function

$f_{5\text{-}6}(\boldsymbol{x})$:Weierstrass Function

$f_{7\text{-}8}(\boldsymbol{x})$:Griewank's Function

$\sigma=[1,1,1,1,1,2,2,2]$

$\lambda=[5;1;5;1;50;10;25/200;5/200]$

$\boldsymbol{M}_i$:为正交矩阵

复合函数 CF 12(n=8)

$f_{1\text{-}2}(\boldsymbol{x})$:Rotated Expanded Scaffer's F6 Function

$f_{3\text{-}4}(\boldsymbol{x})$:F8F2 Function

$f_{5\text{-}6}(\boldsymbol{x})$:Weierstrass Function

$f_{7\text{-}8}(\boldsymbol{x})$:Griewank's Function

$\sigma=[1,1,1,1,1,2,2,2]$

$\lambda=[25/100;5/100;5;1;5;1;50;10]$

$\boldsymbol{M}_i$:为正交矩阵

复合函数 CF 13(n=10)

$f_{1\text{-}2}(\boldsymbol{x})$:Rotated Expanded Scaffer's F6 Function

$f_{3\text{-}4}(\boldsymbol{x})$:Rastrigin's Function

$f_{5\text{-}6}(\boldsymbol{x})$:F8 和 F2 Function

$f_{7\text{-}8}(\boldsymbol{x})$:Weierstrass Function

$f_{9\text{-}10}(\boldsymbol{x})$:Griewank's Function

$\sigma=[1,1,1,1,1,2,2,2,2,2]$

$\lambda=[25/100;5/100;5;1;5;1;50;10;25/200;5/200]$

$\boldsymbol{M}_i$:为正交矩阵

复合函数 CF 14(n=10)

除了 $\boldsymbol{M}_i$为[10 20 50 100 200 1000 2000 3000 4000 5000],其余所有设定与 F13 相同。

复合函数 CF 15(n=10)

$f_1(\boldsymbol{x})$:Weierstrass Function

$f_2(\boldsymbol{x})$:Rotated Expanded Scaffer's F6 Function

$f_3(\boldsymbol{x})$:F8 F2 Function

$f_4(\boldsymbol{x})$:Ackley's Function

$$f_i(\boldsymbol{x}) = -20\exp\left(-0.2\sqrt{\frac{1}{D}\sum_{i=1}^{D}x_i^2}\right) - \exp\left[\frac{1}{D}\sum_{i=1}^{D}\cos(2\pi x_i)\right] + 20 + e$$

$f_5(\boldsymbol{x})$:Rastrigin's Function

$f_6(\boldsymbol{x})$:Griewank's Function

$f_7(\boldsymbol{x})$:Non-Continuous Expanded Scaffer's F6 Function

$$F(\boldsymbol{x},\boldsymbol{y}) = 0.5+\frac{[\sin^2(\sqrt{\boldsymbol{x}^2+\boldsymbol{y}^2})-0.5]}{[1+0.001(\boldsymbol{x}^2+\boldsymbol{y}^2)]^2}$$

$$f_i(\boldsymbol{x}) = F(y_1,y_2)+F(y_2,y_3)+\cdots+F(y_{D-1},y_D)+F(y_D,y_1)$$

$$y_i = \begin{cases} x_j, & |x_j|<1/2 \\ \text{round}(2x_j)/2, & |x_j|>1/2 \end{cases},\quad j=1,2,\cdots,D$$

$$\text{round}(\boldsymbol{x}) = \begin{cases} a-1,\boldsymbol{x}\leqslant 0, & b\geqslant 0.5 \\ a, & b<0.5 \\ a+1,\boldsymbol{x}>0, & b\geqslant 0.5 \end{cases}$$

$f_8(\boldsymbol{x})$:Non-Continuous Rastrigin's Function

$$f_i(\boldsymbol{x}) = \sum_{i=1}^{D}[y_i^2 - 10\cos(2\pi y_i) + 10]$$

$$y_i = \begin{cases} x_j, & |x_j|<1/2 \\ \text{round}(2x_j)/2, & |x_j|>1/2 \end{cases},\quad j=1,2,\cdots,D$$

$f_9(\boldsymbol{x})$:High Conditioned Elliptic Function

$$f(\boldsymbol{x}) = \sum_{i=1}^{D}(10^6)^{\frac{i-1}{D-1}}x_i^2$$

$f_{10}(\boldsymbol{x})$:Sphere Function with Noise in Fitness

$$f_i(\boldsymbol{x}) = \left(\sum_{i=1}^{D}x_i^2\right)(1 + 0.1|N(0,1)|)$$

$n=10$

$\sigma_i=2,3,\cdots,i$

$\boldsymbol{\lambda}=[10;5/20;1;5/32;1;5/100;5/50;1;5/100;5/100]$

$\boldsymbol{M}_i$为旋转矩阵,[100 50 30 10 5 5 4 3 2 2]

附录 D 新构复合函数

以下为用来构成新复合函数的基本函数:

Sphere Function

$$f_9(\boldsymbol{x}) = \sum_{i=1}^{D}x_i^2$$

High Conditioned Elliptic Function

$$f_{10}(\boldsymbol{x}) = \sum_{i=1}^{D} (10^6)^{\frac{i-1}{D-1}} \boldsymbol{x}_i^2$$

Bent Cigar Function

$$f_{11}(\boldsymbol{x}) = x_1^2 + 10^6 \sum_{i=2}^{D} x_i^2$$

Discus Function

$$f_{12}(\boldsymbol{x}) = 10^6 x_1^2 + \sum_{i=2}^{D} x_i^2$$

Different Powers Function

$$f_{13}(\boldsymbol{x}) = \sqrt{\sum_{i=1}^{D} |x_i|^{2+4\frac{i-1}{D-1}}}$$

Rosenbrock's Function

$$f_{14}(\boldsymbol{x}) = \sum_{i=1}^{D-1} [100(x_i^2 - x_{i+1})^2 + (x_i - 1)^2]$$

Ackley's Function

$$f_{15}(\boldsymbol{x}) = -20\exp\left(-0.2\sqrt{\frac{1}{D}\sum_{i=1}^{D} x_i^2}\right) - \exp\left[\frac{1}{D}\sum_{i=1}^{D} \cos(2\pi x_i)\right] + 20 + \mathrm{e}$$

Weierstrass Function

$$f_{16}(\boldsymbol{x}) = \sum_{i=1}^{D} \left\{ \sum_{k=0}^{k\max} [a^k \cos(2\pi b^k (x_i + 0.5))] \right\} - D \sum_{k=0}^{k\max} [a^k \cos(2\pi b^k \cdot 0.5)]$$

$a = 0.5, b = 3, k_{\max} = 20$

Griewank's Function

$$f_{17}(\boldsymbol{x}) = \sum_{i=1}^{D} \frac{x_i^2}{4000} - \prod_{i=1}^{D} \cos\left(\frac{x_i}{\sqrt{i}}\right) + 1$$

Rastrigin's Function

$$f_{18}(\boldsymbol{x}) = \sum_{i=1}^{D} [x_i^2 - 10\cos(2\pi x_i) + 10]$$

Modified Schwefel's Function

$$f_{19}(\boldsymbol{x}) = 418.9829 \times D - \sum_{i=1}^{D} g(z_i), z_i = x_i + 4.209687462275036$$

$$g(z_i) = \begin{cases} z_i \sin(|z_i|^{1/2}), & |z_i| \leqslant 500 \\ [500 - \mathrm{mod}(z_i, 500)]\sin[\sqrt{|500 - \mathrm{mod}(z_i, 500)|}] - \dfrac{(z_i - 500)^2}{10000D}, & z_i > 500 \\ [\mathrm{mod}(|z_i|, 500) - 500]\sin[\sqrt{|\mathrm{mod}(|z_i|, 500) - 500|}] - \dfrac{(z_i + 500)^2}{10000D}, & z_i < -500 \end{cases}$$

Katsuura Function

$$f_{20}(\boldsymbol{x}) = \frac{10}{D^2} \prod_{i=1}^{D} \left(1 + i \sum_{j=1}^{32} \frac{|2^j x_i - \mathrm{round}(2^j x_i)|}{2^j}\right)^{\frac{10}{D^{1.2}}} - \frac{10}{D^2}$$

HappyCat Function

$$f_{21}(\boldsymbol{x}) = \left|\sum_{i=1}^{D} x_i^2 - D\right|^{1/4} + \left(0.5\sum_{i=1}^{D} x_i^2 + \sum_{i=1}^{D} x_i\right)/D + 0.5$$

HGBat Function

$$f_{22}(\boldsymbol{x}) = \left|\left(\sum_{i=1}^{D} x_i^2\right)^2 - \left(\sum_{i=1}^{D} x_i\right)^2\right|^{1/2} + \left(0.5\sum_{i=1}^{D} x_i^2 + \sum_{i=1}^{D} x_i\right)/D + 0.5$$

Expanded Griewank's plus Rosenbrock's Function

$$f_{23}(\boldsymbol{x})=f_7[f_4(x_1,x_2)]+f_7[f_4(x_2,x_3)]+\cdots+f_7[f_4(x_{D-1},x_D)]+f_7[f_4(x_D,x_1)]$$

Expanded Scaffer's F6 Function

Scaffer's F6 Function: $g(x,y)=0.5+\dfrac{[\sin^2(\sqrt{x^2+y^2})-0.5]}{[1+0.001(x^2+y^2)]^2}$

$$f_{24}(\boldsymbol{x})=g(x_1,x_2)+g(x_2,x_3)+\cdots+g(x_{D-1},x_D)+g(x_D,x_1)$$

7 个复合函数构成形式如下：

新构复合函数 F 1

$N=10$

$\sigma=[10,20,10,20,10,20,10,20,10,20]$

$\lambda=[1,1,10^{-6},10^{-6},10^{-6},10^{-6},10^{-6},10^{-4},10^{-4},10^{-5},10^{-5}]$

$\text{bias}=[0,0,0,0,0,0,0,0,0,0]+\boldsymbol{F}_9^*$

g_{1-2}：旋转 Sphere Function

$$g_i(\boldsymbol{x})=f_9[\boldsymbol{M}_i(\boldsymbol{x}-\boldsymbol{o}_i)]+\text{bias}_i,\quad i=1,2$$

g_{3-4}：旋转 High Conditioned Elliptic Function

$$g_i(\boldsymbol{x})=f_{10}[\boldsymbol{M}_i(\boldsymbol{x}-\boldsymbol{o}_i)]+\text{bias}_i,\quad i=3,4$$

g_{5-6}：旋转 Bent Cigar Function

$$g_i(\boldsymbol{x})=f_{11}[\boldsymbol{M}_i(\boldsymbol{x}-\boldsymbol{o}_i)]+\text{bias}_i,\quad i=5,6$$

g_{7-8}：旋转 Discus Function

$$g_i(\boldsymbol{x})=f_{12}[\boldsymbol{M}_i(\boldsymbol{x}-\boldsymbol{o}_i)]+\text{bias}_i,\quad i=7,8$$

g_{9-10}：旋转 Different Powers Function

$$g_i(\boldsymbol{x})=f_{13}[\boldsymbol{M}_i(\boldsymbol{x}-\boldsymbol{o}_i)]+\text{bias}_i,\quad i=9,10$$

新构复合函数 F 2

$N=10$

$\sigma=[10,20,30,40,50,60,70,80,90,100]$

$\lambda=[10^{-5},10^{-5},10^{-6},10^{-6},10^{-6},10^{-6},10^{-4},10^{-4},1,1]$

$\text{bias}=[0,10,20,30,40,50,60,70,80,90]+\boldsymbol{F}_{10}^*$

g_{1-2}：旋转 High Conditioned Elliptic Function

$$g_i(\boldsymbol{x})=f_{10}[\boldsymbol{M}_i(\boldsymbol{x}-\boldsymbol{o}_i)]+\text{bias}_i,\quad i=1,2$$

g_{3-4}：旋转 Different Powers Function

$$g_i(\boldsymbol{x})=f_{13}[\boldsymbol{M}_i(\boldsymbol{x}-\boldsymbol{o}_i)]+\text{bias}_i,\quad i=3,4$$

g_{5-6}:旋转 Bent Cigar Function

$$g_i(\boldsymbol{x})=f_{14}[\boldsymbol{M}_i(\boldsymbol{x}-\boldsymbol{o}_i)]+\text{bias}_i,\quad i=5,6$$

g_{7-8}:旋转 Discus Function

$$g_i(\boldsymbol{x})=f_{12}[\boldsymbol{M}_i(\boldsymbol{x}-\boldsymbol{o}_i)]+\text{bias}_i,\quad i=7,8$$

g_{9-10}:旋转 Sphere Function

$$g_i(\boldsymbol{x})=f_{9}[\boldsymbol{M}_i(\boldsymbol{x}-\boldsymbol{o}_i)]+\text{bias}_i,\quad i=9,10$$

新构复合函数 F 3

$N=10$

$\sigma=[10,10,10,10,10,10,10,10,10,10]$

$\lambda=[0.1,0.1,10,10,10,10,100,100,1,1]$

$\text{bias}=[0,0,0,0,0,0,0,0,0,0]+F_{11}^*$

g_{1-2}:旋转 Rosenbrock's Function

$$g_i(\boldsymbol{x})=f_{14}\left[\boldsymbol{M}_i\frac{2.048(\boldsymbol{x}-\boldsymbol{o}_i)}{100}+1\right]+\text{bias}_i,\quad i=1,2$$

g_{3-4}:旋转 Rastrigin's Function

$$g_i(\boldsymbol{x})=f_{18}\left[\boldsymbol{M}_i\frac{5.12(\boldsymbol{x}-\boldsymbol{o}_i)}{100}\right]+\text{bias}_i,\quad i=3,4$$

g_{5-6}:旋转 HappyCat Function

$$g_i(\boldsymbol{x})=f_{21}\left[\boldsymbol{M}_i\frac{5(\boldsymbol{x}-\boldsymbol{o}_i)}{100}\right]+\text{bias}_i,\quad i=5,6$$

g_{7-8}:旋转 Scaffer's F6 Function

$$g_i(\boldsymbol{x})=f_{24}[\boldsymbol{M}_i(\boldsymbol{x}-\boldsymbol{o}_i)]+\text{bias}_i,\quad i=7,8$$

g_{9-10}:旋转 Expanded Modified Schwefel's Function

$$g_i(\boldsymbol{x})=f_{19}\left[\boldsymbol{M}_i\frac{1000(\boldsymbol{x}-\boldsymbol{o}_i)}{100}\right]+\text{bias}_i,\quad i=9,10$$

新构复合函数 F 4

$N=10$

$\sigma=[10,10,20,20,30,30,40,40,50,50]$

$\lambda=[0.1,0.1,10,10,10,10,100,100,1,1]$

$\text{bias}=[0,0,0,0,0,0,0,0,0,0]+F_{12}^*$

g_{1-2}:旋转 Rosenbrock's Function

$$g_i(\boldsymbol{x})=f_{14}\left[\boldsymbol{M}_i\frac{2.048(\boldsymbol{x}-\boldsymbol{o}_i)}{100}+1\right]+\text{bias}_i,\quad i=1,2$$

g_{3-4}:旋转 Rastrigin's Function

$$g_i(\boldsymbol{x})=f_{15}\left[\boldsymbol{M}_i\frac{5.12(\boldsymbol{x}-\boldsymbol{o}_i)}{100}\right]+\text{bias}_i,\quad i=3,4$$

g_{5-6}：旋转 HappyCat Function

$$g_i(\boldsymbol{x})=f_{21}\left[\boldsymbol{M}_i\frac{5(\boldsymbol{x}-\boldsymbol{o}_i)}{100}\right]+\text{bias}_i,\quad i=5,6$$

g_{7-8}：旋转 Scaffer's F6 Function

$$g_i(\boldsymbol{x})=f_{24}[\boldsymbol{M}_i(\boldsymbol{x}-\boldsymbol{o}_i)]+\text{bias}_i,\quad i=7,8$$

g_{9-10}：旋转 Expanded Modified Schwefel's Function

$$g_i(\boldsymbol{x})=f_{19}\left[\boldsymbol{M}_i\frac{1000(\boldsymbol{x}-\boldsymbol{o}_i)}{100}\right]+\text{bias}_i,\quad i=9,10$$

新构复合函数 F 5

$N=10$

$\sigma=[10,20,30,40,50,60,70,80,90,100]$

$\lambda=[0.1,10,10,0.1,2.5,1\text{e}-3,100,2.5,10,1]$

$\text{bias}=[0,0,0,0,0,0,0,0,0,0]+F_{13}^*$

g_1：旋转 Rosenbrock's Function

$$g_1(\boldsymbol{x})=f_{14}\left[\boldsymbol{M}_1\frac{2.048(\boldsymbol{x}-\boldsymbol{o}_1)}{100}+1\right]+\text{bias}_1$$

g_2：旋转 HGBat Function

$$g_2(\boldsymbol{x})=f_{22}\left[\boldsymbol{M}_2\frac{5(\boldsymbol{x}-\boldsymbol{o}_2)}{100}\right]+\text{bias}_2$$

g_3：旋转 Rastrigin's Function

$$g_3(\boldsymbol{x})=f_{18}\left[\boldsymbol{M}_3\frac{5.12(\boldsymbol{x}-\boldsymbol{o}_3)}{100}\right]+\text{bias}_3$$

g_4：旋转 Ackley's Function

$$g_4(\boldsymbol{x})=f_{15}[\boldsymbol{M}_4(\boldsymbol{x}-\boldsymbol{o}_4)]+\text{bias}_4$$

g_5：旋转 Weierstrass Function

$$g_5(\boldsymbol{x})=f_{16}\left[\boldsymbol{M}_5\frac{0.5(\boldsymbol{x}-\boldsymbol{o}_5)}{100}\right]+\text{bias}_5$$

g_6：旋转 Katsuura Function

$$g_6(\boldsymbol{x})=f_{20}\left[\boldsymbol{M}_6\frac{5(\boldsymbol{x}-\boldsymbol{o}_6)}{100}\right]+\text{bias}_6$$

g_7：旋转 Scaffer's F6 Function

$$g_7(\boldsymbol{x})=f_{24}[\boldsymbol{M}_7(\boldsymbol{x}-\boldsymbol{o}_7)]+\text{bias}_7$$

g_8：旋转 Expanded Griewank's plus Rosenbrock's Function

$$g_8(\boldsymbol{x})=f_{23}\left[\boldsymbol{M}_8\frac{5(\boldsymbol{x}-\boldsymbol{o}_8)}{100}\right]+\text{bias}_8$$

g_9：旋转 HappyCat Function

$$g_9(\boldsymbol{x})=f_{21}\left[\boldsymbol{M}_9\frac{5(\boldsymbol{x}-\boldsymbol{o}_9)}{100}\right]+\text{bias}_9$$

g_{10}:旋转 Expanded Modified Schwefel's Function

$$g_{10}(\boldsymbol{x})=f_{19}\left[\boldsymbol{M}_{10}\frac{1000(\boldsymbol{x}-\boldsymbol{o}_{10})}{100}\right]+\text{bias}_{10}$$

新构复合函数 F 6

$N=10$

$\sigma=[10,10,20,20,30,30,40,40,50,50]$

$\lambda=[10,1,10,1,10,1,10,1,10,1]$

$\text{bias}=[0,20,40,60,80,100,120,140,160,180]+F_{14}^{*}$

$g_{1,3,5,7,9}$:旋转 Rastrigin's Function

$$g_i(\boldsymbol{x})=f_{18}\left[\boldsymbol{M}_i\frac{5.12(\boldsymbol{x}-\boldsymbol{o}_i)}{100}\right]+\text{bias}_i,\quad i=1,3,5,7,9$$

$g_{2,4,6,8,10}$:旋转 Expanded Modified Schwefel's Function

$$g_i(\boldsymbol{x})=f_{19}\left[\boldsymbol{M}_i\frac{1000(\boldsymbol{x}-\boldsymbol{o}_i)}{100}\right]+\text{bias}_i,\quad i=2,4,6,8,10$$

新构复合函数 F 7

$N=10$

$\sigma=[10,20,30,40,50,60,70,80,90,100]$

$\lambda=[0.1,10,10,0.1,2.5,10^{-3},100,2.5,10,1]$

$\text{bias}=[0,0,0,0,0,0,0,0,0,0]+F_{15}^{*}$

g_1:旋转 Rosenbrock's Function

$$g_1(\boldsymbol{x})=f_{14}\left[\boldsymbol{M}_1\frac{2.048(\boldsymbol{x}-\boldsymbol{o}_1)}{100}+1\right]+\text{bias}_1$$

g_2:旋转 HGBat Function

$$g_2(\boldsymbol{x})=f_{22}\left[\boldsymbol{M}_2\frac{5(\boldsymbol{x}-\boldsymbol{o}_2)}{100}\right]+\text{bias}_2$$

g_3:旋转 Rastrigin's Function

$$g_3(\boldsymbol{x})=f_{18}\left[\boldsymbol{M}_3\frac{5.12(\boldsymbol{x}-\boldsymbol{o}_3)}{100}\right]+\text{bias}_3$$

g_4:旋转 Ackley's Function

$$g_4(\boldsymbol{x})=f_{15}[\boldsymbol{M}_4(\boldsymbol{x}-\boldsymbol{o}_4)]+\text{bias}_4$$

g_5:旋转 Weierstrass Function

$$g_5(\boldsymbol{x})=f_{16}\left[\boldsymbol{M}_5\frac{0.5(\boldsymbol{x}-\boldsymbol{o}_5)}{100}\right]+\text{bias}_5$$

g_6:旋转 Katsuura Function

$$g_6(\boldsymbol{x})=f_{20}\left[\boldsymbol{M}_6\frac{5(\boldsymbol{x}-\boldsymbol{o}_6)}{100}\right]+\text{bias}_6$$

g_7:旋转 Scaffer's F6 Function

$$g_7(\boldsymbol{x})=f_{24}[\boldsymbol{M}_7(\boldsymbol{x}-\boldsymbol{o}_7)]+\text{bias}_7$$

g_8:旋转 Expanded Griewank's plus Rosenbrock's Function

$$g_8(\boldsymbol{x})=f_{23}\left[\boldsymbol{M}_8\frac{5(\boldsymbol{x}-\boldsymbol{o}_8)}{100}\right]+\text{bias}_8$$

g_9:旋转 HappyCat Function

$$g_9(\boldsymbol{x})=f_{21}\left[\boldsymbol{M}_9\frac{5(\boldsymbol{x}-\boldsymbol{o}_9)}{100}\right]+\text{bias}_9$$

g_{10}:旋转 Expanded Modified Schwefel's Function

$$g_{10}(\boldsymbol{x})=f_{19}\left[\boldsymbol{M}_{10}\frac{1000(\boldsymbol{x}-\boldsymbol{o}_{10})}{100}\right]+\text{bias}_{10}$$

附录 E 多模态多目标测试函数

MMF1[1]

$$\begin{cases} f_1=|x_1-2| \\ f_2=1-\sqrt{|x_1-2|}+2[x_2-\sin(6\pi\ |x_1-2|+\pi)]^2 \end{cases}$$

where $1\leqslant x_1\leqslant 3,-1\leqslant x_2\leqslant 1$

Its true PS is

$$\begin{cases} x_1=x_1 \\ x_2=\sin(6\pi|x_1-2|+\pi) \end{cases}$$

where $1\leqslant x_1\leqslant 3$

Its true PF is

$$f_2=1-\sqrt{f_1}$$

where $0\leqslant f_1\leqslant 1$

MMF1_z[2]

$$\text{Min}\begin{cases} f_1=|x_1-2| \\ f_2=\begin{cases} 1-\sqrt{|x_1-2|}+2(x_2-\sin[2k\pi\ |x_1-2|+\pi)]^2, x_1\in[1,2) \\ 1-\sqrt{|x_1-2|}+2[x_2-\sin(2\pi\ |x_1-2|+\pi)]^2, x_1\in[2,3] \end{cases} \end{cases}$$

where $k>0$ (k controls the deformation degree of the global PS in$x_1\in[1,2)$)

Its search space is

$$x_1\in[1,3], x_2\in[-1,1]$$

Its true PSs are

$$x_2=\begin{cases} \sin(2k\pi|x_1-2|+\pi), x_1\in[1,2) \\ \sin(2\pi|x_1-2|+\pi), x_1\in[2,3] \end{cases}$$

where $k>0$

Its true PF is

$$f_2=1-\sqrt{f_1},\ f_1\in[0,1]$$

MMF1_e[2]

$$\text{Min}\begin{cases} f_1 = |x_1 - 2| \\ f_2 = \begin{cases} 1-\sqrt{|x_1-2|}+2[x_2-\sin(6\pi\ |x_1-2|+\pi)]^2, x_1 \in [1,2) \\ 1-\sqrt{|x_1-2|}+2[x_2-a^{x_1}\sin(6\pi\ |x_1-2|+\pi)]^2, x_1 \in [2,3] \end{cases} \end{cases}$$

where $a>0$ & $a\neq 1$(a controls the amplitude of the global PS in $x_1 \in [2,3]$)

Its search space is

$$x_1 \in [1,3], x_2 \in [-a^3, a^3]$$

Its true PSs are

$$x_2 = \begin{cases} \sin(6\pi|x_1-2|+\pi), x_1 \in [1,2) \\ a^{x_1}\sin(2\pi|x_1-2|+\pi), x_1 \in [2,3] \end{cases}$$

where $a>0$ & $a\neq 1$

Its true PF is

$$f_2 = 1-\sqrt{f_1}, f_1 \in [0,1]$$

MMF2[1]

$$\begin{cases} f_1 = x_1 \\ f_2 = \begin{cases} 1-\sqrt{x_1}+2\left\{4(x_2-\sqrt{x_1})^2 - 2\cos\left[\dfrac{20(x_2-\sqrt{x_1})\pi}{\sqrt{2}}\right]+2\right\}, 0\leqslant x_2 \leqslant 1 \\ 1-\sqrt{x_1}+2\left\{4(x_2-1-\sqrt{x_1})^2 - \cos\left[\dfrac{20(x_2-1-\sqrt{x_1})\pi}{\sqrt{2}}\right]+2\right\}, 1< x_2 \leqslant 2 \end{cases} \end{cases}$$

where $0\leqslant x_1\leqslant 1, 0\leqslant x_2 \leqslant 2$

Its true PS is

$$\begin{cases} x_2 = x_2 \\ x_1 = \begin{cases} x_2^2, & 0\leqslant x_2\leqslant 1 \\ (x_2-1)^2, & 1<x_2\leqslant 2 \end{cases} \end{cases}$$

Its true PF is

$$f_2 = 1-\sqrt{f_1}$$

where $0\leqslant f_1 \leqslant 1$

MMF3[3]

$$
\begin{cases}
f_1 = x_1 \\
f_2 = \begin{cases}
1-\sqrt{x_1}+2\left\{4(x_2-\sqrt{x_1})^2- \right. \\
\left. 2\cos\left[\dfrac{20(x_2-\sqrt{x_1})\pi}{\sqrt{2}}\right]+2\right\} \\
0 \leqslant x_2 \leqslant 0.5, 0.5 < x_2 < 1, 0.25 < x_1 \leqslant 1 \\
1-\sqrt{x_1}+2\left\{4(x_2-0.5-\sqrt{x_1})^2 \right. \\
\left. -\cos\left[\dfrac{20(x_2-0.5-\sqrt{x_1})\pi}{\sqrt{2}}\right]+2\right\} \\
1 \leqslant x_2 \leqslant 1.5, 0 \leqslant x_1 < 0.25, 0.5 < x_2 < 1
\end{cases}
\end{cases}
$$

where $0 \leqslant x_1 \leqslant 1, 0 \leqslant x_2 \leqslant 1.5$

Its true PS is

$$
\begin{cases}
x_2 = x_2 \\
x_1 = \begin{cases}
x_2^2, & 0 \leqslant x_2 \leqslant 0.5, 0.5 < x_2 < 1, 0.25 < x_1 \leqslant 1 \\
(x_2-0.5)^2, & 1 \leqslant x_2 \leqslant 1.5, 0 \leqslant x_1 < 0.25, 0.5 < x_2 < 1
\end{cases}
\end{cases}
$$

Its true PF is

$$f_2 = 1-\sqrt{f_1}$$

where $0 \leqslant f_1 \leqslant 1$

MMF4[3]

$$
\begin{cases}
f_1 = |x_1| \\
f_2 = \begin{cases}
1-x_1^2+2[x_2-\sin(\pi|x_1|)]^2, & 0 \leqslant x_2 < 1 \\
1-x_1^2+2[x_2-1-\sin(\pi|x_1|)]^2, & 1 \leqslant x_2 \leqslant 2
\end{cases}
\end{cases}
$$

where $-1 \leqslant x_1 \leqslant 1, 0 \leqslant x_2 \leqslant 2$

Its true PS is

$$
\begin{cases}
x_1 = x_1 \\
x_2 = \begin{cases}
\sin(\pi|x_1|), & 0 \leqslant x_2 \leqslant 1 \\
\sin(\pi|x_1|)+1, & 1 < x_2 \leqslant 2
\end{cases}
\end{cases}
$$

Its true PF is

$$f_2 = 1-f_1^2$$

where $0 \leqslant f_1 \leqslant 1$

MMF5[3]

$$\begin{cases} f_1 = |x_1 - 2| \\ f_2 = \begin{cases} 1 - \sqrt{|x_1 - 2|} + 2[x_2 - \sin(6\pi\ |x_1 - 2| + \pi)]^2, & -1 \leqslant x_2 \leqslant 1 \\ 1 - \sqrt{|x_1 - 2|} + 2[x_2 - 2 - \sin(6\pi\ |x_1 - 2| + \pi)]^2, & 1 < x_2 \leqslant 3 \end{cases} \end{cases}$$

where $-1 \leqslant x_1 \leqslant 3, 1 \leqslant x_2 \leqslant 3$

Its true PS is

$$x_2 = \begin{cases} \sin(6\pi\ |x_1 - 2| + \pi), & -1 \leqslant x_2 \leqslant 1 \\ \sin(6\pi\ |x_1 - 2| + \pi) + 2, & 1 < x_2 \leqslant 3 \end{cases}$$

Its true PF is

$$f_2 = 1 - \sqrt{f_1}$$

where $0 \leqslant f_1 \leqslant 1$

MMF6[3]

$$\begin{cases} f_1 = |x_1 - 2| \\ f_2 = \begin{cases} 1 - \sqrt{|x_1 - 2|} + 2[x_2 - \sin(6\pi\ |x_1 - 2| + \pi)]^2, & -1 \leqslant x_2 \leqslant 1 \\ 1 - \sqrt{|x_1 - 2|} + 2[x_2 - 1 - \sin(6\pi\ |x_1 - 2| + \pi)]^2, & 1 < x_2 \leqslant 3 \end{cases} \end{cases}$$

where $-1 \leqslant x_1 \leqslant 3, 1 \leqslant x_2 \leqslant 2$

Its true PS is

$$x_2 = \begin{cases} \sin(6\pi\ |x_1 - 2| + \pi), & -1 \leqslant x_2 \leqslant 1 \\ \sin(6\pi\ |x_1 - 2| + \pi) + 1, & 1 < x_2 \leqslant 2 \end{cases}$$

Its true PF is

$$f_2 = 1 - \sqrt{f_1}$$

where $0 \leqslant f_1 \leqslant 1$

MMF7[3]

$$\begin{cases} f_1 = |x_1 - 2| \\ f_2 = 1 - \sqrt{|x_1 - 2|} + \{x_2 - [0.3|x_1 - 2|^2 \cdot \cos(24\pi|x_1 - 2| + 4\pi) + 0.6|x_1 - 2|] \cdot \sin(6\pi|x_1 - 2| + \pi)\}^2 \end{cases}$$

where $1 \leqslant x_1 \leqslant 3, -1 \leqslant x_2 \leqslant 1$

Its true PS is

$$x_2 = [0.3|x_1 - 2|^2 \cos(24\pi|x_1 - 2| + 4\pi) + 0.6|x_1 - 2|] \cdot \sin(6\pi|x_1 - 2| + \pi)$$

where $1 \leqslant x_1 \leqslant 3$

Its true PF is

$$f_2 = 1 - \sqrt{f_1}$$

where $0 \leqslant f_1 \leqslant 1$

MMF8[3]

$$\begin{cases} f_1 = \sin|x_1| \\ f_2 = \begin{cases} \sqrt{1 - (\sin|x_1|)^2} + 2[x_2 - \sin\ |x_1| - |x_1|]^2, & 0 \leqslant x_2 \leqslant 4 \\ \sqrt{1 - (\sin|x_1|)^2} + 2[x_2 - 4 - \sin|x_1| - |x_1|]^2, & 4 < x_2 \leqslant 9 \end{cases} \end{cases}$$

where $-\pi \leqslant x_1 \leqslant \pi, 0 \leqslant x_2 \leqslant 9$

Its true PS is

$$x_2=\begin{cases}\sin|x_1|+|x_1|, & 0\leqslant x_2\leqslant 4\\ \sin|x_1|+|x_1|+4, & 4<x_2\leqslant 9\end{cases}$$

where $-\pi \leqslant x_1 \leqslant \pi$

Its true PF is

$$f_2=\sqrt{1-f_1^2}$$

where $0 \leqslant f_1 \leqslant 1$

MMF9[2]

$$\min\begin{cases}f_1=x_1\\ f_2=\dfrac{g(x_2)}{x_1}\end{cases}$$

where $g(\boldsymbol{x})=2-\sin^6(n_p\pi x)$, n_p is the number of global PSs

Its search space is

$$x_1\in[0.1,1.1], x_2\in[0.1,1.1]$$

Its ith global PS is

$$x_2=\frac{1}{2n_p}+\frac{1}{n_p}\cdot(i-1), x_1\in[0.1,1.1]$$

where $i=1,2,\cdots,n_p$

Its global PF is

$$f_2=\frac{g\left(\dfrac{1}{2n_p}\right)}{f_1}, f_1\in[0.1,1.1]$$

MMF9_r[2]

$$\mathrm{Min}\begin{cases}f_1=x_{r1}+A\\ f_2=\dfrac{g(x_{r2})}{x_{r1}}+A\end{cases}$$

where $g(x_{r2})=2-\sin^6(n_p\pi x_{r2})$, n_p is the number of global PSs. $x_r=xM$, where M is a rotation matrix. $A=\sum_{i=1}^{n}(x_{ri}<x_{li})\cdot 10\cdot[1+(x_{ri}-x_{li})^2]+\sum_{i=1}^{n}(x_{ri}>x_{li})\cdot 10\cdot[1+(x_{ri}-x_{ui})^2]$ where n is the number of variables, x_l is the low bound of x and x_u is the up bound. The A is an additional items to worsen the function values of points outside the original bound after rotation.

Its search space is

$$x\in[-0.5,0.5]$$

Its ith global PS is

$$x_2=x_1+\sqrt{2}\left(\frac{1}{2n_p}+\frac{1}{n_p}\cdot(i-1)-0.5\right)$$

where $i=1,2,\cdots,n_p$

Its global PF is calculated by its PS and objective functions.

MMF10[2]

$$\min\begin{cases}f_1=x_1\\ f_2=\dfrac{g(x_2)}{x_1}\end{cases}$$

where $g(\boldsymbol{x})=2-\exp\left[-\left(\dfrac{\boldsymbol{x}-0.2}{0.004}\right)^2\right]-0.8\exp\left[-\left(\dfrac{\boldsymbol{x}-0.6}{0.4}\right)^2\right]$

Its search space is

$$x_1\in[0.1,1.1],x_2\in[0.1,1.1]$$

Its global PS is

$$x_2=0.2,x_1\in[0.1,1.1]$$

Its local PS is

$$x_2=0.6,x_1\in[0.1,1.1]$$

Its global PF is

$$f_2=\frac{g(0.2)}{f_1},f_1\in[0.1,1.1]$$

Its local PF is

$$f_2=\frac{g(0.6)}{f_1},f_1\in[0.1,1.1]$$

MMF11[2]

$$\min\begin{cases}f_1=x_1\\ f_2=\dfrac{g(x_2)}{x_1}\end{cases}$$

where $g(\boldsymbol{x})=2-\exp\left[-2\log(2)\cdot\left(\dfrac{\boldsymbol{x}-0.1}{0.8}\right)^2\right]\cdot\sin^6(n_p\pi\boldsymbol{x})$, n_p is the total number of global and local PSs.

Its search space is

$$x_1\in[0.1,1.1],x_2\in[0.1,1.1]$$

Its global PS is

$$x_2=\frac{1}{2n_p},x_1\in[0.1,1.1]$$

Its ith local PS is

$$x_2=\frac{1}{2n_p}+\frac{1}{n_p}\cdot(i-1),x_1\in[0.1,1.1]$$

where $i=2,3,\cdots,n_p$

Its global PF is

$$f_2=\frac{g\left(\dfrac{1}{2n_p}\right)}{f_1},\ f_1\in[0.1,1.1]$$

Its local PF is

$$f_2=\frac{g\left(\frac{1}{2n_p}+\frac{1}{n_p}\cdot(i-1)\right)}{f_1},\ f_1\in[0.1,1.1]$$

where $i=2,3,\cdots,n_p$

MMF12[2]

$$\min\begin{cases}f_1=x_1\\ f_2=g(x_2)\cdot h(f_1,g)\end{cases}$$

where $g(\boldsymbol{x})=2-\exp\left[-2\log(2)\cdot\left(\frac{x-0.1}{0.8}\right)^2\right]\cdot\sin^6(n_p\pi x)$, n_p is the total number of global and local PSs, $h(f_1,g)=1-\left(\frac{f_1}{g}\right)^2-\frac{f_1}{g}\sin(2\pi q f_1)$, q is the number of discontinuous pieces in each PF(PS).

Its search space is

$$x_1\in[0,1],x_2\in[0,1]$$

Its global PS is discontinuous pieces in

$$x_2=\frac{1}{2n_p}$$

Its ith local PSs are discontinuous pieces in

$$x_2=\frac{1}{2n_p}+\frac{1}{n_p}\cdot(i-1)$$

where $i=2,3,\cdots,n_p$.

Its global PF is discontinuous pieces in

$$f_2=g^*\cdot h(f_1,g^*)$$

where g^* is the global optimum of $g(x)$.

Its local PFs are discontinuous pieces in

$$f_2=g_l^*\cdot h(f_1,g_l^*)$$

where g_l^* are the local optima of $g(x)$.

The ranges of discontinuous pieces depend on the minima of $f_2=g^*\cdot h(f_1,g^*)$.

MMF13[2]

$$\min\begin{cases}f_1=x_1\\ f_2=\frac{g(t)}{x_1}\end{cases}$$

where $g(t)=2-\exp\left[-2\log(2)\cdot\left(\frac{t-0.1}{0.8}\right)^2\right]\cdot\sin^6(n_p\pi(t))$,

$t=x_2+\sqrt{x_3}$, n_p is the total number of global and local PSs.

Its search space is

$$x_1\in[0.1,1.1],x_2\in[0.1,1.1],x_3\in[0.1,1.1]$$

Its global PS is

$$x_2+\sqrt{x_3}=\frac{1}{2n_p}, x_1\in[0.1,1.1]$$

Its ith local PSs is

$$x_2+\sqrt{x_3}=\frac{1}{2n_p}+\frac{i-1}{n_p}, x_1\in[0.1,1.1]$$

where $i=2,3,\cdots,n_p$

Its global PF is

$$f_2=\frac{2-\exp\left[-2\log(2)\cdot\left(\frac{\frac{1}{2n_p}-0.1}{0.8}\right)^2\right]\cdot\sin^6\left(n_p\pi\left(\frac{1}{2n_p}\right)\right)}{f_1}$$

Its local PFs are

$$f_2=\frac{2-\exp\left[-2\log(2)\cdot\left(\frac{\left(\frac{1}{2n_p}+\frac{i-1}{n_p}\right)-0.1}{0.8}\right)^2\right]\cdot\sin^6\left(n_p\pi\left(\frac{1}{2n_p}+\frac{i-1}{n_p}\right)\right)}{f_1}$$

where $i=2,3,\cdots,n_p$.

MMF14[2]

$$\text{Min}\begin{cases}f_1=\cos\left(\frac{\pi}{2}x_1\right)\cos\left(\frac{\pi}{2}x_2\right)\cdots\cos\left(\frac{\pi}{2}x_{m-2}\right)\cos\left(\frac{\pi}{2}x_{m-1}\right)(1+g(x_m,x_{m+1},\cdots,x_{m-1+k}))\\ f_2=\cos\left(\frac{\pi}{2}x_1\right)\cos\left(\frac{\pi}{2}x_2\right)\cdots\cos\left(\frac{\pi}{2}x_{m-2}\right)\sin\left(\frac{\pi}{2}x_{m-1}\right)(1+g(x_m,x_{m+1},\cdots,x_{m-1+k}))\\ f_3=\cos\left(\frac{\pi}{2}x_1\right)\cos\left(\frac{\pi}{2}x_2\right)\cdots\sin\left(\frac{\pi}{2}x_{m-2}\right)(1+g(x_m,x_{m+1},\cdots,x_{m-1+k}))\\ \vdots\\ f_{m-1}=\cos\left(\frac{\pi}{2}x_1\right)\sin\left(\frac{\pi}{2}x_2\right)(1+g(x_m,x_{m+1},\cdots,x_{m-1+k}))\\ f_m=\sin\left(\frac{\pi}{2}x_1\right)(1+g(x_m,x_{m+1},\cdots,x_{m-1+k}))\end{cases}$$

where $g(x_m,x_{m+1},\cdots,x_{m-1+k})=2-\sin^2[n_p\pi(x_{m-1+k})]$, n_p is the number of global PSs.

Its search space is

$$x_i\in[0,1], i=1,2,\cdots,n$$

where n is the dimension of decision space; m is the dimension of objective space; $k=n-(m-1)$.

Its $i^{\text{th}}(i=1,2,\cdots,n_p)$ global PSs are

$$x_n=\frac{1}{2n_p}+\frac{1}{n_p}\cdot(i-1), x_j\in[0,1], j=1,2,\cdots,n-1$$

Its global PFs are

$$\sum_{j=1}^{M}(f_j)^2=(1+g^*)^2$$

where g^* are the global optima of $g(x)$.

MMF14_a[2]

$$\min\begin{cases}f_1=\cos\left(\frac{\pi}{2}x_1\right)\cos\left(\frac{\pi}{2}x_2\right)\cdots\cos\left(\frac{\pi}{2}x_{m-2}\right)\cos\left(\frac{\pi}{2}x_{m-1}\right)[1+g(x_m,x_{m+1},\cdots,x_{m-1+k})]\\ f_2=\cos\left(\frac{\pi}{2}x_1\right)\cos\left(\frac{\pi}{2}x_2\right)\cdots\cos\left(\frac{\pi}{2}x_{m-2}\right)\sin\left(\frac{\pi}{2}x_{m-1}\right)[1+g(x_m,x_{m+1},\cdots,x_{m-1+k})]\\ f_3=\cos\left(\frac{\pi}{2}x_1\right)\cos\left(\frac{\pi}{2}x_2\right)\cdots\sin\left(\frac{\pi}{2}x_{m-2}\right)[1+g(x_m,x_{m+1},\cdots,x_{m-1+k})]\\ \vdots\\ f_{m-1}=\cos\left(\frac{\pi}{2}x_1\right)\sin\left(\frac{\pi}{2}x_2\right)[1+g(x_m,x_{m+1},\cdots,x_{m-1+k})]\\ f_m=\sin\left(\frac{\pi}{2}x_1\right)[1+g(x_m,x_{m+1},\cdots,x_{m-1+k})]\end{cases}$$

where $g(x_m,x_{m+1},\cdots,x_{m-1+k})=2-\sin^2\left(n_p\pi\left(x_{m-1+k}-0.5\sin(\pi x_{m-2+k})+\frac{1}{2n_p}\right)\right)$, n_p is the number of global PSs.

Its search space is

$$x_i\in[0,1],i=1,2,\cdots,n$$

where n is the dimension of decision space; m is the dimension of objective space; $k=n-(m-1)$.

Its $i^{\text{th}}(i=1,2,\cdots,n_p)$ global PSs are

$$x_n=0.5\sin(\pi x_{n-1})+\frac{1}{n_p}\cdot(i-1),x_j\in[0,1],\quad j=1,2,\cdots,n-1.$$

Its global PFs are

$$\sum_{j=1}^{M}(f_j)^2=(1+g^*)^2$$

where g^* are the global optima of $g(x)$.

MMF15[2]

$$\min\begin{cases}f_1=\cos\left(\frac{\pi}{2}x_1\right)\cos\left(\frac{\pi}{2}x_2\right)\cdots\cos\left(\frac{\pi}{2}x_{m-2}\right)\cos\left(\frac{\pi}{2}x_{m-1}\right)[1+g(x_m,x_{m+1},\cdots,x_{m-1+k})]\\ f_2=\cos\left(\frac{\pi}{2}x_1\right)\cos\left(\frac{\pi}{2}x_2\right)\cdots\cos\left(\frac{\pi}{2}x_{m-2}\right)\sin\left(\frac{\pi}{2}x_{m-1}\right)[1+g(x_m,x_{m+1},\cdots,x_{m-1+k})]\\ f_3=\cos\left(\frac{\pi}{2}x_1\right)\cos\left(\frac{\pi}{2}x_2\right)\cdots\sin\left(\frac{\pi}{2}x_{m-2}\right)[1+g(x_m,x_{m+1},\cdots,x_{m-1+k})]\\ \vdots\\ f_{m-1}=\cos\left(\frac{\pi}{2}x_1\right)\sin\left(\frac{\pi}{2}x_2\right)[1+g(x_m,x_{m+1},\cdots,x_{m-1+k})]\\ f_m=\sin\left(\frac{\pi}{2}x_1\right)[1+g(x_m,x_{m+1},\cdots,x_{m-1+k})]\end{cases}$$

where $g(x_m, x_{m+1}, \cdots, x_{m-1+k}) = 2 - \exp\left[-2\log(2)\cdot\left(\frac{x_{m-1+k}-0.1}{0.8}\right)^2\right]\cdot\sin^2(n_p\pi x_{m-1+k})$, n_p is the number of global PSs.

Its search space is

$$x_i \in [0,1], i=1,2,\cdots,n$$

where n is the dimension of decision space; m is the dimension of objective space; $k = n-(m-1)$.

Its global PS is

$$x_n = \frac{1}{2n_p}, x_j \in [0,1], \quad j=1,2,\cdots,n-1$$

Its $i^{\text{th}}(i=2,3,\cdots,n_p)$ local PSs are

$$x_n = \frac{1}{2n_p} + \frac{1}{n_p}\cdot(i-1), x_j \in [0,1], \quad j=1,2,\cdots,n-1$$

Its global PF is

$$\sum_{j=1}^{M}(f_j)^2 = (1+g^*)^2$$

where g^* is the global optimum of $g(x)$.

Its ith local PFs are

$$\sum_{j=1}^{M}(f_j)^2 = (1+g_l^*)^2$$

where g_l^* are the local optima of $g(x)$.

MMF15_a[2]

$$\min\begin{cases} f_1 = \cos\left(\frac{\pi}{2}x_1\right)\cos\left(\frac{\pi}{2}x_2\right)\cdots\cos\left(\frac{\pi}{2}x_{m-2}\right)\cos\left(\frac{\pi}{2}x_{m-1}\right)(1+g(x_m, x_{m+1}, \cdots, x_{m-1+k})) \\ f_2 = \cos\left(\frac{\pi}{2}x_1\right)\cos\left(\frac{\pi}{2}x_2\right)\cdots\cos\left(\frac{\pi}{2}x_{m-2}\right)\sin\left(\frac{\pi}{2}x_{m-1}\right)(1+g(x_m, x_{m+1}, \cdots, x_{m-1+k})) \\ f_3 = \cos\left(\frac{\pi}{2}x_1\right)\cos\left(\frac{\pi}{2}x_2\right)\cdots\sin\left(\frac{\pi}{2}x_{m-2}\right)(1+g(x_m, x_{m+1}, \cdots, x_{m-1+k})) \\ \vdots \\ f_{m-1} = \cos\left(\frac{\pi}{2}x_1\right)\sin\left(\frac{\pi}{2}x_2\right)(1+g(x_m, x_{m+1}, \cdots, x_{m-1+k})) \\ f_m = \sin\left(\frac{\pi}{2}x_1\right)(1+g(x_m, x_{m+1}, \cdots, x_{m-1+k})) \end{cases}$$

where $g(x_m, x_{m+1}, \cdots, x_{m-1+k}) = 2 - \exp\left[-2\log(2)\cdot\left(\frac{t-0.1}{0.8}\right)^2\right]\cdot\sin^2(n_p\pi t)$,

$t = x_{m-1+k} - 0.5\sin(\pi x_{m-2+k}) + \frac{1}{2n_p}$, n_p is the number of global PSs

Its search space is

$$x_i \in [0,1], i=1,2,\cdots,n$$

where n is the dimension of decision space; m is the dimension of objective space; $k =$

$n-(m-1)$

Its global PS is

$$x_n=0.5\sin(\pi x_{n-1}), x_j\in[0,1], \quad j=1,2,\cdots,n-1$$

Its $i^{\text{th}}(i=2,3,\cdots,n_p)$ local PSs are

$$x_n=0.5\sin(\pi x_{n-1})+\frac{1}{n_p}(i-1), x_j\in[0,1], \quad j=1,2,\cdots,n-1$$

Its global PF is

$$\sum_{j=1}^{M}(f_j)^2=(1+g^*)^2$$

where g^* is the global optimum of $g(x)$

Its ith local PFs are

$$\sum_{j=1}^{M}(f_j)^2=(1+g_l^*)^2$$

where g_l^* are the local optima of $g(x)$

SYM-PART simple[4]

$$\begin{cases}\hat{t}_1=\operatorname{sgn}(x_1)\times\left\lceil\dfrac{|x_1|-\left(a+\dfrac{c}{2}\right)}{2a+c}\right\rceil\\ \hat{t}_2=\operatorname{sgn}(x_2)\times\left\lceil\dfrac{|x_2|-\dfrac{b}{2}}{b}\right\rceil\end{cases}$$

$$t_i=\operatorname{sgn}(\hat{t}_i)\times\min\{|\hat{t}_i|,1\}$$

$$\begin{cases}p_1=x_1-t_1(c+2a)\\ p_2=x_2-t_2b\end{cases}$$

$$\begin{cases}f_1=(p_1+a)^2+p_2^2\\ f_2=(p_1-a)^2+p_2^2\end{cases}$$

where $x_i\in[-20,20]$

Its true PS is

$$\begin{cases}x_1=p_1\\ x_2=0\end{cases}$$

Its true PF is

$$\begin{cases}f_1=4a^2v^2\\ f_2=4a^2(1-v)^2\end{cases}$$

where $v\in[0,1]$

SYM-PART rotated[4]

$$\begin{cases}r_1=(\cos w)\times x_1-(\sin w)\times x_2\\ r_2=(\sin w)\times x_1+(\cos w)\times x_2\end{cases}$$

$$\begin{cases}\hat{t}_1=\operatorname{sgn}(r_1)\times\left\lceil\dfrac{|r_1|-(a+\dfrac{c}{2})}{2a+c}\right\rceil\\ \hat{t}_2=\operatorname{sgn}(r_2)\times\left\lceil\dfrac{|r_2|-\dfrac{b}{2}}{b}\right\rceil\end{cases}$$

$$t_i=\operatorname{sgn}(\hat{t}_i)\times\min\{|\hat{t}_i|,1\}$$

$$\begin{cases}p_1=x_1-t_1(c+2a)\\ p_2=x_2-t_2b\end{cases}$$

$$\begin{cases}f_1=(p_1+a)^2+p_2^2\\ f_2=(p_1-a)^2+p_2^2\end{cases}$$

where $x_i\in[-20,20]$

Its true PS is

$$\begin{cases}x_1=p_1\\ x_2=0\end{cases}$$

where $x_1\in[-a,a]$

Its true PF is

$$\begin{cases}f_1=4a^2v^2\\ f_2=4a^2(1-v)^2\end{cases}$$

where $v\in[0,1]$

Omni-test[5]

$$\begin{cases}f_1=\sum_{i=1}^{n}\sin(\pi x_i)\\ f_2=\sum_{i=1}^{n}\cos(\pi x_i)\end{cases}$$

where $x_i\in[0,6]$

Its true PS is

$$x_i\in[2m+1,2m+3/2]$$

where m is integer

Its true PF is

$$f_2=-\sqrt{n^2-f_1^2}$$

where $-n\leqslant f_1\leqslant 0$

参考文献

[1] LIANG J J, YUE C T, QU B Y. Multimodal multi-objective optimization: A preliminary study [C]. Van-

couver: IEEE Congress on Evolutionary Computation, 2016.

[2] YUE C T, QU B Y, YU K J, et al. A novel scalable test problem suite for multimodal multiobjective optimization[J]. Swarm and Evolutionary Computation, 2019, 48: 62-71.

[3] YUE C T, QU B Y, LIANG J J. A multi-objective particle swarm optimizer using ring topology for solving multimodal multi-objective problems [J]. IEEE Transactions on Evolutionary Computation, 2017, 22 (5): 805-817.

[4] RUDOLPH G, NAUJOKS B, PREUSS M. Capabilities of EMOA to detect and preserve equivalent Pareto subsets [C]. Dortmund: International Conference on Evolutionary Multi-Criterion Optimization, 2007.

[5] DEB K, TIWARI S. Omni-optimizer: a procedure for single and multi-objective optimization [C]. Kanpar: International Conference on Evolutionary Multi-Criterion Optimization, 2005.

第 5 章 离散优化标准测试集综述

与连续优化相对,离散优化是指决策变量被限制为离散类型的优化问题。该问题在试验区域内,有目的、有规律地散布一定量的试验点,多方向同时寻找优化目标,是应用数学和计算机科学中优化问题的一个分支。随着计算机科学、管理科学和现代化生产技术等的日益发展,这类问题与日俱增,越来越受到运筹学、应用数学、计算机科学及管理科学等诸多学科的高度重视。常见的离散优化模型有旅行商问题、排序问题、背包问题和集装箱问题等。用于解决离散优化问题的方法经过不断进步、发展,已从最初的数学方法到如今的人工智能算法,同时为便于对问题本身的研究以及各算法的比较分析,出现了各类问题的标准测试数据集。标准测试集的出现,为各类离散问题的研究提供了统一的尺度,便于对同一问题的深入研究和算法竞赛的进行。

本章主要介绍几种常见的测试基准,尽可能地为读者提供各个基准的应用范围和特性,以及与之相关的下载链接,便于读者查阅和使用。

5.1 进化算法中上位性影响研究数据集

为研究上位性(epistasis)对进化算法(evolutionary algorithms, EAs)性能的影响,De Jong 等介绍了 3 种问题产生器[1],分别为 NK 峡谷地形产生器(N、K 为所需变量)、布尔表达式可满足性问题产生器以及多模态问题产生器,且集中于对非可分离上位性问题进行了研究。

通常对于 EAs 的研究是比较算法在一系列测试问题上的优劣。但是,这类研究的结果不具备通用性,一种算法经过调整后可在一些问题上表现出较好的性能,但在新问题上却表现不同。因此,理论模型和经验研究都不足以使 EAs 在不同类型问题上的性能得到精确预测。解决该问题的方法之一就是在测试集中添加更多的问题,或如参考文献[1]中所述,构造和使用问题产生器以随机产生符合要求的测试问题。

加强经验研究的重要方法之一是减少针对某个或某类问题的手动参数调整。抽象模型可达到这种要求,在进行测试时将 EAs 视为黑箱,在评价过程中不进行任何调整,且不使用与某个问题相关的先验知识。然而,使用问题产生器则更容易实现以上要求,并且问题产生器具有可参数化的优点，当需改变某类问题的一个或多个特性时，仅通过改变问题产生器的参数就可以实现系统调整。

下面详细介绍这 3 类问题产生器。

5.1.1 NK 峡谷地形产生器

研究上位性影响最常见的问题产生器是卡尔曼的可调适应值地形 NK 模型[2]。N 表示单倍染色体上的基因个数，K 表示同一染色体上每个基因与其他基因联系的个数。整条染色体的适应值由下式计算：

$$f(\text{chrom}) = \frac{1}{N}\sum_{i=1}^{N} f(\text{locus}_i) \tag{5.1}$$

其中每个位点的适应值 $f(\text{locus}_i)$ 由第 i 个基因以及 K 个相互作用的基因的值(二进制)决定。这些值存储在一个大小为 2^{K+1} 的表 T_i 内，由[0.0,1.0]区间的均匀分布随机产生。对于基因 i，K 个联合基因可能是随机产生，也可能是直接相邻的基因。该模型的一个缺陷是需要足够的空间来存储计算适应值的表格，因此受限于较小的模型。NK 模型的另一个问题是，所有的上位性具有相同的等级，但大部分实际问题中上位性的数量相差很大。NK 模型本身无法对此加以弥补，可由其他问题，如布尔可满足性问题等，进行处理。

以一般遗传算法(genetic algorithm，GA)为例，固定 N，改变 K。研究表明，当上位性数量增加时，交叉相对于变异的优势不断缩小，且对种群大小相对迟钝[1]。

5.1.2 布尔表达式可满足性问题产生器

布尔可满足性(boolean satisfiability，STA)问题已被作为许多领域算法的测试平台。它们属于多项式复杂程度的非确性(non-deterministic polynomial complete，NP-complete)问题，通常作为测试复杂问题的典型代表[3]。给出任意一个的布尔表达式，式内包含 V 个布尔变量，使得整个布尔表达式为真。这样的赋值不一定存在，并且这种难度会随着函数布尔变量数目和布尔表达式的复杂度的增加而增加。布尔表达式可通过标准范式转换为等式，如析取范式(disjunctive normal form，DNF)和合取范式(conjunctive normal form，CNF)。通常假设 STA 问题在标准范式内。假设所有句子具有相同的长度 L，则这些范式可进一步简化。就析取项或结合项的数目 C 而言，这更易于量化布尔表达式的复杂度。给定 V、L 和 C，这些标准范式可直接实现布尔表达式生成器。

要在可控情形下研究上位性的影响，Random L-SAT[4] 可满足这一要求。Random L-SAT 问题产生器在合取范式内产生随机问题，其参数为 V、L 和 C。每一个句子选择 V 个变量中的 L 个，L 是一个随机整数，变量则服从均匀分布，且每个变量以 0.5 的概率否定。

这里可用生物学概念基因多效性和多源性描述其中的内在关系。对于 Random L-SAT 问题，每一项作为一个性状，因此基因多效性的次序是 L，多源性的评估则通过监测在 CL/V 项内，每个变量的平均发生次数。通过控制和改变这些参数，可以改变上位性的类型和数量。此外，Random L-SAT 问题产生器产生的问题需要的存储空间小，因此可产生比 NK 模型更大型的问题，基因子集中的上位性数量可变也比均匀分布水平的上位性更能代表实际问题。Random L-SAT 问题属于合取范式，使用最简单明了的适应值函数，如下式所示：

$$f(\text{chromosome}) = \frac{1}{C}\sum_{i=1}^{C} f(\text{clause}_i) \tag{5.2}$$

当该项满足条件,则 $f(\text{clause}_i)$ 的值为 1,否则为 0。

以一般遗传算法为例,固定 L 和 V,通过改变 C 来增加或减少多效的上位性数量。选用两点交叉和位翻转的算子的变异类型。研究结果对种群大小不敏感。当增加变异率时,这种趋势更为明显。对于交叉概率,提高该值可使算法性能得到改进;降低该值,算法性能变差[1]。

5.1.3 多模态问题产生器

以上两种产生器各有其缺陷,NK 峡谷地形产生器受限于数据的存储,布尔表达式可满足性问题产生器只对于高水平上位性具有较好的探索性能。但它们都无法解决随着上位性数量的增加而导致的适应值性能恶化这一问题。因此,De Jong 提出了一种多模态问题产生器[1]。

多模态问题产生器的目的是产生 P 个 N 位的串,组成一个集合,在空间内代表 P 个峰值的位置。为评估任意一个位串,首先要在汉明空间内找到最近的峰值。每个位串的适应值是串中与最近峰值中相同位的数量,除以 N,如下式所示:

$$f(\text{chrom}) = \frac{1}{N}\max_{i=1}^{P}\{N-\text{Hamming}(\text{chrom},\text{Peak}_i)\} \tag{5.3}$$

不同峰值数量的问题具有不同强弱的上位性,通过测试不同峰值数量的 GAs 性能,证明了多模态问题产生器在上位性数量增加时优于 NK 峡谷地形产生器和布尔表达式可满足性问题产生器的性能。

5.2 可满足性问题测试集

命题逻辑中的可满足性(SAT)问题是人工智能、逻辑、理论计算机科学和其他应用领域最突出的问题之一,随着可满足性问题受关注程度的不断加深,Hoos 等[5]于 1998 年建立了可满足性相关研究在线资源——SATLIB(http://www.satlib.org/)。其中包括 SAT 实例测试集和 SAT 求解器,以求通过提供 SAT 求解器的统一测试平台,加快经验研究。为避免简单实例容易带来严重的偏差评估和无用评价的缺陷,SATLIB 中只包含了大多数 SAT 算法难以轻松解决的实例。SATLIB 中有多种类型的问题,如均匀随机 3-SAT(uniform random-3-SAT)、图染色问题(graph colouring problem,GCP)、规划实例(planning instances)和来自已存基准的实例。

5.2.1 均匀随机可满足性测试问题

每个字句具有 3 个变量的均匀随机可满足性(3-SAT)测试问题由以下方式产生:对每 n 个变量,k 个子句的实例,每个子句包含 3 个变量,这些变量从 $2n$ 个变量中随机选取。n 和 k 的每种选择是均匀随机 3-SAT 分布。其特殊的性质在于相变现象的发生,即在固定 n 的前提下系统地增加或减少子句个数 k,会出现快速的可解性变化。进一步讲,

对于较小的 k 值,所有公式不受限制且可满足;当其达到某个临界 $k=k^*$ 时,产生可满足实例的概率几乎可降为零。超过 k^*,几乎所有的实例处于受限而不可满足。均匀随机 3-SAT 中,对于较大的 n,变相现象大致发生于 $k^*=4.26n$;对于较小的 n,临界子句/变量比 k^*/n 稍高[4]。从经验分析可知,不管是系统 SAT 求解器还是局部搜索算法,都很难解决相变区域的均匀随机 3-SAT 实例。

表 5-1 为均匀随机 3-SAT 测试集信息,其中的可满足和非可满足问题实例采样于可解相变区域,由快速完全 SAT 算法分开,分开后有利于使用测试集评估非完全 SAT 算法。变量从 $n=50$ 到 $n=250$,除 $n=50$ 和 $n=100$ 测试集中有 1000 个实例外,每个测试集有 100 个实例。

表 5-1 均匀随机 3-SAT 测试集信息

测 试 集	测 试 实 例	子句中变量个数	变 量 维 度	子 句 个 数
uf50-218/uuf50-218	2×1000	3	50	218
uf75-325/uuf75-325	2×100	3	75	325
uf100-430/uuf100-430	2×1000	3	100	430
uf125-538/uuf125-538	2×100	3	125	538
uf150-645/uuf150-645	2×100	3	150	645
uf175-753/uuf175-753	2×100	3	175	753
uf200-860/uuf200-860	2×100	3	200	860
uf225-960/uuf225-960	2×100	3	225	960
uf250-1065/uuf250-1065	2×100	3	250	1065

注:uf* 表示只包含可满足实例的测试集,uuf* 只包含可满足实例的测试集。

5.2.2 图染色问题

图染色问题是数论中一个著名的组合问题,也是最著名的 NP 完全问题之一。给定一个图 $G=(V,E)$,其中 $V=\{v_1,v_2,.\cdots,v_n\}$ 是顶点的集合,$E\subseteq V\times V$ 是连接顶点的边的集合,找到一种着色 $C:V\mapsto N$,使得顶点附近没有相同的颜色。把图染色体问题转化为 SAT 问题,编码决策变量,目标是为决策变量在给定颜色数目的前提下找到一种染色,使得颜色数目最小。

基于 50~200 个顶点的 3-可着色平面随机图,SATLIB 中包含了 6 个测试集。随机图来源于 Joe Culberson 的随机图发生器(http://web.cs.ualberta.ca/~joe/Coloring)。调整图的连接,使其对于像 Brelaz 启发这样的图染色算法达到最大难度。每个测试集有 100 个实例,除了 50 个顶点的含有 1000 个实例。图染色体问题向 SAT 转化编码参见参考文献[6]。表 5-2 列出了 SAT 编码的图染色测试集(平面随机图)。

表 5-2 SAT 编码的图染色测试集

测试集	测试实例	顶点数量	边的数量	颜色数量	变量维度	子句数量
flat50-115	1000	50	115	3	150	545
Flat75-180	100	75	180	3	225	840
Flat100-239	100	100	239	3	300	1117

续表

测试集	测试实例	顶点数量	边的数量	颜色数量	变量维度	子句数量
Flat125-301	100	125	301	3	375	1403
Flat150-360	100	150	360	3	450	1680
Flat175-417	100	175	417	3	525	1951
Flat200-479	100	200	479	3	600	2237

图染色体问题另一类为随机图的形变规则环格，即顶点循环排序，每个顶点与它在排序上最近的 k 个顶点连接，随机图来自 G_{nm}：图 $A=(V,E_1)$ 和图 $B=(V,E_2)$ 的 p-变体为图 $C=(V,E)$，E 包含 A 和 B 共同的边，来源于 $E1\backslash E2$ 中(A 中剩下的边)的 p 部分和 $E2\backslash E1$ 的 $1-p$ 部分。形变率 p 控制问题实例中的结构数量，改变 p，可研究不同算法结构和随机性的行为。

SATLIB 中提供了 9 个测试集，表示为 sw100-8-lp$x$-c5，$x\in\{0,1,\cdots\}$ 表示形变率 2^{-x}。每个测试集有 100 个实例，用 Toby Walsh 提供的生成器程序产生，然后编码成 SAT 问题。底图有 400 个顶点和 400 个边，形变的规则环格将每个顶点连接到在循环顺序上最近的 8 个邻居。表 5-3 给出了 SAT 编码的形变图染色测试集，共 10 个，每个实例由 500 个变量和 3100 个句子，其中 sw100-8-p0-c5 表示 $p=0$。当 p 较小(0.01 附近)时，实例对于局部搜索算法是最难的；当 p 较高(0.2 附近)时，一些实例对于系统搜索算法非常难。

表 5-3 SAT 编码的形变图染色测试集

测试集	测试实例	顶点数量	边的数量	变形率	颜色数量	变量维度	子句数量
sw100-8-lp0-c5	100	100	400	1	5	500	310
sw100-8-lp1-c5	100	100	400	0.5	5	500	3100
sw100-8-lp2-c5	100	100	400	0.25	5	500	3100
sw100-8-lp3-c5	100	100	400	0.125	5	500	3100
sw100-8-lp4-c5	100	100	400	2^{-4}	5	500	3100
sw100-8-lp5-c5	100	100	400	2^{-5}	5	500	3100
sw100-8-lp6-c5	100	100	400	2^{-6}	5	500	3100
sw100-8-lp7-c5	100	100	400	2^{-7}	5	500	3100
sw100-8-lp8-c5	100	100	400	2^{-8}	5	500	3100
sw100-8-p0-c5	1	100	400	0	5	500	3100

5.2.3 规划实例

智能规划问题通过编码为 SAT 并使用标准 SAT 算法寻找 SAT 公式模型可得到有效解决。该方法与最新的一般用途规划算法相比具有很强的竞争性。SATLIB 包含两个广为人知的规划域(Logistic 域和 Blocks World 域)的 SAT 编码。起于一些初始配置，一些块需移动以达到某些给定的目标状态；在 Logistic 规划中，包裹通过容量有限的卡车和飞机在不同城市之间运输。SATLIB 中有 4 个 Logistic 规划实例和 4 个 Blocks World 规划实例,实例信息分别如表5-4和表5-5所列。

表5-4 SAT编码的Logistic规划实例

测试实例	包裹数量	(平行)计划步骤	变量维度	子句长度
logistics. a	8	11	828	6718
logistics. b	5	13	843	7301
logistics. c	7	13	1141	10719
logistics. d	9	14	4713	21991

表5-5 SAT编码的Blocks World规划实例

测试实例	块数量	步骤	变量维度	子句长度
bw_large. a	9	6	459	4675
bw_large. b	11	9	1087	13772
bw_large. c	15	14	3016	50457
bw_large. d	19	18	6325	131973

该库不断更新,现在已经吸纳了新的微处理器形式验证的基准工具箱(formal verification of microprocessors benchmark sets),由Miroslav Velev提供。另外,Hoos等还总结了最先进的SAT相关算法以及MAX-SAT问题[7]。

其他有关SAT的基准集还有DIMACS Benchmark Instances和SAT Competition Bejing。更多与SAT相关的详细内容可在以下链接中查阅、下载:http://www.cs.ubc.ca/~hoos/SATLIB/benchm.html。

Mitchell等在参考文献[4]中也提供了一套使用模型产生可满足性问题评估的基准集。其中的公式用固定句长的Random 3-SAT模型和恒定概率模型产生。对于前者模型产生的公式,使用Davis-Putnam(DP)算法研究了在变量固定情况下句子变量比与中值DP调用次数以及公式可满足概率。在恒定概率模型中,句子长度不再是固定的,而是以固定概率P将某个变量包含在一个句子中,否定概率为0.5。这种分布称为Random P-SAT。尽管该模型产生的实例也表现出easy-hard-easy的模式,但是其hard区域比Random 3-SAT简单,不适合作为可满足性测试的评估平台。

5.3 护士排班基准测试平台

护士排班是医疗管理的一个重要方面,属于离散优化组合的受约束问题。该方面最早的文献研究始于20世纪70年代,在近十几年来得到了广泛关注。一般而言,护士排班是指在一定的约束条件下,在一定周期时间内合理安排每个护士的值班,尽可能地减少约束违反度。

第一次国际性护士排班竞赛是在2010年,即INRC-Ⅰ(The First International Nurse Rostering Competition)[8]。INRC-Ⅰ针对的问题是,在大量的硬性和软性约束下,完成固定计划周期内的护士调度。而INRC-Ⅱ(The Second International Nurse Rostering Competition)[9]具有更少的约束类型,问题的公式是多阶段的。其求解器处理某种情况的序列,对应于一个更长的计划周期:连续 4 周或 8 周。INRC-Ⅱ的多阶段性体现在,所设计的求解器能够解决单一阶段,即一周的调度,下一周的安排要以前一周的历史信息为依据,记为 history。历史信息中包含边界数据,如每个护士最后一次轮班情况,累计数据计数器中的总夜班轮岗次数等。在计划周期的最后,要检查计数器中的值是否超过全局阈值。

INRC-Ⅱ提供的是一种命令行式的仿真/验证软件,用来模拟求解过程,并评估求解器的质量。仿真器为每个阶段迭代地调用求解器,为每一次单独执行更新历史信息。验证器将所有阶段的解连在一起,连同来自最终历史信息的累计数据一起进行评估。

下面详细介绍 INRC-Ⅱ体系中的相关内容。

5.3.1 情境

这里的情境是指整个过程所有阶段的一般通用数据,它包含以下信息。

(1) 排班周期:组成一个排班周期的时间。

(2) 技能:护士中有护士长、一般护士和实习护士等级别,其所具备的技能也各不相同,但每个护士都具有一两项技能。技能列表包含在问题中,在每次排班中每个护士只要具备所要求技能即可。

(3) 约定(每位护士会根据要求约定自己的工作量接受范围):

① 最大/最小排班数量约束,即在一个排班周期内,一名护士的最长工作时间和最短工作时间;

② 最大/最小连续工作天数约束;

③ 最大/最小连续休息天数约束;

④ 排班周期内周末最大工作次数;

⑤ 布尔值:代表每个护士整个周末工作,即该护士在周末两天均值班或两天都不值班。

(4) 护士:对于每个护士,其标识符、约束条件和技能是给定的。

(5) 排班类型:分为早班、晚班和夜班。每种类型连续分配的最大值和最小值是给定的,禁止的连续排班类型以矩阵方式给出。例如,一个护士不允许在分配一个早班之后接着分配晚班。

5.3.2 单周数据

单周数据包含了一些具体数据,如下:

(1) 需求:对于工作日内的每次排班,给定所需技能的情况下,能完成工作任务所需的最优和最小护士人数。

(2) 护士需求:一个集合中包含了三项一组的条目,三项分别为护士姓名、工作日和一个轮班。这个需求表达了护士不愿工作的时段和想要休息的时段。

各周的以上信息由于病人的多少和护士的个人偏好而有所不同。

5.3.3 历史信息

历史信息是由一周传递给下一周的数据,以便正确评估各项约束。具体来说,历史信息可以反馈每个护士的两类信息。

(1) 边界数据:用来检查连续分配中的约束。

① 前一周最后一天的轮班情况,或者特殊值 None,表示该护士当天请假。

② 同种类型的班,连续轮班的次数,以及一般情况下连续轮班的次数(如果最后一次轮班值为 None,则两者的值都是 0)。

③ 连续请假天数(如果最后一次轮班值不为 None,则值是 0)。

(2) 计数器:计数器收集几周内的累积值,这些值只在排班周期最后进行核对。

① 轮班总数。

② 周末轮班总数。

根据先前历史信息和求解器所求的解可计算出新一周的历史信息。传递给求解器的第一周的历史信息中,各计数器的值均为 0,边界数据可为任意值。

5.3.4 约束条件

约束条件分为两种类型:需在每个周单独满足和需在排班周期最后全局满足。约束条件还可分为硬性约束条件和软性约束条件。硬性约束条件是指在整个排班方案中必须要满足的条件,任何违反硬性约束条件的排班方案都是不可行的;软性约束条件是在排班方案中希望能够得到最大满足的约束。

1. 单周约束

H 表示硬性约束,S 表示软性约束。

H1. 每天单一分配:每个护士每天只轮一次班。

H2. 人员配备:每次排班,具备某种技能的护士人数必须达到最低要求。

H3. 排班类型连续性:每个护士连续两天的分配要符合情境中的规定。

H4. 所需技能缺失:对于某个有特定技能要求的轮班,必须由具备该技能的一个护士予以满足。

S1. 最优覆盖人员不足(30):每次轮班,具备某种技能的护士人数要达到最优要求。每个缺少的护士要根据权值进行惩罚,若护士人数多出,则不考虑。

S2. 连续分配(15/30):不管是单次轮班还是全局,都要考虑连续分配的最大值和最小值,其评估还包括边界数据。每多出或缺少的一天要乘以它们的权值。连续轮班约束和连续工作天数的权值分别为 15 和 30。

S3. 连续请假(30):考虑连续请假天数的最大值和最小值。同样地,其评估要包含边界数据,每多出或缺少的一天,要乘以其相应权值。

S4. 个人喜好(10):违反个人喜好的分配方式要受到惩罚,乘以相应权值。

S5. 完整周末(30):整个周末工作或不工作的每个护士,其值设置为 ture;如果两天中工作一天,则要受到惩罚,乘以相应的权值。

2. 跨排班周期约束条件

S6. 总分配次数(20):每个护士在工作日的总排班次数要遵照个人合同,限定在规定范围内。差值和权值的乘积要加到目标函数上。

S7. 值班周末个数(30):每个护士值班周末的个数要小于或等于最大值。超出的次数乘以其权值后加到目标函数上。周末有一天值班即视为该周末值班,计入总数。

每个单独的阶段都要考虑 S6 和 S7,从一个周到下一个周,它们的违反值具有一个下降的不确定性,在最后一个周时可被精确评估。

该测试平台给出了 14 个数据集,来自不同护士人数与周数,分别为{30,40,50,60,80,100,120}和{4,8}。每个数据集以护士人数和周数命名,如 n050w8 代表该数据集中护士人数为 50,周数为 8。

每个数据集中包含:

(1) 1 个情境文件。

(2) 3 个初始历史文件。

(3) 10 个单周数据文件。

此外还提供了 3 个测试用数据集 n004w4、n012w8 和 n012w4,以及它们的解,以便测试和调试。本测试平台所提供的仿真器和验证器的处理过程如图 5-1 和图 5-2 所示[6]。

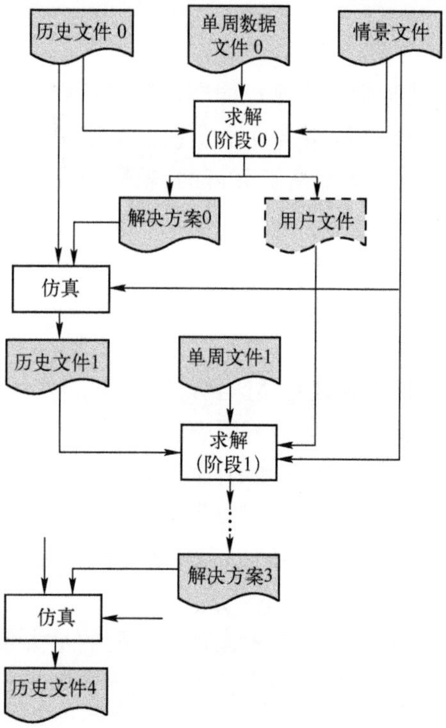

图 5-1　仿真器的处理过程

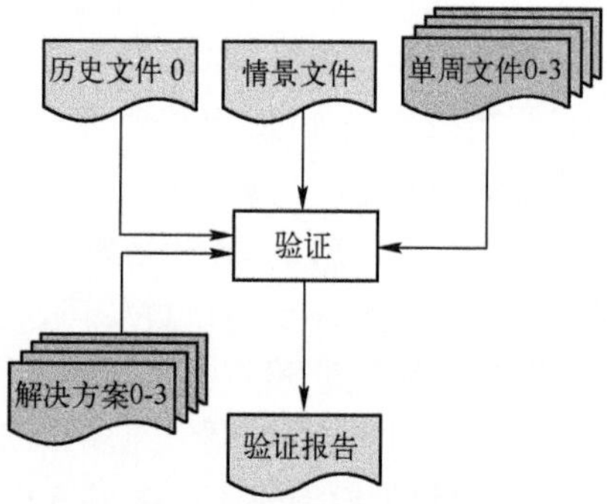

图 5-2　验证器的处理过程

护士排班基准测试平台专门用于测试与排班有关的排列问题,对于其他问题则不可用,且只适合单处理机,不可在专用并行机或集群上测试。关于该基准测试平台的数据集及其相关仿真、验证工具的详细内容请参照参考文献[6]或访问 http://mobiz. vives. be/inrc2/获取其最新信息。

5.4　进化算法解决旅行商问题基准集

旅行商问题(TSP)是一类广为人知的组合离散优化问题,该问题试图寻找旅行商由起点出发,通过所有给定的需求点之后,最后再回到原点的最小路径成本,是最基本的路线问题。其作为运输和物流应用的一个子问题出现,已成为研究多领域离散优化问题的一个平台。TSP 的早期应用如校车路线安排、农用设备的运输等,并不断拓宽,如在电路板或其他对象上钻孔时机器的调度,研究意义重大而深远。早在 1954 年,Dantzig 等就使用了线性规划的方法求解 49 个城市的最短路径[10]。

为测试不同算法在解决 TSP 上的性能,许多学者开展了相关研究,如 Dantzig、Fulkerson 和 Johnson 以及 Held 和 Karp 等的论文提供了主要测试实例的距离矩阵。但随着问题规模的不断扩大,这些测试集已经不再可用。1990 年,Reinelt 搜集了此类测试数据,并包含了来自产业应用的新例子和以城市位置为特征的地理问题,并在网站 http://www.iwr.uni-heidelberg.de/groups/comopt/software/TSPLIB95/给出了具体信息。

这里包含了城市个数从 14 到 85900 的 100 个例子,又可分为对称 TSP、非对称 TSP、排序问题和约束车辆路径问题等。除此之外,现今存在的 National TSP Collection 包含 27 个问题集,即 27 个不同国家,问题规模从西撒哈拉的 28 个城市,到中国的 71009 个城市,其中有 13 个问题尚未得到解决。该测试集中,城市之间的旅行代价指定为四舍五入后的欧几里得距离,每个实例提供了点集、旅行线路、数据以及计算日志。更多与其相关问题以及数据可在网站 http://www.math.uwaterloo.ca/tsp/index.html 下载获得。该网站中还包含有 VLSI TSP Collection、The World TSP、Mona Lisa TSP 等。具体内容参阅网站信息。Floudas 等[11]对于该问题和求解方法也做了一定的阐述,并指出了现存较好的测试集。

5.5 车间调度问题测试集

5.5.1 Taillard 测试集

针对流水车间调度、作业车间调度和开放车间调度问题,Taillard 等提出了一种随机产生问题实例的方法[12]。该方法共产生 260 个实例。

1. 流水车间调度

在流水车间调度中,第 j 个工件在第 i 个机器上的处理时间 d_{ij} 通过以下方式产生:

For $i=1$ to m

For $j=1$ to n

$d_{ij}=U[1,99]$

在为每个实例产生加工时间时,都要使用随机数发生器生成初始化时间种子,该过程的具体实现见参考文献[13]。

实例中机器数取自[5,10,20],工件数取自[20,50,100,200,500],组成了 12 种规模不同的问题,对每种规模的问题分别产生 10 个实例,共 120 个。该基准的原始求解目标为最小时间跨度(makespan),参考文献[9]中还提供了一种求解理想最优 makespan 的方法,可作为一个衡量算法性能优劣的比较标准。

该测试集数据可在以下网址中下载:http://www.webofinstances.com/index.php?option=com_fabrik&c=form&view=details&Itemid=84&fabrik=33&rowid=174&tableid=31&fabrik_cursor=4&lang=es Taillard 测试集的优化目标是 makespan。Demirkol 等提出了

一种产生以交付期为性能评估标准的问题测试集[14]，其中包括流水车间调度和作业车间调度，流水车间部分有 $F//C_{max}$ 和 $F//L_{max}$。每类问题工件处理时间产生于离散均匀分布 $U[1,200]$。交付期由两个参数决定，T 和 R，T 决定期望的延迟的工件个数，R 是交付期范围参数。工件交付期产生于下式所示的均匀分布：

$$\text{Uniform}\left[\mu-\frac{\mu R}{2},\mu+\frac{\mu R}{2}\right] \tag{5.4}$$

式中：$\mu=(1.0-T)nP$，P 为期望的操作处理时间。T 和 R 的值分别取自 $[0.3,0.6]$ 和 $[0.5,2.5]$。对每种 4 个参数的不同组合方式产生 10 个问题，因此 $F//C_{max}$ 有 80 个问题，$F//L_{max}$ 有 320 个问题。

对于产生的问题集，Demirkol 等采用几种不同的算法求解，将所获得的最优值作为每个问题的上界。每个问题的下界通过松弛除一个机器外其他机器的容量约束，在释放和传递时间最佳的情况下，解决该合成单个机器问题的最小 C_{max} 来获得[15]。以上界、下界的百分差为标准，按降序排列拥有同一组参数组合的问题，最后取前 5 个作为测试基准。因此在网站（http://www.ecn.purdue.edu/labs/uzsoy）中共 120 个 C_{max} 问题，480 个 L_{max} 问题。在网站中还提供了生成问题的 C 代码，以及每个问题的初始种子，问题参数，上界、下界和计算时间。

2. 作业车间调度

在作业车间调度中，针对现存方法已可解决 10 个机器的调度问题的情况，提出了机器数为 15 和 20 的测试基准，工件数从 $[15,20,30,50,100]$ 中选取，组成 8 种不同规模的问题，每类问题同样产生 10 个实例。

与流水车间调度不同，作业车间调度不仅要通过随机发生器产生时间种子，还要产生机器种子，以生成工件的某些操作所对应的机器。

第 j 个工件的第 i 个操作的处理时间由下方式产生：

For　$j=1$ to n

　　For　$i=1$ to m

$d_{ij}=U[1,99]$

处理第 j 个工件的第 i 个操作的机器 M_{ij} 按以下方式产生：

Step 0：$M_{ij}=i(1\leqslant i\leqslant m,1\leqslant j\leqslant n)$

Step 1：For　$j=1$ to n

　　For　$i=1$ to m

Swap M_{ij} and $M_{U[i,m]j}$

同样地，该类问题的 makespan 理想下界可通过计算获得。

对于作业车间调度，Demirkol 等同样给出包含了 C_{max} 问题和 L_{max} 问题的基准集[14]。当每个工件的路线是所有机器的随机排序，该类问题记为 $J//C_{max}$ 和 $J//L_{max}$；当机器被分为两类，工件按某一随机顺序访问第一类机器，而后访问第二类机器中的任意一个，这种问题记为 $J/2SETS/L_{max}$ 和 $J/2SETS/C_{max}$。

3. 开放车间调度

Taillard 等首次提出了开放车间调度问题的测试基准[12]，因此问题的规模较小，其中工件和机器数的组合有 $[4,4]$，$[5,5]$，$[7,7]$，$[10,10]$，$[15,15]$ 和 $[20,20]$。除了下界的计算与作业车间调度不同外,其他数据的产生与其相同。

5.5.2 Rec 测试集

以往在测试实例中,处理时间是随机产生的,但在实际中完全随机处理时间是不太可能发生的[16],并且在处理时间的非随机结构中存在两个方面:跨机器的时间梯度和工件间的时间相关性[17]。因此 Reeves 等基于此生成了分别考虑时间梯度和工件相关的问题[18],共 7 个问题集,问题规模为[20,5],[20,10],[20,15],[30,10],[30,15],[50,10]和[75,20]。

5.6 背包问题测试集

背包问题(knapsack problem)是一种组合优化的 NP 完全问题。1978 年由 Merkel 和 Hellman 提出。该问题有多种分类:0-1 背包、完全背包、多重背包、混合背包和分组背包等。

Petersen[19]、Senyu 和 Toyoda [20]以及 Weingartner 和 Ness[21]的研究文献包含了 48 个多重背包问题,测试问题信息可以在网站 http://people.brunel.ac.uk/~mastjjb/jeb/orlib/files/mknap2.txt 中获取。多选择多维背包问题是 0-1 背包的变体,该问题的测试数据可在网站 ftp://cermsem.univ-paris1.fr/pub/CERMSEM/hifi/MMKP/中获得。

5.7 其他组合优化问题测试集

在参考文献[16]中,Floudas 等在组合优化章节中介绍了多种问题的测试集,除了上面中提到的可满足性问题、TSP 问题、图染色问题,还对二次整数规划问题、二次分配问题、最大团以及网络中的施泰纳问题做了阐述。对于文中涉及问题的测试基准集,可在网站 http://titan.princeton.edu/TestProblems/中下载、使用。就优化组合问题而言,有网上资源和 GAMS 测试问题两类。整数规划等的测试基准在 OR-Library(http://mscmga.ms.ic.ac.uk/)中;二次分配问题基准可通过以"send 92006"为邮件主题向邮箱 coap@math.ufl.edu 发送邮件获得;QAPLIB 提供了大量二次分配实例,相关数据和更新的最优解可在网站 http://www.diku.dk/users/karisch/qaplib/inst.html 中查阅。限量弧调度问题可在网站 https://www.uv.es/belengue/carp.html 上获得。除了网上提供的数据资源,还有部分 gms 文件,对应于二次整数问题、二次分配和图形中的施泰纳问题。http://miplib.zib.de/miplib2010-benchmark.php 中还提供了大量的混合整数规划的例子。

参考文献

[1] DE JONG K A. Using Problem Generators to explore the effects of epistasis[C]. [s. l.]: International conference on Genetic Algorithms, 1997.

[2] Kauffman S A. Adaptation on rugged fitness landscapes[J]. Studies in the Ences of Complexity,1989,1(3):527-618.

[3] DE JONG K,SPEARS W M. Using genetic algorithms to solve NP-complete problems[C]. [s. l.]:International Conference on Genetic Algorithms,1989.

[4] MITCHELL D G,SELMAN B,LEVESQUE H. Hard and easy distributions of sat problems[C]. [s. l.]: In Proceedings of the Tenth National Conference on Articial Intelligence,1992.

[5] HOOS H H,STUTZLE T,GENT I P,et al. SATLIB:An online resource for research on SAT[C]. Netherlands:Theory and Applications of Satisfiability Testing,2000.

[6] DE KLEER J. A Comparison of ATMS and CSP Techniques[C]. [s. l.]:International Joint Conference on Artificial Intelligence,1989.

[7] HOOS H H,STÜTZLE T. Stochastic local search:Foundations and applications[M]. San Franciso:Morgan Kaufmann Publishers Inc,2004.

[8] HASPESLAGH S,CAUSMAECKER P D,SCHAERF A,et al. The first international nurse rostering competition 2010[J]. Annals of Operations Research,2014,218:221-236.

[9] CESCHIA S,THANH N D,DE CAUSMAECKER P,et al. Second international nurse rostering competition(inrc-ii)-problem description and rules[R]. arXiv:Artificial Intelligence,2015.

[10] DANTZIG G B,FULKERSON D R,JOHNSON S M,et al. Solution of a large-scale traveling-salesman problem[J]. Operations Research,1954,2(4):393-410.

[11] FLOUDAS C A,PARDALOS P M,Adjiman C,et al. Handbook of test problems in local and global optimization[M]. Boston:Springer,1999.

[12] TAILLARD E D. Benchmarks for basic scheduling problems[J]. European Journal of Operational Research,1993,64(2):278-285.

[13] BRATLEY C. A guide to simulation[M]. Boston:Springer,1984.

[14] DEMIRKOL E,MEHTA S,UZSOY R,et al. Benchmarks for shop scheduling problems[J]. European Journal of Operational Research,1998,109(1):137-141.

[15] PINEDO M,HADAVI K. Scheduling:Theory,Algorithms and Systems[M]. Upper Saddle River:Prentice Hall ceedings,2001.

[16] MEMBER I A,MEMBER I J. Simulated versus real life data in testing the efficiency of scheduling algorithms[J]. IIE Transactions,1986,18(1):16-25.

[17] RINNOOY K. Machine scheduling problems:classification,complexity and computations[M]. Boston:Springer,1976.

[18] REEVES C R. A genetic algorithm for flowshop sequencing[J]. Computers & Operations Research,1995,22(1):5-13.

[19] PETERSEN C C. Computational experience with variants of the balas algorithm applied to the selection of r&d projects[J]. Management Science,1967,13(9):736-750.

[20] SMITH A E,TATE D M. Genetic Optimization Using A Penalty Function[C]. San Franciso:International Conference on Genetic Algorithms,1993.

[21] WEINGARTNER H M,NESS D N. Methods for the solution of the multi-dimentional 0/1 knapsack problem[J]. Operations Research,1967,15:83-103.

第 6 章 大规模优化标准测试函数

在过去的几十年里，涌现出了不同类型的自然启发优化算法，如模拟退火算法(simulated annealing, SA)[1]、进化算法(evolutionary algorithms, EAs)[2]、差分进化算法(differential evolution, DE)[3]、粒子群优化算法(particle swarm optimization, PSO)[4]、蚁群优化算法(ant colony optimization, ACO)[5]、分布估计算法(estimation of distribution algorithms, EDA)[6]等。虽然这些算法已经显示出了优秀的搜索能力，但当处理一些高维数的问题时，它们的性能会随着搜索空间维数的增加而迅速下降[7]。产生这一现象的原因有两方面：首先，问题的复杂性通常会随着问题规模的增大而增加；其次，问题的解空间会随着问题规模的增大而呈指数增加。因此，需要一个更有效的搜索策略在规定时间内完成对最优解的寻找。

先前，进化算法在大规模优化问题中的应用引起了广泛的关注；后来，合作进化算法的出现，又为大规模优化问题提供了一种新的方法。但是，现存的这些算法都是针对特定的问题而提出的，缺乏通用性，因此需要找到一些标准测试函数来完成大规模优化问题的求解。

6.1 早期标准测试函数集

6.1.1 经典测试函数集

早期在 1999 年，Yao[8]在文章中介绍了标准测试函数集，他在文章中提到了 23 个测试函数，但这 23 个测试函数并非都能用来测试大规模优化算法。后来 Yang[9]在文章中运用函数 $f_1 \sim f_{13}$ 来进行大规模优化算法的测试。

在这 13 个测试函数中 $f_1 \sim f_7$ 是单峰函数，$f_8 \sim f_{13}$ 是多峰函数且函数局部最优解的个数随着维度的增加而呈指数增长，函数 f_4 和 f_5 是不可分离函数，其他的是可分离函数。这 13 个函数的详细信息如表 6-1 所列。

表 6-1　经典大规模优化测试函数信息

测试函数	n	S	f_{min}
$f_1(x)=\sum_{i=1}^{n}x_i^2$	30	$[-100,100]^n$	0
$f_2(x)=\sum_{i=1}^{n}\lvert x_i\rvert+\prod_{i=1}^{n}\lvert x_i\rvert$	30	$[-10,10]^n$	0
$f_3(x)=\sum_{i=1}^{n}(\sum_{j=1}^{i}x_j)^2$	30	$[-100,100]^n$	0
$f_4(x)=\max\{\lvert x_i\rvert,1\leqslant i\leqslant n\}$	30	$[-100,100]^n$	0
$f_5(x)=\sum_{i=1}^{n-1}[100(x_{i+1}-x_i^2)^2+(x_i-1)^2]$	30	$[-30,30]^n$	0
$f_6(x)=\sum_{i=1}^{n}(\lvert x_i+0.5\rvert)^2$	30	$[-100,100]^n$	0
$f_7(x)=\sum_{i=1}^{n}ix_i^4+\text{random}[0,1)$	30	$[-1.28,1.28]^n$	0
$f_8(x)=\sum_{i=1}^{n}-x_i\sin(\sqrt{\lvert x_i\rvert})$	30	$[-500,500]^n$	-12569.5
$f_9(x)=\sum_{i=1}^{n-1}[x_i^2-10\cos(2\pi x_i+10)]$	30	$[-5.12,5.12]^n$	0
$f_{10}(x)=-20\exp\left(-0.2\sqrt{\frac{1}{n}\sum_{i=1}^{n}x_i^2}\right)-\exp\left(\frac{1}{n}\sum_{i=1}^{n}\cos 2\pi x_i\right)+20+e$	30	$[-32,32]^n$	0
$f_{11}(x)=\frac{1}{4000}\sum_{i=1}^{n}x_i^2-\prod_{i=1}^{n}\cos\left(\frac{x_i}{\sqrt{i}}\right)+1$	30	$[-600,600]^n$	0
$f_{12}(x)=\left\{\frac{x}{n}10\sin^2(\pi y_i)+\sum_{i=1}^{n-1}(y_i-1)^2[1+10\sin(\pi y_{i+1})]+(y_n-1)^2\right\}+\sum_{i=1}^{n}u(x_i,10,100,4)$, $y_i=1+\frac{1}{4}(x_i+1)$ $u(x_i,a,k,m)=\begin{cases}k(x_i-a)m, & x_i>a,\\ 0, & -a\leqslant x_i\leqslant a_i\\ k(-x_i-a)m, & x_i<-a\end{cases}$	30	$[-50,50]^n$	0
$f_{13}=0.1\left\{\sin^2(3\pi x_1)+\sum_{i=1}^{n-1}(x_i-1)^2[1+10\sin^2(3\pi x_{i+1})]+(x_n-1)[1+\sin(2\pi x_n)]\right\}+\sum_{i=1}^{n}u(x_i,5,100,4)$	30	$[-50,50]^n$	0

6.1.2 标准测试函数软件 COPS 3.0 版本

先前针对大规模优化问题的测试函数集较少,在 2004 年,Dolan 等[10]提出了 COPS 3.0 版本用于求解非线性约束优化问题。在这个版本中增加了一些新的问题,同时也对原有的一些问题进行了改进和提高。在这一测试函数集中包含了 22 个基本优化问题,也引入了对大规模约束优化问题。

在对每一个问题进行分析时,需要确定表 6-2 中的结构数据,这样才能进一步更加精确地使测试结果与问题本身的性能更加接近。

作为基准的一部分,在这一测试软件中引入了一个分析器来帮助解决问题,还设置了一些脚本程序来缓解机器运行中负荷波动的影响。但是这种标准测试函数软件也具有自身的局限性,可扩展能力比较弱。

表 6-2 问题的结构数据

变量
约束条件
边界
线性不等式约束
非线性等式约束
非线性不等式约束
$\nabla^2 f(x)$ 中非零项
$c'(x)$ 中非零项

6.2 标准测试函数集 CEC'08

在 2007 年,Tang 等[11]提出了关于大规模优化问题的 7 种标准测试函数,在这 7 个函数中有 2 个是单峰函数,5 个是多峰函数,并且这些函数都可以扩展运用到任意维数的问题求解中。这些函数的 Matlab 代码和 C 语言程序可以在 http://nical.ustc.edu.cn/cec08ss.php 得到。这些函数的一些介绍如表 6-3 所列。

表 6-3 CEC'08 测试函数信息

类 别	编 号	函 数 名	维 数	搜索范围	$F_i(x^*)$
单峰函数	1	平移 Sphere 函数	100,500,1000	[-100,100]	-450
	2	平移 Schwefel's Problem 2.21	100,500,1000	[-100,100]	-450
多峰函数	3	平移 Rosenbrock 函数	100,500,1000	[-100,100]	390
	4	平移 Rastrigin 函数	100,500,1000	[-5,5]	-330
	5	平移 Griewank 函数	100,500,1000	[-600,600]	-180
	6	平移 Ackley 函数	100,500,1000	[-32,32]	-140
	7	FastFractal “DoubleDip 函数”	100,500,1000	[-1,1]	未知

6.2.1 测试函数定义与特性

(1) 平移 Sphere 函数

$$F_1(\boldsymbol{x}) = \sum_{i=1}^{D} z_i^2 + f\_bias_1, \boldsymbol{z} = \boldsymbol{x} - \boldsymbol{o}, \boldsymbol{x} = [x_1, x_2, \cdots, x_D] \tag{6.1}$$

D:解空间维数。

$\boldsymbol{o} = [o_1, o_2, \cdots, o_D]$:平移全局最优解。

$\boldsymbol{x} \in [-100, 100]^D$,全局最优解:$\boldsymbol{x}^* = \boldsymbol{o}, F_1(\boldsymbol{x}^*) = f\_bias_1 = -450$

特性:单峰的,可平移,可分离,可扩展。

(2) 平移 Schwefel 问题 1.2

$$F_2(\boldsymbol{x}) = \sum_{i=1}^{D}\left(\sum_{j=1}^{i} z_j\right)^2 + f\_\text{bias}_2, \boldsymbol{z} = \boldsymbol{x} - \boldsymbol{o}, \boldsymbol{x} = [x_1, x_2, \cdots, x_D] \tag{6.2}$$

D:解空间维数。

$\boldsymbol{o}=[o_1,o_2,\cdots,o_D]$:平移全局最优解。

$\boldsymbol{x}\in[-100,100]^D$,全局最优解:$\boldsymbol{x}^*=\boldsymbol{o}$,$F_2(\boldsymbol{x}^*)=f\_\text{bias}_2=-450$

特性:单峰的,可平移,不可分离,可扩展。

(3) 平移 Rosenbrock 函数

$$F_3(\boldsymbol{x}) = \sum_{i=1}^{D-1}[100(z_i^2 - z_{i+1})^2 + (z_i - 1)^2] + f\_\text{bias}_3,$$
$$\boldsymbol{z}=\boldsymbol{x}-\boldsymbol{o}+1, \boldsymbol{x}=[x_1,x_2,\cdots,x_D] \tag{6.3}$$

D:解空间维数。

$\boldsymbol{o}=[o_1,o_2,\cdots,o_D]$:平移全局最优解。

$\boldsymbol{x}\in[-100,100]^D$,全局最优解:$\boldsymbol{x}^*=\boldsymbol{o}$,$F_3(\boldsymbol{x}^*)=f\_\text{bias}_3=390$

特性:多峰的,可平移,不可分离,可扩展,在局部最优解和全局最优解之间有一段狭窄的区域。

(4) 平移 Rastrigin 函数

$$F_4(\boldsymbol{x}) = \sum_{i=1}^{D}[z_i^2 - 10\cos(2\pi z_i) + 10] + f\_\text{bias}_4,$$
$$\boldsymbol{z}=\boldsymbol{x}-\boldsymbol{o}, \boldsymbol{x}=[x_1,x_2,\cdots,x_D] \tag{6.4}$$

D:解空间维数。

$\boldsymbol{o}=[o_1,o_2,\cdots,o_D]$:平移全局最优解。

$\boldsymbol{x}\in[-5,5]^D$,全局最优解 $\boldsymbol{x}^*=\boldsymbol{o}$,$F_4(\boldsymbol{x}^*)=f\_\text{bias}_4=-330$

特性:多峰的,可平移,可分离,可扩展,拥有大量的局部最优解。

(5) 平移 Griewank 函数

$$F_5(\boldsymbol{x}) = \sum_{i=1}^{D}\frac{z_i^2}{4000} - \prod_{i=1}^{D}\cos\left(\frac{z_i}{\sqrt{i}}\right) + 1 + f\_\text{bias}_5,$$
$$\boldsymbol{z}=(\boldsymbol{x}-\boldsymbol{o}), \boldsymbol{x}=[x_1,x_2,\cdots,x_D] \tag{6.5}$$

D:解空间维数。

$\boldsymbol{o}=[o_1,o_2,\cdots,o_D]$:平移全局最优解。

$\boldsymbol{x}\in[-600,600]^D$,全局最优解 $\boldsymbol{x}^*=\boldsymbol{o}$,$F_5(\boldsymbol{x}^*)=f\_\text{bias}_5=-180$

特性:多峰的,可平移,不可分离,可扩展。

(6) 平移 Ackley 函数

$$F_6(\boldsymbol{x}) = -20\exp\left(-0.2\sqrt{\frac{1}{D}\sum_{i=1}^{D}z_i^2}\right) - \exp\left[\frac{1}{D}\sum_{i=1}^{D}\cos(2\pi z_i)\right] + 20 + \mathrm{e} + f\_\text{bias}_6,$$
$$\boldsymbol{z}=(\boldsymbol{x}-\boldsymbol{o}), \boldsymbol{x}=[x_1,x_2,\cdots,x_D] \tag{6.6}$$

D:解空间维数。

$\boldsymbol{o}=[o_1,o_2,\cdots,o_D]$:平移全局最优解。

$\boldsymbol{x}\in[-32,32]^D$,全局最优解 $\boldsymbol{x}^*=\boldsymbol{o}$,$F_6(\boldsymbol{x}^*)=f\_\text{bias}_6=-140$

特性:多峰的,可平移,可分离,可扩展。

(7) FastFractal "DoubleDip"函数

$$F_7(\boldsymbol{x}) = \sum_{i=1}^{D} \text{fractal } 1D[x_i + \text{twist}(x_{(i \bmod D)+1})] \tag{6.7}$$

$\text{twist}(y)=4(y^4-2y^3+y^2)$

$$\text{fractal } 1\ D(x) \approx \sum_{k=1}^{3}\sum_{1}^{2^{k-1}}\sum_{1}^{\text{ran2}(o)} \text{doubledip}\left[x, \text{ran } 1(o), \frac{1}{2^{k-1}(2-\text{ran } 1(o))}\right]$$

$$\text{doubledip}(x,c,s)=\begin{cases}[-6144(x-c)^6+3088(x-c)^4-392(x-c)^2+1]s, & -0.5<x<0.5\\ 0, & \text{其他}\end{cases}$$

$\boldsymbol{x}=[x_1,x_2,\cdots,x_D]$,$\boldsymbol{x}\in[-1,1]^D$,$D$:解空间维数。

全局最优解未知,$F_7(x^*)$未知。

性能:多峰的,不可分解,可扩展。

6.2.2 实验注意事项

当我们利用这些测试函数进行测试时,还应该考虑以下几方面的问题:评估标准、收敛图像、参数设置、编码和运行时间估计等。

1. 这些函数的基本设置

问题:7 个最小化问题。

维数:$D=100,500,1000$。

运行次数:25 次。

MAX_FES:5000 · D。

初始化:在搜索空间内均匀的随机初始化。

全局最优解:所有问题在给定搜索区间内都有全局最优解,无须再在搜索区间外部进行搜索。

终止条件:当达到 MAX_FES 时程序终止。

在每次运行时,记录函数在终止条件分别是$\frac{1}{10}$FES、$\frac{1}{100}$FES、FES 时的误差值$f(x)-f(x^*)$。

对于每一个函数 25 次运行的误差值按从小到大的顺序排列。列表记录函数值排列位于第 1(最好)、第 7、第 13(中等)、第 19、第 25(最差)的函数值,并记录 25 次运行结果函数值的平均值和标准差。

注意:函数值$f(x^*)$对于函数 7(FastFractal "DoubleDip")不可用,在这种情况下可直接记录函数值$f(x)$。

2. 收敛图像

画出各个函数在维数 $D=1000$ 时的收敛图,在图像里可以得到函数在终止条件是 MAX_FES 时的性能,在半对数图像中可以得到 $\log 10[f(x)-f(x^*)]$随 FES 的变化情况。

注意:函数 7 的函数值通常为负数,在这种情况下可以直接画出$f(x)-f(x^*)$随 FES 变化的图像。

3. 参数

尽量不去搜寻一组显而易见的参数，当使用时应该详细准备以下的内容：

(1) 将要调整的参数。

(2) 实际用到的参数。

(3) 估计参数调整后带来的计算开销。

(4) 相应的动态范围。

(5) 参数调整指导。

4. 编码

如果算法需要编码，则编码方案应该是独立的具体问题，并由那些通用因素而制约，如搜索范围。

5. 测试集运行时间估计

维数：1000。

问题：函数 1~7。

算法：差分进化算法。

运行次数：1 次。

Max_FES：5000000。

计算机配置：CPU-P4 2.8G，RAM-512M。

运行时间：15h。

在这些函数中可以根据自己的实际需要来调节维数的大小。

6.3 标准测试函数集 2009

在 2009 年 Herrera 等[12]提出了一个标准测试函数集，在这一函数集中包含有 21 个测试函数，其中前 11 个函数是独立的函数，而后 10 个函数是由前 11 个函数组合而成的。

6.3.1 测试函数 $f_1 \sim f_{11}$

函数 $f_1 \sim f_{11}$ 如下所示：

(1) 转移单峰函数。

f_1：转移 Sphere 函数

f_2：转移 Schwefel 问题 2.21

(2) 转移多峰函数。

f_3：转移 Rosenbrock 函数

f_4：转移 Rastrigin 函数

f_5：转移 Griewank 函数

f_6：转移 Ackley 函数

(3) 非转移单峰函数。

f_7：Schwefel 问题 2.22

f_8:Schwefel 问题 1.2

f_9:扩展 F_{10}函数

f_{10}:Bohachevsky 函数

f_{11}:Schaffer 函数

f_1:转移 Sphere 函数

$$f_1 = \sum_{i=1}^{D} z_i^2 + f\_\text{bias} \tag{6.8}$$

$\boldsymbol{z}=\boldsymbol{x}-\boldsymbol{o}$

$\boldsymbol{x} \in [-100,100]^D$

全局最优解:$f_1(\boldsymbol{x}^{\text{opt}})=-450$

特性:单峰,可转移,可分解。

f_2:转移 Schwefel 问题 2.21

$$f_2=\max\{\,|z_i|\,,1\leqslant i\leqslant D\}+f\_\text{bias} \tag{6.9}$$

$\boldsymbol{z}=\boldsymbol{x}-\boldsymbol{o}$

$\boldsymbol{x} \in [-100,100]^D$

全局最优解:$f_2(\boldsymbol{x}^{\text{opt}})=-450$

特性:单峰,可转移,不可分解。

f_3:转移 Rosenbrock 函数

$$f_3 = \sum_{i=1}^{D-1} [100\,(z_i^2 + z_{i+1})^2 + (z_{i-1})^2] + f\_\text{bias} \tag{6.10}$$

$\boldsymbol{z}=\boldsymbol{x}-\boldsymbol{o}$

$\boldsymbol{x} \in [-100,100]^D$

全局最优解:$f_3(\boldsymbol{x}^{\text{opt}})=390$

特性:多峰,可转移,不可分解。

f_4:转移 Rastrigin 函数

$$f_4 = \sum_{i=1}^{D} [z_i^2 - 10\cos(2\pi z_i) + 10] + f\_\text{bias} \tag{6.11}$$

$\boldsymbol{z}=\boldsymbol{x}-\boldsymbol{o}$

$\boldsymbol{x} \in [-5,5]^D$

全局最优解:$f_4(\boldsymbol{x}^{\text{opt}})=-330$

特性:多峰,可转移,可分解。

f_5:转移 Griewank 函数

$$f_5 = \frac{z_i^2}{4000} - \prod_{i=1}^{D} \cos\left(\frac{z_i}{\sqrt{i}}\right) + 1 + f\_\text{bias} \tag{6.12}$$

$\boldsymbol{z}=\boldsymbol{x}-\boldsymbol{o}$

$\boldsymbol{x} \in [-600,600]^D$

全局最优解:$f_5(\boldsymbol{x}^{\text{opt}})=-180$

特性:多峰,可转移,不可分解。

f_6:转移 Ackley 函数

$$f_6 = -20\exp\left(-0.2\sqrt{\frac{1}{D}\sum_{i=1}^{D} z_i^2}\right) - \exp\left[\frac{1}{D}\sum_{i=1}^{D}\cos(2\pi z_i)\right] + 20 + e + f\_bias \tag{6.13}$$

$\boldsymbol{x} \in [-32,32]^D$
全局最优解:$f_6(\boldsymbol{x}^{opt}) = -140$
特性:多峰,可转移,可分解。

f_7:Schwefel 问题 2.22

$$f_7 = \sum_{i=1}^{D} |x_i| + \prod_{i=1}^{D} |x_i| \tag{6.14}$$

$\boldsymbol{x} \in [-10,10]^D$
全局最优解:$f_7(\boldsymbol{x}^{opt}) = 0$
特性:单峰,不可转移,可分解。

f_8:Schwefel 问题 1.2

$$f_8 = \sum_{i=1}^{D} \left(\sum_{j=1}^{D} x_j\right)^2 \tag{6.15}$$

$\boldsymbol{x} \in [-65.536,65.536]^D$
全局最优解:$f_8(\boldsymbol{x}^{opt}) = 0$
特性:单峰,不可转移,不可分解。

f_9:扩展 F_{10}函数

$$\begin{aligned} f_9 &= \sum_{i=1}^{D-1} F_{10}(x_i, x_{i+1}) + F_{10}(x_D, x_1) \\ F_{10} &= (x^2 + y^2)^{0.25} \cdot \{\sin^2[50 \cdot (x^2 + y^2)^{0.1}] + 1\} \end{aligned} \tag{6.16}$$

$\boldsymbol{x} \in [-10,10]^D$
全局最优解:$f_9(\boldsymbol{x}^{opt}) = 0$
特性:单峰,不可转移,不可分解。

f_{10}:Bohachevsky 函数

$$f_{10} = \sum_{i=1}^{D} [x_i^2 + 2x_{i+1}^2 - 0.3\cos(3\pi x_i) - 0.4\cos(4\pi x_{i+1}) + 0.7] \tag{6.17}$$

$\boldsymbol{x} \in [-15,15]^D$
全局最优解:$f_{10}(\boldsymbol{x}^{opt}) = 0$
特性:单峰,不可转移,不可分解。

f_{11}:Schaffer 函数

$$f_{11} = (x^2 + x_{i+1}^2)^{0.25} \cdot \{\sin^2[50 \cdot (x^2 + x_{i+1}^2)^{0.1}] + 1\} \tag{6.18}$$

$\boldsymbol{x} \in [-100,100]^D$
全局最优解:$f_{11}(\boldsymbol{x}^{opt}) = 0$
特性:单峰,不可转移,不可分解。

6.3.2 混合函数 $f_{12} \sim f_{21}$

混合函数是由一个不可分解函数和其他函数组合而成的,它包含的函数如下:

（1）不可分解函数。

f_3：转移 Rosenbrock 函数

f_5：转移 Griewank 函数

f_9：扩展 F_{10}函数

f_{10}：Bohachevsky 函数

（2）其他组成函数。

f_1：转移 Sphere 函数

f_4：转移 Rastrigin 函数

f_7：Schwefel 问题 2.22

混合函数由一个不可分解函数 F_{ns}和一个其他函数 F'通过公式 $F_{ns} \oplus F'$组合而成。这个公式的计算过程为，首先把解分成两部分，然后用不同的函数来评估这些解，最后合并结果。这种分裂机制采用了一个参数 m_{ns}，它是通过待评估变量的比值得到的。随着参数 m_{ns}的增大，混合函数的优化将变得越来越难，因为变量和适应度之间的联系将变得更加紧密，通过这个过程我们定义了混合测试函数，这些函数的信息如表 6-4 所列。

表 6-4　混合测试函数信息

函　数	F_{ns}	F'	m_{ns}	范　围	最 优 解
f_{12}	f_9	f_1	0.25	$[-100,100]^D$	0
f_{13}	f_9	f_3	0.25	$[-100,100]^D$	0
f_{14}	f_9	f_4	0.25	$[-5,5]^D$	0
f_{15}	f_{10}	f_7	0.25	$[-10,10]^D$	0
f_{16}	f_5	f_1	0.5	$[-100,100]^D$	0
f_{17}	f_3	f_4	0.5	$[-10,10]^D$	0
f_{18}	f_9	f_1	0.75	$[-100,100]^D$	0
f_{19}	f_9	f_3	0.75	$[-100,100]^D$	0
f_{20}	f_9	f_4	0.75	$[-5,5]^D$	0
f_{21}	f_{10}	f_7	0.75	$[-10,10]^D$	0

6.4 标准测试函数集 CEC'10

尽管问题的复杂程度会随着维数的增加而增加，但是解决某些高维数的问题会比另一些更加简单。例如，如果一个问题所涉及的决策变量是独立的，那么可以很容易地把这些复杂的高维数的问题分解成若干个子问题，每个子问题只包含一个决策变量，而其他的可以视为常量。通过这种方法可以有效地解决复杂问题的求解。这类可以分解为若干子问题的，称为可分解问题，定义如下。

定义 1：如果函数 $f(x)$ 可以作如下分解

$$\arg\min_{(x_1,\cdots,x_n)} f(x_1,\cdots,x_n)=(\arg\min_{x_1} f(x_1),\cdots,\arg\min_{x_n} f(x_n)) \tag{6.19}$$

即如果含有 n 个变量的函数可以分解成 n 个只含有一个变量的函数的和，则称函数为可分解函数。相反地，如果函数不能作上述分解，则称函数为不可分解函数。可作如下定义。

定义 2：如果函数 $f(x)$ 中至多有 m 个不是相互独立的参数 x_i，则称 $f(x)$ 为 m 维不可分解函数；如果 $f(x)$ 中任意两个参数 x_i 都不是相互独立的，则称 $f(x)$ 为完全不可分解函数。

可分解性为衡量测试函数求解的难易程度提供了参考，通常可分解问题都被认为是最简单的，而完全不可分解问题则是最难的。在这两种特殊情况之间还有很多种部分可分解问题。在现实生活中，实际的优化问题通常是把相互之间有联系的参数分到一个组，而组与组之间并没有联系。这个问题必须考虑到标准测试函数的设计中去，基于此可以把标准测试函数的设计分为 4 类：

(1) 可分解函数。

(2) 部分可分解函数，只有一小部分变量之间是有联系的，而其余的变量都是独立的。

(3) 部分可分解函数，它由许多相互独立的单元组成，每个单元都是一个 m 维不可分解的。

(4) 完全不可分解函数。

为了构造不同可分解性的函数，首先会把目标变量随机的分成若干组，每一组都包含若干变量，然后对于每一组变量都可以通过技术手段来决定它们之间是相互独立的还是相互关联的，最后为各组变量构造一个统一的适应度函数。基于这种目的，下面这 6 种函数将被用作构造标准函数的基本函数。

(1) Sphere 函数。

(2) 旋转 Elliptic 函数。

(3) Schwefel 问题 1.2。

(4) Rosenbrock 函数。

(5) 旋转 Rastrigin 函数。

(6) 旋转 Ackley 函数。

这些基本函数除了 Sphere 函数外都是不可分解函数，我们之所以选取这些函数作为基本函数，是因为它们是最经典的例子。其中一些函数的原始形式都是可以分解的，我们可以利用 Salomon 随机整合技术[13]来让它们变成不可分解的，进而控制它们的可分解性。同时，我们还可以利用 Sphere 函数来提供可分解的部分。

在 2009 年，Tang 等[14]又根据函数的可分解性和函数中变量的分组情况把这个关于大范围优化的测试函数集扩展到了 20 个函数，大大提高了标准测试函数的实用性。对于这一新的测试函数集的 Matlab 代码和 C 语言程序可以在 http://nical.ustc.edu.cn/cec10ss.php 得到。这一测试函数集的一些介绍如表 6-5 所列。

表 6-5 CEC'10 测试函数信息

类别	编号	函数名	维数	搜索范围	$F_i(\boldsymbol{x}^*)$
可分解函数	1	平移 Elliptic 函数	1000	[-100,100]	0
	2	平移 Rastrigin 函数	1000	[-5,5]	0
	3	平移 Ackley 函数	1000	[-32,32]	0
单组 m 维可分解函数	4	单组平移和 m 维旋转 Elliptic 函数	1000	[-100,100]	0
	5	单组平移和 m 维旋转 Rastrigin 函数	1000	[-5,5]	0
	6	单组平移和 m 维旋转 Ackley 函数	1000	[-32,32]	0
	7	单组平移 m 维 Schwefel 问题 1.2	1000	[-100,100]	0
	8	单组平移 m 维 Rosenbrock 函数	1000	[-100,100]	0
$\frac{D}{2m}$组 m 维不可分解函数	9	$\frac{D}{2m}$组平移和 m 维旋转 Elliptic 函数	1000	[-100,100]	0
	10	$\frac{D}{2m}$组平移和 m 维旋转 Rastrigin 函数	1000	[-5,5]	0
	11	$\frac{D}{2m}$组平移和 m 维旋转 Ackley 函数	1000	[-32,32]	0
	12	$\frac{D}{2m}$组平移 m 维 Schwefel 问题 1.2	1000	[-100,100]	0
	13	$\frac{D}{2m}$组平移 m 维 Rosenbrock 函数	1000	[-100,100]	0
$\frac{D}{m}$组 m 维不可分解函数	14	$\frac{D}{m}$组平移和 m 维旋转 Elliptic 函数	1000	[-100,100]	0
	15	$\frac{D}{m}$组平移和 m 维旋转 Rastrigin 函数	1000	[-5,5]	0
	16	$\frac{D}{m}$组平移和 m 维旋转 Ackley 函数	1000	[-32,32]	0
	17	$\frac{D}{m}$组平移 m 维 Schwefel 问题 1.2	1000	[-100,100]	0
	18	$\frac{D}{m}$组平移 m 维 Rosenbrock 函数	1000	[-100,100]	0
不可分解函数	19	平移 Schwefel 问题 1.2	1000	[-100,100]	0
	20	平移 Rosenbrock 函数	1000	[-100,100]	0

6.4.1 测试函数定义与特性

1. 平移 Elliptic 函数

$$F_1(\boldsymbol{x}) = F_{\text{elliptic}}(\boldsymbol{x}) = \sum_{i=1}^{D} (10^6)^{\frac{i-1}{D-1}} z_i^2 \tag{6.20}$$

维数:$D=1000$

$\boldsymbol{x}=[x_1,x_2,\cdots,x_D]$:候选解,一个 D 维行向量。

$\boldsymbol{o}=[o_1,o_2,\cdots,o_D]$:平移全局最优解。

$\boldsymbol{z}=\boldsymbol{x}-\boldsymbol{o}, \boldsymbol{z}=(z_1, z_2, \cdots, z_D)$：平移候选解，一个 D 维行向量。

特性：单峰的，可平移，可分解，可扩展，$\boldsymbol{x} \in [-100,100]^D$，全局最优解：$\boldsymbol{x}^* = \boldsymbol{o}$，$F_1(\boldsymbol{x}^*)=0$。

2. 平移 Rastrigin 函数

$$\boldsymbol{F}_2(\boldsymbol{x}) = \boldsymbol{F}_{\text{rastrigin}} = \sum_{i=1}^{D} [\boldsymbol{z}_i^2 - 10\cos(2\pi \boldsymbol{z}_i) + 10] \tag{6.21}$$

维数：$D=1000$

$\boldsymbol{x}=[x_1, x_2, \cdots, x_D]$：候选解，一个 D 维行向量。

$\boldsymbol{o}=[o_1, o_2, \cdots, o_D]$：平移全局最优解。

$\boldsymbol{z}=\boldsymbol{x}-\boldsymbol{o}, \boldsymbol{z}=(z_1, z_2, \cdots, z_D)$：平移候选解，一个 D 维行向量。

特性：多峰的，可平移，可分解，可扩展，$\boldsymbol{x} \in [-5,5]^D$，全局最优解：$\boldsymbol{x}^* = \boldsymbol{o}$，$F_2(\boldsymbol{x}^*)=0$。

3. 平移 Ackley 函数

$$F_3(x) = -20\exp\left(-0.2\sqrt{\frac{1}{D}\sum_{i=1}^{D} z_i^2}\right) - \exp\left[\frac{1}{D}\sum_{i=1}^{D}\cos(2\pi z_i)\right] + 20 + \mathrm{e} \tag{6.22}$$

维数：$D=1000$

$\boldsymbol{x}=[x_1, x_2, \cdots, x_D]$：候选解，一个 D 维行向量。

$\boldsymbol{o}=[o_1, o_2, \cdots, o_D]$：平移全局最优解。

$\boldsymbol{z}=\boldsymbol{x}-\boldsymbol{o}, \boldsymbol{z}=(z_1, z_2, \cdots, z_D)$：平移候选解，一个 D 维行向量。

特性：多峰的，可平移，可分解，可扩展，$\boldsymbol{x} \in [-32,32]^D$，全局最优解：$\boldsymbol{x}^* = \boldsymbol{o}$，$F_3(\boldsymbol{x}^*)=0$。

4. 单组平移 m 维旋转 Elliptic 函数

$$F_4(\boldsymbol{x}) = F_{\text{rot\_elliptic}}[\boldsymbol{z}(P_1 : P_m)] \cdot 10^6 + F_{\text{elliptic}}[\boldsymbol{z}(P_{m+1} : P_D)] \tag{6.23}$$

维数：$D=1000$

种群规模：$m=50$

$\boldsymbol{x}=[x_1, x_2, \cdots, x_D]$：候选解，一个 D 维行向量。

$\boldsymbol{o}=[o_1, o_2, \cdots, o_D]$：平移全局最优解。

$\boldsymbol{z}=\boldsymbol{x}-\boldsymbol{o}, \boldsymbol{z}=(z_1, z_2, \cdots, z_D)$：平移候选解，一个 D 维行向量。

P：$\{1,2,\cdots,D\}$ 的一个随机排列。

特性：单峰的，可平移，单组 m 维可分解，$\boldsymbol{x} \in [-100,100]^D$，全局最优解：$\boldsymbol{x}^* = \boldsymbol{o}$，$F_4(\boldsymbol{x}^*)=0$。

5. 单组平移 m 维旋转 Rastrigin 函数

$$F_5(\boldsymbol{x}) = F_{\text{rot\_rastrigin}}[\boldsymbol{z}(P_1 : P_m)] \cdot 10^6 + F_{\text{rastrigin}}[\boldsymbol{z}(P_{m+1} : P_D)] \tag{6.24}$$

维数：$D=1000$

种群规模：$m=50$

$\boldsymbol{x}=[x_1, x_2, \cdots, x_D]$：候选解，一个 D 维行向量。

$\boldsymbol{o}=[o_1, o_2, \cdots, o_D]$：平移全局最优解。

$\boldsymbol{z}=\boldsymbol{x}-\boldsymbol{o}, \boldsymbol{z}=(z_1, z_2, \cdots, z_D)$：平移候选解，一个 D 维行向量。

P：$\{1,2,\cdots,D\}$ 的一个随机排列。

特性：多峰的，可平移，单组 m 维可分解，$\boldsymbol{x} \in [-5,5]^{\mathrm{D}}$，全局最优解：$\boldsymbol{x}^* = \boldsymbol{o}$，$F_5(\boldsymbol{x}^*)=0$。

6. 单组平移 m 维旋转 Ackley 函数

$$F_6(\boldsymbol{x})=F_{\text{rot\_ackley}}[\boldsymbol{z}(P_1:P_m)]\cdot 10^6+F_{\text{ackley}}[\boldsymbol{z}(P_{m+1}:P_D)] \tag{6.25}$$

维数:$D=1000$

种群规模:$m=50$

$\boldsymbol{x}=[x_1,x_2,\cdots,x_D]$:候选解,一个 D 维行向量。

$\boldsymbol{o}=[o_1,o_2,\cdots,o_D]$:平移全局最优解。

$\boldsymbol{z}=\boldsymbol{x}-\boldsymbol{o},\boldsymbol{z}=(z_1,z_2,\cdots,z_D)$:平移候选解,一个 D 维行向量。

P:$\{1,2,\cdots,D\}$的一个随机排列。

特性:多峰的,可平移,单组 m 维可分解,$\boldsymbol{x}\in[-32,32]^D$,全局最优解:$\boldsymbol{x}^*=\boldsymbol{o},F_6(\boldsymbol{x}^*)=0$。

7. 单组平移 m 维 Schwefel 问题 1.2

$$F_7(\boldsymbol{x})=F_{\text{schwefel}}[\boldsymbol{z}(P_1:P_m)]\cdot 10^6+F_{\text{sphere}}[\boldsymbol{z}(P_{m+1}:P_D)] \tag{6.26}$$

维数:$D=1000$

种群规模:$m=50$

$\boldsymbol{x}=[x_1,x_2,\cdots,x_D]$:候选解,一个 D 维行向量。

$\boldsymbol{o}=[o_1,o_2,\cdots,o_D]$:平移全局最优解。

$\boldsymbol{z}=\boldsymbol{x}-\boldsymbol{o},\boldsymbol{z}=(z_1,z_2,\cdots,z_D)$:平移候选解,一个 D 维行向量。

P:$\{1,2,\cdots,D\}$的一个随机排列。

特性:单峰的,可平移,单组 m 维可分解,$\boldsymbol{x}\in[-100,100]^D$,全局最优解:$\boldsymbol{x}^*=\boldsymbol{o}$,$F_7(\boldsymbol{x}^*)=0$。

8. 单组平移 m 维 Rosenbrock 函数

$$F_8(\boldsymbol{x})=F_{\text{rosenbrock}}[\boldsymbol{z}(P_1:P_m)]\cdot 10^6+F_{\text{sphere}}[\boldsymbol{z}(P_{m+1}:P_D)] \tag{6.27}$$

维数:$D=1000$

种群规模:$m=50$

$\boldsymbol{x}=[x_1,x_2,\cdots,x_D]$:候选解,一个 D 维行向量。

$\boldsymbol{o}=[o_1,o_2,\cdots,o_D]$:平移全局最优解。

$\boldsymbol{z}=\boldsymbol{x}-\boldsymbol{o},\boldsymbol{z}=(z_1,z_2,\cdots,z_D)$:平移候选解,一个 D 维行向量。

P:$\{1,2,\cdots,D\}$的一个随机排列。

特性:多峰的,可平移,单组 m 维可分解,$\boldsymbol{x}\in[-100,100]^D$,全局最优解:$\boldsymbol{x}^*(P_1:P_m)=\boldsymbol{o}(P_1:P_m)+1,\boldsymbol{x}^*(P_{m+1}:P_D)=\boldsymbol{o}(P_{m+1}:P_D),F_8(\boldsymbol{x}^*)=0$。

9. $\dfrac{D}{2m}$组平移 m 维旋转 Elliptic 函数

$$F_9(\boldsymbol{x})=\sum_{k=1}^{\frac{D}{2m}}F_{\text{rot\_elliptic}}[\boldsymbol{z}(P_{(k-1)\cdot m+1}:P_{k\cdot m})]+F_{\text{elliptic}}[\boldsymbol{z}(P_{\frac{D}{2}+1}:P_D)] \tag{6.28}$$

维数:$D=1000$

种群规模:$m=50$

$\boldsymbol{x}=[x_1,x_2,\cdots,x_D]$:候选解,一个 D 维行向量。

$\boldsymbol{o}=[o_1,o_2,\cdots,o_D]$:平移全局最优解。

$\boldsymbol{z}=\boldsymbol{x}-\boldsymbol{o},\boldsymbol{z}=(z_1,z_2,\cdots,z_D)$:平移候选解,一个 D 维行向量。

P:$\{1,2,\cdots,D\}$的一个随机排列。

特性:多峰的,可平移,$\frac{D}{2m}$组 m 维可分解,$\boldsymbol{x}\in[-100,100]^D$,全局最优解:$\boldsymbol{x}^*=\boldsymbol{o}$,$F_9(\boldsymbol{x}^*)=0$。

10. $\frac{D}{2m}$组平移 m 维旋转 Rastrigin 函数

$$F_{10}(\boldsymbol{x})=\sum_{k=1}^{\frac{D}{2m}}F_{\text{rot\_rastrigin}}[\boldsymbol{z}(P_{(k-1)\cdot m+1}:P_{k\cdot m})]+F_{\text{rastrigin}}[\boldsymbol{z}(P_{\frac{D}{2}+1}:P_D)] \tag{6.29}$$

维数:$D=1000$

种群规模:$m=50$

$\boldsymbol{x}=[x_1,x_2,\cdots,x_D]$:候选解,一个 D 维行向量。

$\boldsymbol{o}=[o_1,o_2,\cdots,o_D]$:平移全局最优解。

$\boldsymbol{z}=\boldsymbol{x}-\boldsymbol{o}$,$\boldsymbol{z}=(z_1,z_2,\cdots,z_D)$:平移候选解,一个 D 维行向量。

P:$\{1,2,\cdots,D\}$的一个随机排列。

特性:多峰的,可平移,$\frac{D}{2m}$组 m 维可分解,$\boldsymbol{x}\in[-5,5]^D$,全局最优解:$\boldsymbol{x}^*=\boldsymbol{o}$,$F_{10}(\boldsymbol{x}^*)=0$。

11. $\frac{D}{2m}$组平移 m 维旋转 Ackley 函数

$$F_{11}(\boldsymbol{x})=\sum_{k=1}^{\frac{D}{2m}}F_{\text{rot\_ackley}}[\boldsymbol{z}(P_{(k-1)\cdot m+1}:P_{k\cdot m})]+F_{\text{ackley}}[\boldsymbol{z}(P_{\frac{D}{2}+1}:P_D)] \tag{6.30}$$

维数:$D=1000$

种群规模:$m=50$

$\boldsymbol{x}=[x_1,x_2,\cdots,x_D]$:候选解,一个 D 维行向量。

$\boldsymbol{o}=[o_1,o_2,\cdots,o_D]$:平移全局最优解。

$\boldsymbol{z}=\boldsymbol{x}-\boldsymbol{o}$,$\boldsymbol{z}=(z_1,z_2,\cdots,z_D)$:平移候选解,一个 D 维行向量。

P:$\{1,2,\cdots,D\}$的一个随机排列。

特性:多峰的,可平移,$\frac{D}{2m}$组 m 维可分解,$\boldsymbol{x}\in[-32,32]^D$,全局最优解:$\boldsymbol{x}^*=\boldsymbol{o}$,$F_{11}(\boldsymbol{x}^*)=0$。

12. $\frac{D}{2m}$组平移 m 维 Schwefel 问题 1.2 函数

$$F_{12}(\boldsymbol{x})=\sum_{k=1}^{\frac{D}{2m}}F_{\text{rot\_schwefel}}[\boldsymbol{z}(P_{(k-1)\cdot m+1}:P_{k\cdot m})]+F_{\text{schwefel}}[\boldsymbol{z}(P_{\frac{D}{2}+1}:P_D)] \tag{6.31}$$

维数:$D=1000$

种群规模:$m=50$

$\boldsymbol{x}=[x_1,x_2,\cdots,x_D]$:候选解,一个 D 维行向量。

$\boldsymbol{o}=[o_1,o_2,\cdots,o_D]$:平移全局最优解。

$\boldsymbol{z}=\boldsymbol{x}-\boldsymbol{o}$,$\boldsymbol{z}=(z_1,z_2,\cdots,z_D)$:平移候选解,一个 D 维行向量。

P:{1,2,…,D}的一个随机排列。

特性:单峰的,可平移,$\frac{D}{2m}$组 m 维可分解,$\boldsymbol{x}\in[-100,100]^D$,全局最优解:$\boldsymbol{x}^*=\boldsymbol{o}$,$F_{12}(\boldsymbol{x}^*)=0$。

13. $\frac{D}{2m}$组平移 m 维 Rosenbrock 函数

$$F_{13}(x)=\sum_{k=1}^{\frac{D}{2m}}F_{\text{rosenbrock}}[\boldsymbol{z}(P_{(k-1)\cdot m+1}:P_{k\cdot m})]+F_{\text{sphere}}[\boldsymbol{z}(P_{\frac{D}{2}+1}:P_D)] \tag{6.32}$$

维数:$D=1000$

种群规模:$m=50$

$\boldsymbol{x}=[x_1,x_2,\cdots,x_D]$:候选解,一个 D 维行向量。

$\boldsymbol{o}=[o_1,o_2,\cdots,o_D]$:平移全局最优解。

$\boldsymbol{z}=\boldsymbol{x}-\boldsymbol{o}$,$\boldsymbol{z}=(z_1,z_2,\cdots,z_D)$:平移候选解,一个 D 维行向量。

P:{1,2,…,D}的一个随机排列。

特性:多峰的,可平移,$\frac{D}{2m}$组 m 维可分解,$\boldsymbol{x}\in[-100,100]^D$,全局最优解:

$\boldsymbol{x}^*(P_1:P_{D/2})=\boldsymbol{o}(P_1:P_{D/2})+1$,$\boldsymbol{x}^*(P_{D/2+1}:P_D)=\boldsymbol{o}(P_{D/2+1}:P_D)$,$F_{13}(\boldsymbol{x}^*)=0$。

14. $\frac{D}{m}$组平移 m 维旋转 Elliptic 函数

$$F_{14}(\boldsymbol{x})=\sum_{k=1}^{\frac{D}{m}}F_{\text{rot\_elliptic}}[\boldsymbol{z}(P_{(k-1)\cdot m+1}:P_{k\cdot m})] \tag{6.33}$$

维数:$D=1000$

种群规模:$m=50$

$\boldsymbol{x}=[x_1,x_2,\cdots,x_D]$:候选解,一个 D 维行向量。

$\boldsymbol{o}=[o_1,o_2,\cdots,o_D]$:平移全局最优解。

$\boldsymbol{z}=\boldsymbol{x}-\boldsymbol{o}$,$\boldsymbol{z}=(z_1,z_2,\cdots,z_D)$:平移候选解,一个 D 维行向量。

P:{1,2,…,D}的一个随机排列。

特性:单峰的,可平移,$\frac{D}{m}$组 m 维可旋转,$\frac{D}{m}$组 m 维不可分解,$\boldsymbol{x}\in[-100,100]^D$,全局最优解:$\boldsymbol{x}^*=\boldsymbol{o}$,$F_{14}(\boldsymbol{x}^*)=0$。

15. $\frac{D}{m}$组平移 m 维旋转 Rastrigin 函数

$$F_{15}(\boldsymbol{x})=\sum_{k=1}^{\frac{D}{m}}F_{\text{rot\_rastrigin}}[\boldsymbol{z}(P_{(k-1)\cdot m+1}:P_{k\cdot m})] \tag{6.34}$$

维数:$D=1000$

种群规模:$m=50$

$\boldsymbol{x}=[x_1,x_2,\cdots,x_D]$:候选解,一个 D 维行向量。

$\boldsymbol{o}=[o_1,o_2,\cdots,o_D]$:平移全局最优解。

$\boldsymbol{z}=\boldsymbol{x}-\boldsymbol{o},\boldsymbol{z}=(z_1,z_2,\cdots,z_D)$：平移候选解，一个 D 维行向量。

P：$\{1,2,\cdots,D\}$ 的一个随机排列。

特性：单峰的，可平移，$\frac{D}{m}$组 m 维可旋转，$\frac{D}{m}$组 m 维不可分解，$\boldsymbol{x}\in[-5,5]^D$，全局最优解：$\boldsymbol{x}^*=\boldsymbol{o},F_{15}(\boldsymbol{x}^*)=0$。

16. $\frac{D}{m}$组平移 m 维旋转 Ackley 函数

$$F_{16}(\boldsymbol{x})=\sum_{k=1}^{\frac{D}{m}}F_{\text{rot\_ackley}}[\boldsymbol{z}(P_{(k-1)\cdot m+1}:P_{k\cdot m})] \tag{6.35}$$

维数：$D=1000$

种群规模：$m=50$

$\boldsymbol{x}=[x_1,x_2,\cdots,x_D]$：候选解，一个 D 维行向量。

$\boldsymbol{o}=[o_1,o_2,\cdots,o_D]$：平移全局最优解。

$\boldsymbol{z}=\boldsymbol{x}-\boldsymbol{o},\boldsymbol{z}=(z_1,z_2,\cdots,z_D)$：平移候选解，一个 D 维行向量。

P：$\{1,2,\cdots,D\}$ 的一个随机排列。

特性：多峰的，可平移，$\frac{D}{m}$组 m 维可旋转，$\frac{D}{m}$组 m 维不可分解，$\boldsymbol{x}\in[-32,32]^D$，全局最优解：$\boldsymbol{x}^*=\boldsymbol{o},F_{16}(\boldsymbol{x}^*)=0$。

17. $\frac{D}{m}$组平移 m 维旋转 Schwefel 问题 1.2

$$F_{17}(\boldsymbol{x})=\sum_{k=1}^{\frac{D}{m}}F_{\text{rot\_schwefel}}[\boldsymbol{z}(P_{(k-1)\cdot m+1}:P_{k\cdot m})] \tag{6.36}$$

维数：$D=1000$

种群规模：$m=50$

$\boldsymbol{x}=[x_1,x_2,\cdots,x_D]$：候选解，一个 D 维行向量。

$\boldsymbol{o}=[o_1,o_2,\cdots,o_D]$：平移全局最优解。

$\boldsymbol{z}=\boldsymbol{x}-\boldsymbol{o},\boldsymbol{z}=(z_1,z_2,\cdots,z_D)$：平移候选解，一个 D 维行向量。

P：$\{1,2,\cdots,D\}$ 的一个随机排列。

特性：单峰的，可平移，$\frac{D}{m}$组 m 维可旋转，$\frac{D}{m}$组 m 维不可分解，$\boldsymbol{x}\in[-100,100]^D$，全局最优解：$\boldsymbol{x}^*=\boldsymbol{o},F_{17}(\boldsymbol{x}^*)=0$。

18. $\frac{D}{m}$组平移 m 维 Rosenbrock 函数

$$F_{18}(\boldsymbol{x})=\sum_{k=1}^{\frac{D}{m}}F_{\text{rot\_schwefel}}[\boldsymbol{z}(P_{(k-1)\cdot m+1}:P_{k\cdot m})] \tag{6.37}$$

维数：$D=1000$

种群规模：$m=50$

$\boldsymbol{x}=[x_1,x_2,\cdots,x_D]$：候选解，一个 D 维行向量。

$\boldsymbol{o}=[o_1,o_2,\cdots,o_D]$:平移全局最优解。

$\boldsymbol{z}=\boldsymbol{x}-\boldsymbol{o},\boldsymbol{z}=(z_1,z_2,\cdots,z_D)$:平移候选解,一个 D 维行向量。

P:$\{1,2,\cdots,D\}$的一个随机排列。

特性:多峰的,可平移,$\frac{D}{m}$组 m 维不可分解,$\boldsymbol{x}\in[-100,100]^D$,全局最优解 $\boldsymbol{x}^*=\boldsymbol{o}+1$,$F_{18}(\boldsymbol{x}^*)=0$。

19. 平移 Schwefe 问题 1.2

$$F_{19}(\boldsymbol{x})=F_{\text{schwefel}}(\boldsymbol{z})=\sum_{i=1}^{n}\left(\sum_{j=1}^{i}x_i\right)^2 \tag{6.38}$$

维数:$D=1000$

种群规模:$m=50$

$\boldsymbol{x}=[x_1,x_2,\cdots,x_D]$:候选解,一个 D 维行向量。

$\boldsymbol{o}=[o_1,o_2,\cdots,o_D]$:平移全局最优解。

$\boldsymbol{z}=\boldsymbol{x}-\boldsymbol{o},\boldsymbol{z}=(z_1,z_2,\cdots,z_D)$:平移候选解,一个 D 维行向量。

P:$\{1,2,\cdots,D\}$的一个随机排列。

特性:单峰的,可平移,完全不可分解,$\boldsymbol{x}\in[-100,100]^D$,全局最优解 $\boldsymbol{x}^*=\boldsymbol{o}$,$F_{19}(\boldsymbol{x}^*)=0$。

20. 平移 Rosenbrock 函数

$$F_{20}(x)=F_{\text{ronsenbrock}}(z)=\sum_{i=1}^{D-1}[100\,(z_i^2-z_{i+1})^2+(z_i-1)^2] \tag{6.39}$$

维数:$D=1000$

种群规模:$m=50$

$\boldsymbol{x}=[x_1,x_2,\cdots,x_D]$:候选解,一个 D 维行向量。

$\boldsymbol{o}=[o_1,o_2,\cdots,o_D]$:平移全局最优解。

$\boldsymbol{z}=\boldsymbol{x}-\boldsymbol{o},\boldsymbol{z}=(z_1,z_2,\cdots,z_D)$:平移候选解,一个 D 维行向量。

P:$\{1,2,\cdots,D\}$的一个随机排列。

特性:多峰的,可平移,完全不可分解,$\boldsymbol{x}\in[-100,100]^D$,全局最优解 $\boldsymbol{x}^*=\boldsymbol{o}+1$,$F_{20}(\boldsymbol{x}^*)=0$。

6.4.2 实验注意事项

标准测试函数集 CEC'10 的评估标准如下。

问题:20 个最小化问题。

维数:$D=1000$。

运行次数:25 次。

MAX_FES:3.0×10^6。

初始化:在搜索空间内均匀地随机初始化。

全局最优解:所有问题在给定搜索区间内都有全局最优解,无须再在搜索区间外部进行搜索。所有优化函数的最优值都是 0。

终止条件:当达到 MAX_FES 时程序终止。

6.5 标准测试函数集 CEC'13

随着近几年大规模优化领域的不断发展,需要对现有的标准测试函数集进行修订和扩展。在 2013 年 Li 等[15]就对标准测试函数集 CEC'10 进行了扩展,提出了一个较为完备的测试函数集 CEC'13,这一测试函数集能够更好地反映出现实中大规模优化问题的特点。

6.5.1 标准测试函数集 CEC'13 与 CEC'10 的不同

测试函数集 CEC'13 相对于 CEC'10 主要增加了以下 4 个方面的特性。

1. 不均匀的子组件大小

在标准测试函数集 CEC'10 中不可分解的子组件大小都是相等的,因此这个测试函数集只适用于拥有均匀的子组件大小的函数,而对于很多实际的大规模优化问题都不适用。毫无疑问在实际的大规模优化问题中子组件的大小基本上都不是相等的,为了满足这一特性,在标准测试函数集 CEC'13 中测试函数拥有了不同的子组件大小。

2. 子组件贡献的不平衡

在许多实际问题中,目标函数的子组件拥有不同的特性,因而它们对全局目标解的作用也不一样。最近的研究表明,利用子组件对全局适应度的作用可以有效地降低计算成本[16]。在标准测试函数集 CEC'10 中,大部分测试函数是利用相同的基本函数来表示不同的子组件,这就导致子组件对全局适应度的作用是一样的。因而,这种结构不能反映实际问题中子组件贡献不平衡这一现象。

通过引入不均匀大小的子组件,那么子组件的作用将会因为它们本身大小的不同而变得不同。同时,子组件贡献的大小还可以通过子组件函数乘以一个系数来进行放大或抑制。

3. 测试函数具有重叠子组件

在标准测试函数集 CEC'10 中,子组件是决策变量的不相交子集,也就是说子组件之间不相互共享决策变量。如果子组件之间没有重叠,就可以理论上把大规模优化问题看成一种理想的决策变量分组。然而,当子组件之间有一定程度的重叠时,决策变量的最优分组就变得不唯一,所以在标准测试函数集 CEC'13 中引进了一类具有重叠子组件的函数,这也是对分解算法检测重叠性和如何设计合适的策略来优化相互依存的子组件的挑战。

4. 基本函数的转变

在标准测试函数集 CEC'10 中一些基本函数非常整齐和对称。为了与实际优化问题更加吻合,CEC'13 使用一些非线性转换方法来打破基本函数的对称性,同时引进了一些不规则的适应度地形[17]。这些非线性转换方法并不改变函数的可分解性和模态属性。常用的非线性转换方法包括病态变换方法、对称破坏方法和不规则性方法。

6.5.2 基准问题介绍

这一测试函数集主要含有 4 类大规模优化问题。

1. 完全可分解函数

由完全可分解的子组件组成的可分解函数。

2. 两类部分可分解函数

(1) 拥有一部分不可分解子组件和一个完全可分解子组件的部分可分解函数。

(2) 只拥有一部分不可分解子组件,没有完全可分解子组件的部分可分解函数。

3. 两类重叠函数

(1) 拥有一致子组件的重叠函数:这种类型的函数的两个子组件之间相互共享决策变量,两个决策子组件函数拥有相同的最优值。换句话说就是一个子组件函数会根据共享的决策变量来改变另一子组件函数的最优值。

(2) 拥有不一致子组件的重叠函数:这种类型的函数的两个子组件之间相互共享决策变量,但是两个决策子组件函数拥有不同的最优值。

4. 完全不可分解函数

被用来组成可分解和不可分解子组件的基础函数是 Sphere 函数、Elliptic 函数、Rastrigin 函数、Ackley 函数、Schwefel 函数和 Rosenbrock 函数。这些函数都是许多连续优化问题标准测试函数集中的经典函数[18],基于这 6 类基本函数,在这个测试函数集中提出了 15 类函数。

(1) 完全可分解函数。

f_1:Elliptic 函数

f_2:Rastrigin 函数

f_3:Ackley 函数

(2) 部分可分解函数。

拥有可分解子组件的函数:

f_4:Elliptic 函数

f_5:Rastrigin 函数

f_6:Ackley 函数

f_7:Schwefels 问题 1.2

拥有不可分解子组件的函数:

f_8:Elliptic 函数

f_9:Rastrigin 函数

f_{10}:Ackley 函数

f_{11}:Schwefels 问题 1.2

(3) 重叠函数。

f_{12}:Rosenbrock 函数

f_{13}:拥有一致重叠子组件的 Schwefels 函数

f_{14}:拥有不一致重叠子组件的 Schwefels 函数

(4) 不可分解函数。

f_{15}:Schwefels 问题 1.2

6.5.3 标准测试函数

下面是对这些标准测试函数的一些介绍,其中用到了一些特殊符号,这些特殊符号的定义如下。

S:一个多重集,包含函数子组件的大小。例如,$S=\{50,25,50,100\}$ 表示有 4 个子组件,它们各自含有 50,25,50,100 个决策变量。

$|S|$:S 中元素的个数,即函数中子组件的个数。

$C_i = \sum_{j=1}^{i} S_i$:S 中前 i 个项目的和,为了方便定义 $C_0=0$,C_i 被用来构成子组件函数正确大小小的决策向量。

D:目标函数的维度。

P:维度指数的一个随机排列。

w_i:一个随机产生的权重,它通过公式 $w_i=10^{3N(0,1)}$ 产生,其中 $N(0,1)$ 均值为 1 的单位方差的高斯分布。

$\boldsymbol{X}^{\text{opt}}$:目标函数值最小的最优决策向量,它还用作转移向量来改变局部最优解。

T_{osz}:一个创建局部平滑不规则的转换函数。

$$T_{\text{osz}}:\mathbb{R}^D\mapsto\mathbb{R}^D,x_i\mapsto \text{sign}(x_i)\exp\{\hat{x}_i+0.049[\sin(c_1\hat{x}_i)+\sin(c_2\hat{x}_i)]\},i=1,2,\cdots,D$$

其中 $\hat{x}_i=\begin{cases}\log(|x_i|), & x_i\neq 0\\ 0, & \text{其他}\end{cases}$,$\text{sgin}(x)=\begin{cases}-1, & x<0\\ 0, & x=0\\ 1, & x>0\end{cases}$,$c_1=\begin{cases}10, & x_i>0\\ 5.5, & \text{其他}\end{cases}$ $c_2=\begin{cases}7.9, & x_i>0\\ 3.1, & \text{其他}\end{cases}$

T_{asy}^{β}:一个用来打破函数对称性的函数。

$$T_{\text{asy}}^{\beta}:\mathbb{R}^D\mapsto\mathbb{R}^D,x_i\mapsto\begin{cases}x_i^{1+\beta\frac{i-1}{D-1}\sqrt{x_i}b}, & x_i>0\\ x_i, & \text{其他}\end{cases}\quad i=1,2,\cdots,D$$

$\boldsymbol{\Lambda}^{\alpha}$:一个 D 维对角矩阵,对角元素为 $\lambda_{ii}=\alpha^{\frac{i-1}{2(D-1)}}$,这个矩阵被用来创建病态,参数 α 是条件数。

$\boldsymbol{R}$:一个正交旋转矩阵,被用来随机旋转适应度空间。

m:子组件之间的重叠大小。

下面是对这些测试函数及其性质的介绍。

1. 完全可分解函数

f_1:转移 Elliptic 函数

$$f_1(z) = \sum_{i=1}^{D} 10^{6\frac{i-1}{D-1}}z_i^2 \tag{6.40}$$

$\boldsymbol{z}=T_{\text{osz}}(\boldsymbol{x}-\boldsymbol{x}^{\text{opt}})$

$\boldsymbol{x}\in[-100,100]^D$

全局最优解:$f_1(\boldsymbol{x}^{\text{opt}})=0$

特性:单峰,可分解,可转移,平滑局部不规则,病态(条件数$\approx 10^6$)。

f_2:转移 Rastrigin 函数

$$f_2(z) = \sum_{i=1}^{D}[z_i^2 - 10\cos(2\pi z_i) + 10] \tag{6.41}$$

$\boldsymbol{z}=\boldsymbol{\Lambda}^{10}T_{\text{asy}}^{0.2}(T_{\text{osz}}(\boldsymbol{x}-\boldsymbol{x}^{\text{opt}}))$

$\boldsymbol{x}\in[-5,5]^D$

全局最优解：$f_2(\boldsymbol{x}^{\text{opt}})=0$

特性：多峰，可分解，可转移，平滑局部不规则，病态（条件数≈10）。

f_3：转移 Rastrigin 函数

$$f_3(\boldsymbol{z})=-20\exp\left(-0.2\sqrt{\frac{1}{D}\sum_{i=1}^{D}z_i^2}\right)-\exp\left(\frac{1}{D}\sum_{i=1}^{D}\cos(2\pi z_i)\right)+20+\mathrm{e} \tag{6.42}$$

$\boldsymbol{z}=\boldsymbol{\Lambda}^{10}T_{\text{asy}}^{0.2}(T_{\text{osz}}(\boldsymbol{x}-\boldsymbol{x}^{\text{opt}}))$

$\boldsymbol{x}\in[-5,5]^D$

全局最优解：$f_3(\boldsymbol{x}^{\text{opt}})=0$

特性：多峰，可分解，可转移，平滑局部不规则，病态（条件数≈10）。

2. 部分可分解函数

f_4：7 个不可分解部分，1 个可分解部分组成转移旋转 Elliptic 函数

$$f_4(\boldsymbol{z})=\sum_{i=1}^{|S|-1}w_i f_{\text{elliptic}}(\boldsymbol{R}_i\boldsymbol{z}_i)+f_{\text{elliptic}}(\boldsymbol{z}_{|S|}) \tag{6.43}$$

$S=\{50,25,25,100,50,25,25,700\}$

$D=\sum_{i=1}^{|S|}S_i=1000$

$\boldsymbol{z}=T_{\text{osz}}(\boldsymbol{x}-\boldsymbol{x}^{\text{opt}})$

$\boldsymbol{z}_i=\boldsymbol{z}(P_{[c_{i-1}+1]}:P_{[c_i]})$

$\boldsymbol{R}_i$：一个 $|S_i|\times|S_i|$ 的旋转矩阵

$\boldsymbol{x}\in[-100,100]^D$

全局最优解：$f_4(\boldsymbol{x}^{\text{opt}})=0$

特性：单峰，部分可分解，可转移，平滑局部不规则，病态（条件数≈10^6）。

f_5：7 个不可分解部分，1 个可分解部分组成转移旋转 Rastrigin 函数

$$f_5(\boldsymbol{z})=\sum_{i=1}^{|S|-1}w_i f_{\text{rastrigin}}(\boldsymbol{R}_i\boldsymbol{z}_i)+f_{\text{rastrigin}}(\boldsymbol{z}_{|S|}) \tag{6.44}$$

$S=\{50,25,25,100,50,25,25,700\}$

$D=\sum_{i=1}^{|S|}S_i=1000$

$\boldsymbol{z}=\boldsymbol{\Lambda}^{10}T_{\text{asy}}^{0.2}(T_{\text{osz}}(\boldsymbol{x}-\boldsymbol{x}^{\text{opt}}))$

$\boldsymbol{z}_i=\boldsymbol{z}(P_{[c_{i-1}+1]}:P_{[c_i]})$

$\boldsymbol{R}_i$：一个 $|S_i|\times|S_i|$ 的旋转矩阵

$\boldsymbol{x}\in[-5,5]^D$

全局最优解：$f_5(\boldsymbol{x}^{\text{opt}})=0$

特性：多峰，部分可分解，可转移，平滑局部不规则，病态（条件数≈10）。

f_6：7 个不可分解部分，1 个可分解部分组成转移旋转 Ackley 函数

$$f_6(\boldsymbol{z})=\sum_{i=1}^{|S|-1}w_i f_{\text{ackley}}(\boldsymbol{R}_i\boldsymbol{z}_i)+f_{\text{ackley}}(\boldsymbol{z}_{|S|}) \tag{6.45}$$

$S=\{50,25,25,100,50,25,25,700\}$

$D = \sum_{i=1}^{|S|} S_i = 1000$

$z = \boldsymbol{\Lambda}^{10} T_{\text{asy}}^{0.2}(T_{\text{osz}}(\boldsymbol{x} - \boldsymbol{x}^{\text{opt}}))$

$z_i = z(P_{[c_{i-1}+1]} : P_{[c_i]})$

$\boldsymbol{R}_i$:一个 $|S_i| \times |S_i|$ 的旋转矩阵

$\boldsymbol{x} \in [-32,32]^D$

全局最优解:$f_6(\boldsymbol{x}^{\text{opt}}) = 0$

特性:多峰,部分可分解,可转移,平滑局部不规则,病态(条件数≈10)。

f_7:7 个不可分解部分,1 个可分解部分组成转移旋转 Schwefel 函数

$$f_6(z) = \sum_{i=1}^{|S|-1} w_i f_{\text{schwefel}}(\boldsymbol{R}_i z_i) + f_{\text{schwefel}}(z_{|S|}) \tag{6.46}$$

$S = \{50,25,25,100,50,25,25,700\}$

$D = \sum_{i=1}^{|S|} S_i = 1000$

$z = \boldsymbol{\Lambda}^{10} T_{\text{asy}}^{0.2}(T_{\text{osz}}(\boldsymbol{x} - \boldsymbol{x}^{\text{opt}}))$

$z_i = z(P_{[c_{i-1}+1]} : P_{[c_i]})$

$\boldsymbol{R}_i$:一个 $|S_i| \times |S_i|$ 的旋转矩阵

$\boldsymbol{x} \in [-100,100]^D$

全局最优解:$f_7(\boldsymbol{x}^{\text{opt}}) = 0$

特性:多峰,部分可分解,可转移,平滑局部不规则。

f_8:20 个不可分解部分组成转移旋转 Elliptic 函数

$$f_8(z) = \sum_{i=1}^{|S|} w_i f_{\text{elliptic}}(\boldsymbol{R}_i z_i) \tag{6.47}$$

$S = \{50,50,25,25,100,100,25,25,50,25,100,25,100,50,25,25,25,100,50,25\}$

$D = \sum_{i=1}^{|S|} S_i = 1000$

$z = T_{\text{osz}}(\boldsymbol{x} - \boldsymbol{x}^{\text{opt}})$

$z_i = z(P_{[c_{i-1}+1]} : P_{[c_i]})$

$\boldsymbol{R}_i$:一个 $|S_i| \times |S_i|$ 的旋转矩阵

$\boldsymbol{x} \in [-100,100]^D$

全局最优解:$f_8(\boldsymbol{x}^{\text{opt}}) = 0$

特性:单峰,部分可分解,可转移,平滑局部不规则,病态(条件数≈10)。

f_9:20 个不可分解部分组成转移旋转 Rastrigin 函数

$$f_9(z) = \sum_{i=1}^{|S|} w_i f_{\text{rastrigin}}(\boldsymbol{R}_i z_i) \tag{6.48}$$

$S = \{50,50,25,25,100,100,25,25,50,25,100,25,100,50,25,25,25,100,50,25\}$

$D = \sum_{i=1}^{|S|} S_i = 1000$

$z = \boldsymbol{\Lambda}^{10} T_{\text{asy}}^{0.2}[T_{\text{osz}}(\boldsymbol{x} - \boldsymbol{x}^{\text{opt}})]$

$z_i = z(P_{[c_{i-1}+1]} : P_{[c_i]})$

$\boldsymbol{R}_i$：一个 $|S_i| \times |S_i|$ 的旋转矩阵

$\boldsymbol{x} \in [-5,5]^D$

全局最优解：$f_9(\boldsymbol{x}^{\text{opt}}) = 0$

特性：多峰，部分可分解，可转移，平滑局部不规则，病态（条件数≈10）。

f_{10}：20个不可分解部分组成转移旋转 Rastrigin 函数

$$f_{10}(z) = \sum_{i=1}^{|S|} w_i f_{\text{rastrigin}}(\boldsymbol{R}_i z_i) \tag{6.49}$$

$S = \{50,50,25,25,100,100,25,25,50,25,100,25,100,50,25,25,25,100,50,25\}$

$D = \sum_{i=1}^{|S|} S_i = 1000$

$z = \boldsymbol{\Lambda}^{10} T_{\text{asy}}^{0.2}(T_{\text{osz}}(\boldsymbol{x} - \boldsymbol{x}^{\text{opt}}))$

$z_i = z(P_{[c_{i-1}+1]} : P_{[c_i]})$

$\boldsymbol{R}_i$：一个 $|S_i| \times |S_i|$ 的旋转矩阵

$\boldsymbol{x} \in [-100,100]^D$

全局最优解：$f_{11}(\boldsymbol{x}^{\text{opt}}) = 0$

特性：单峰，部分可分解，可转移，平滑局部不规则，病态（条件数≈10）。

f_{11}：20个不可分解部分组成转移旋转 Schwefel 函数

$$f_{11}(z) = \sum_{i=1}^{|S|} w_i f_{\text{schwefel}}(z_i) \tag{6.50}$$

$S = \{50,50,25,25,100,100,25,25,50,25,100,25,100,50,25,25,25,100,50,25\}$

$D = \sum_{i=1}^{|S|} S_i = 1000$

$z = T_{\text{asy}}^{0.2}(T_{\text{osz}}(\boldsymbol{x} - \boldsymbol{x}^{\text{opt}}))$

$z_i = z(P_{[c_{i-1}+1]} : P_{[c_i]})$

$\boldsymbol{R}_i$：一个 $|S_i| \times |S_i|$ 的旋转矩阵

$\boldsymbol{x} \in [-100,100]^D$

全局最优解：$f_{11}(\boldsymbol{x}^{\text{opt}}) = 0$

特性：单峰，部分可分解，可转移，平滑局部不规则。

3. 重叠函数

f_{12}：转移 Rosenbrock 函数

$$f_{12}(z) = \sum_{i=1}^{D-1} [100(z_i^2 - z_{i+1})^2 + (z_i - 1)^2] \tag{6.51}$$

$D = 1000$

$\boldsymbol{x} \in [-100,100]^D$

全局最优解：$f_{12}(\boldsymbol{x}^{\text{opt}} + 1) = 0$

特性：多峰，可分解，可转移，平滑局部不规则。

f_{13}：具有一致重叠子组件的转移 Schwefel 函数

$$f_{13}(z) = \sum_{i=1}^{|S|} w_i f_{\text{schwefel}}(z_i) \tag{6.52}$$

$S=\{50,50,25,25,100,100,25,25,50,25,100,25,100,50,25,25,25,100,50,25\}$

$C_i=\sum_{j=1}^{i} S_i, C_0=0$

$D=\sum_{i=1}^{|S|} S_i - m(|S|-1)=905$

$\boldsymbol{z}=T_{\text{asy}}^{0.2}(T_{\text{osz}}(\boldsymbol{x}-\boldsymbol{x}^{\text{opt}}))$

$\boldsymbol{z}_i=\boldsymbol{z}(P_{[c_{i-1}-(i-1)m+1]}:P_{[c_i-(i-1)m]})$

$m=5$：重叠大小

$\boldsymbol{R}_i$：一个$|S_i|\times|S_i|$的旋转矩阵

$\boldsymbol{x}\in[-100,100]^D$

全局最优解：$f_{13}(\boldsymbol{x}^{\text{opt}})=0$

特性：单峰，不可分解，重叠，可转移，平滑局部不规则。

f_{14}：具有不一致重叠子组件的转移 Schwefel 函数

$$f_{14}(\boldsymbol{z})=\sum_{i=1}^{|S|} w_i f_{\text{schwefel}}(\boldsymbol{z}_i) \tag{6.53}$$

$S=\{50,50,25,25,100,100,25,25,50,25,100,25,100,50,25,25,25,100,50,25\}$

$D=\sum_{i=1}^{|S|} S_i - m(|S|-1)=905$

$\boldsymbol{y}_i=\boldsymbol{x}(P_{[c_{i-1}-(i-1)m+1]}:P_{[c_i-(i-1)m]})-\boldsymbol{x}_i^{\text{opt}}$

$\boldsymbol{z}_i=T_{\text{asy}}^{0.2}(T_{\text{osz}}\boldsymbol{y}_i)$

$m=5$：重叠大小

$\boldsymbol{R}_i$：一个$|S_i|\times|S_i|$的旋转矩阵

$\boldsymbol{x}\in[-100,100]^D$

全局最优解：$f_{14}(\boldsymbol{x}^{\text{opt}})=0$

特性：单峰，不可分解，不一致子组件，可转移，平滑局部不规则。

4. 完全不可分解函数

f_{15}：转移 Schwefel 函数

$$f_{15}(\boldsymbol{z})=\sum_{i=1}^{D}\left(\sum_{j=1}^{i} x_i\right)^2 \tag{6.54}$$

$D=1000$

$\boldsymbol{z}=T_{\text{asy}}^{0.2}[T_{\text{osz}}(\boldsymbol{x}-\boldsymbol{x}^{\text{opt}})]$

$\boldsymbol{x}\in[-100,100]^D$

全局最优解：$f_{15}(\boldsymbol{x}^{\text{opt}})=0$

特性：单峰，完全不可分解，可转移，平滑局部不规则。

6.5.4 实验注意事项

标准测试函数集 CEC'13 的评估标准如下。

问题：15 个最小化事项。

维数：$D=1000$。

运行次数:每个函数各 25 次。

适应度评估最大数量:Max_FE = 3×10^6。

终止条件:当达到 Max_FE 时终止。

边界处理:所有问题在给定搜索区间内都有全局最优解,无须再在搜索区间外部进行搜索。如果目标函数的最优解出现在范围外,则 Matlab 代码返回 NaN。

实验结果记录:

当每个函数的 FEs 计数器分别达到 FEs1 = 1.2×10^5, FEs1 = 1.2×10^5, FEs1 = 1.2×10^5 时,记录 25 次运行实验数据的最优值、中值、最差值、平均值和标准方差。排序主要基于中值来进行。另外,对于函数 f_2、f_7、f_{11}、f_{12}、f_{13}、f_{14} 应该画出它们的收敛曲线,对于每一个函数,单独的收敛曲线 25 次运行结果的平均值来画出。

参考文献

[1] GOFFE W L, FERRIER G D, ROGERS J. Global optimization of statistical functions with simulated annealing[J]. Journal of Econometrics, 1994, 60(1-2): 65-99.

[2] BACK T. Evolutionary algorithms in theory and practice: evolution strategies, evolutionary programming, genetic algorithms[M]. Oxford: Oxford University Press, 1996.

[3] STORN R, PRICE K. Differential evolution-a simple and efficient heuristic for global optimization over continuous spaces[J]. Journal of Global Optimization, 1997, 11(4): 341-359.

[4] KENNEDY J. Particle swarm optimization[M]. Berlin: Springer, 2011.

[5] DORIGO M, BIRATTARI M, STUTZLE T. Ant colony optimization[J]. IEEE Computational Intelligence Magazine, 2006, 1(4): 28-39.

[6] LARRANAGA P, LOZANO J A. Estimation of distribution algorithms: A new tool for evolutionary computation[M]. Berlin: Springer Science & Business Media, 2002.

[7] BELLMAN R E. Dynamic programming[M]. New York: Dover books on mathematics, 2003.

[8] YAO X, LIU Y, LIN G. Evolutionary programming made faster[J]. IEEE Transactions on Evolutionary Computation, 1999, 3(2): 82-102.

[9] YANG Z, TANG K, YAO X. Large scale evolutionary optimization using cooperative coevolution[J]. Information Sciences, 2008, 178(15): 2985-2999.

[10] DOLAN E D, MORé J J, MUNSON T S. Benchmarking optimization software with COPS 3.0[R]. Chicago Argonne National Laboratory Research Report, 2004.

[11] TANG K, Y X, SUGANTHAN P N, et al. Benchmark functions for the CEC'2008 special session and competition on large scale global optimization[R]. Hefei: University of science and Technology of china, 2007.

[12] HERRERA F, LOZANO M, MOLINA D. Test suite for the special issue of soft computing on scalability of evolutionary algorithms and other metaheuristics for large scale continuous optimization problems[R]. Granada: University of Granada, 2010.

[13] SALOMON R. Re-evaluating genetic algorithm performance under coordinate rotation of benchmark functions. A survey of some theoretical and practical aspects of genetic algorithms[J]. BioSystems, 1996, 39(3): 263-278.

[14] TANG K, LI X, SUGANTHAN P N, et al. Benchmark functions for the CEC'2010 special session and competition on large-scale global optimization [R]. Hefei: University of Science and Technology of China, 2009.

[15] LI X, TANG K, OMIDVAR M N, et al. Benchmark functions for the CEC 2013 special session and competition on large-scale global optimization [R]. Hefei: University of Science and Technology of China, 2013.

[16] OMIDVAR M N, LI X, YAO X. Smart use of computational resources based on contribution for cooperative co-evolutionary algorithms[C]. New York: Proceedings of the 13th Annual Conference on Genetic and Evolutionary Computation, 2011.

[17] HANSEN N, FINCK S, ROS R, et al. Real-parameter black-box optimization benchmarking 2009: Noiseless functions definitions[R]. Inria: RR-6829, 2009.

[18] SUGANTHAN P N, HANSEN N, LIANG J J, et al. Problem definitions and evaluation criteria for the CEC 2005 special session on real-parameter optimization[R]. Singapore: Nanyang University of Technology, 2005.

第7章 高代价优化标准测试函数

许多现实世界中的优化问题需要高性能的计算机或者物理模拟计算去评估其候选解决方案。通常，规范进化算法(evolutionary algorithms, EA)[1]不能直接解决这些问题，因为其负担不了大量的函数评价。近年来已经出现各种新颖的方法来计算成本优化问题，其中，代理模型辅助进化算法(surrogate model assisted evolutionary algorithm, SAEA)[2]正吸引着越来越多的关注。

7.1 测试函数集 CEC'14

为了促进对计算成本优化的研究，在 2013 年 Liu 等[3]提出了一个关于高代价优化一个测试函数集，主要研究中小规模(从 10 个决策变量到 30 个决策变量)实参界约束单目标计算成本的优化。该测试函数集包括 24 个黑箱测试函数(10、20 和 30 维度的 8 个热门的测试问题)。对于这一测试函数集的 C 语言和 Matlab 代码可以从网站：https://github.com/P-N-Snganthan/CEC2014 下载。下面是这一测试函数集的一些介绍，这一测试函数集使用了八大热门测试函数。测试函数种类包括：单峰/多峰的、连续/离散和可分解/不可分解函数。所有的测试函数可扩展，有 10 个、20 个和 30 个的决策变量可以使用。大多数函数可以移位和/或旋转。对于一个 d 维的问题，全局最优解由 $\boldsymbol{o}_i=[o_{i1}, o_{i2}, \cdots, o_{iD}]$ 移位确定，$\boldsymbol{o}_i$ 随机分布在 $[-10,10]^D$。移位数据在"shift_data_x.txt"中定义。旋转矩阵 $\boldsymbol{M}$ 在"***M*_x_*D*.**txt"中定义，其中 x 是基本函数个数，对这些测试函数的总结如表 7-1 所列。

表 7-1 CEC'14 测试函数集信息

序号	函数	维数	搜索范围	$f_i^*=f_i(\boldsymbol{x}^*)$
1~3	平移 Sphere 函数	10,20,30	[-20,20]	0
4~6	平移 Ellipsoid 函数	10,20,30	[-20,20]	0
7~9	平移和旋转 Ellipsoid 函数	10,20,30	[-20,20]	0
10~12	平移 Step 函数	10,20,30	[-20,20]	0

续表

序　号	函　数	维　数	搜索范围	$f_i^*=f_i(\boldsymbol{x}^*)$
13~15	平移 Ackley 函数	10,20,30	[-32,32]	0
16~18	平移 Griewank 函数	10,20,30	[-600,600]	0
19~21	平移旋转 Rosenbrock 函数	10,20,30	[-20,20]	0
22~24	平移旋转 Rastrigin 函数	10,20,30	[-20,20]	0

注意:这些问题应被视为黑盒优化问题,没有任何先验知识。无论是解析式还是从其中提取的问题特点都不允许被使用,除了连续/整数决策变量。但是,维数和评价次数可以使用。

7.1.1 测试函数定义与特性

1. 平移 Sphere 函数

$$
\begin{aligned}
&f_1(\boldsymbol{x})=\sum_{i=1}^{D}x_i^2\\
&F_1(\boldsymbol{x})=f_1(\boldsymbol{x}-\boldsymbol{o}_{1,10d}):D=10\\
&F_2(\boldsymbol{x})=f_1(\boldsymbol{x}-\boldsymbol{o}_{1,20d}):D=20\\
&F_3(\boldsymbol{x})=f_1(\boldsymbol{x}-\boldsymbol{o}_{1,30d}):D=30
\end{aligned}
\tag{7.1}
$$

特性:单峰的。

2. 平移 Ellipsoid 函数

$$
\begin{aligned}
&f_2(\boldsymbol{x})=\sum_{i=1}^{D}ix_i^2\\
&F_4(\boldsymbol{x})=f_2(\boldsymbol{x}-\boldsymbol{o}_{2,10d}):D=10\\
&F_5(\boldsymbol{x})=f_2(\boldsymbol{x}-\boldsymbol{o}_{2,20d}):D=20\\
&F_6(\boldsymbol{x})=f_2(\boldsymbol{x}-\boldsymbol{o}_{2,30d}):D=30
\end{aligned}
\tag{7.2}
$$

特性:单峰的。

3. 平移和旋转 Ellipsoid 函数

$$
\begin{aligned}
&F_7(\boldsymbol{x})=f_2[\boldsymbol{M}_{1,10d}(\boldsymbol{x}-\boldsymbol{o}_{3,10d})]:D=10\\
&F_8(\boldsymbol{x})=f_2[\boldsymbol{M}_{1,20d}(\boldsymbol{x}-\boldsymbol{o}_{3,20d})]:D=20\\
&F_9(\boldsymbol{x})=f_2[\boldsymbol{M}_{1,30d}(\boldsymbol{x}-\boldsymbol{o}_{3,30d})]:D=30
\end{aligned}
\tag{7.3}
$$

特性:单峰的。

4. 平移 Step 函数

$$
\begin{aligned}
&f_3(\boldsymbol{x})=\sum_{i=1}^{D}(\lfloor x_i+0.5\rfloor)^2\\
&F_{10}(\boldsymbol{x})=f_3(\boldsymbol{x}-\boldsymbol{o}_{4,10d}):D=10\\
&F_{11}(\boldsymbol{x})=f_3(\boldsymbol{x}-\boldsymbol{o}_{4,20d}):D=20\\
&F_{12}(\boldsymbol{x})=f_3(\boldsymbol{x}-\boldsymbol{o}_{4,30d}):D=30
\end{aligned}
\tag{7.4}
$$

特性:单峰的,间断。

5. 平移 Ackley 函数

$$f_4(\boldsymbol{x}) = -20\exp\left(-0.2\sqrt{\frac{1}{D}\sum_{i=1}^{D}x_i^2}\right) - \exp\left[\frac{1}{D}\sum_{i=1}^{D}\cos(2\pi x_i)\right] + 20 + e$$

$$\begin{aligned} F_{13}(\boldsymbol{x}) &= f_4(x - o_{5,10d}): D = 10 \\ F_{14}(\boldsymbol{x}) &= f_4(x - o_{5,20d}): D = 20 \\ F_{15}(\boldsymbol{x}) &= f_4(x - o_{5,30d}): D = 30 \end{aligned} \tag{7.5}$$

特性:多峰的。

6. 平移 Griewank 函数

$$f_5(\boldsymbol{x}) = \sum_{i=1}^{D}\frac{x_i^2}{4000} - \prod_{i=1}^{D}\cos\left(\frac{x_i}{\sqrt{i}}\right) + 1$$

$$\begin{aligned} F_{16}(\boldsymbol{x}) &= f_5(\boldsymbol{x} - o_{6,10d}): D = 10 \\ F_{17}(\boldsymbol{x}) &= f_5(\boldsymbol{x} - o_{6,20d}): D = 20 \\ F_{18}(\boldsymbol{x}) &= f_5(\boldsymbol{x} - o_{6,30d}): D = 30 \end{aligned} \tag{7.6}$$

特性:多峰的。

7. 平移旋转 Rosenbrock 函数

$$f_6(\boldsymbol{x}) = \sum_{i=1}^{D-1}[100\,(x_i^2 - x_{i+1})^2 + (x_i - 1)^2]$$

$$\begin{aligned} F_{19}(\boldsymbol{x}) &= f_6\left\{\boldsymbol{M}_{2,10d}\left[\frac{2.048(\boldsymbol{x} - o_{7,10d})}{20}\right] + 1\right\}: D = 10 \\ F_{20}(\boldsymbol{x}) &= f_6\left\{\boldsymbol{M}_{2,20d}\left[\frac{2.048(\boldsymbol{x} - o_{7,20d})}{20}\right] + 1\right\}: D = 20 \\ F_{21}(\boldsymbol{x}) &= f_6\left\{\boldsymbol{M}_{2,30d}\left[\frac{2.048(\boldsymbol{x} - o_{7,30d})}{20}\right] + 1\right\}: D = 30 \end{aligned} \tag{7.7}$$

特性:多峰的,不可分解,从局部最优到全局最优有一个非常狭窄的波谷。

8. 平移旋转 Rastrigin 函数

$$f_7(\boldsymbol{x}) = \sum_{i=1}^{D}[x_i^2 - 10\cos(2\pi x_i) + 10]$$

$$\begin{aligned} F_{22}(\boldsymbol{x}) &= f_7\left\{\boldsymbol{M}_{3,10d}\left[\frac{5.12(\boldsymbol{x} - o_{8,10d})}{20}\right]\right\}: D = 10 \\ F_{23}(\boldsymbol{x}) &= f_7\left\{\boldsymbol{M}_{3,20d}\left[\frac{5.12(\boldsymbol{x} - o_{8,20d})}{20}\right]\right\}: D = 20 \\ F_{24}(\boldsymbol{x}) &= f_7\left\{\boldsymbol{M}_{3,30d}\left[\frac{5.12(\boldsymbol{x} - o_{8,30d})}{20}\right]\right\}: D = 30 \end{aligned} \tag{7.8}$$

特性:多峰的。

7.1.2 实验注意事项

当我们进行实验时,首先要对测试函数进行如下设置。

独立运行次数:20

确切函数评估的最大数量:

(1) 10 维问题:500

(2) 20 维问题:1000

(3) 30 维问题:1500

初始化:任何独立问题的初始化方法是允许的。

全局最优:所有的问题都在给定范围内有全局最优且有没有必要在给定界限之外执行搜索。

终止条件:达到确切函数评估的最大数量,或误差值 $f_i^* - f_i(x^*)$ 比 10^{-8} 小。

同时还要考虑以下几方面的问题。

1. 当前最佳函数值

用 0.1 * MaxFES, 0.2 * MaxFES, …, MaxFES 记录每次运行的当前最佳函数值。根据确切函数评价的最大数量,确定 20 次运行中最小(最好)至最大(最差)和呈现最好及最坏的情况值、平均值、中值和标准偏差值,获得最佳函数值。误差值小于 10^{-8} 被取为零。

2. 算法的复杂性

成本最优化,判断效率的标准是所得到的最好的结果与确切函数评估值的对比。代理模型和搜索的计算开销还可以考虑作为二次评价基准。由于不同的数据集代理建模方法产生的计算开销都不相同,因此,每一个问题的计算开销都需要进行报告。通常情况下,相对于代理模型的计算成本,在 500、1000 和 1500 条件下的函数评价的成本几乎可以忽略不计。

因此,可以用下面的方法。

(1) 运行下面的测试程序:

```
for i=1:1000000
x= 0.55 + (double) i;
x=x + x; x=x/2; x=x * x; x=sqrt(x); x=log(x); x=exp(x); x=x/(x+2);
end
```

上述计算时间为 $T0$;

(2) 算法的平均完整计算时间为 $\widehat{T}1$。完整的计算时间是指使用 MaxFEs 计算的时间。

通过测量 $\widehat{T}1/T0$ 的值确定算法的复杂度。

3. 参数

参与者不需要去寻找针对每个问题/维度等的最好的、独特的一套参数。请提供适用以下情况的详细信息:

(1) 所有需要调整的参数。

(2) 对应的动态范围。

(3) 关于如何调整参数指引。

(4) FEs 数量方面参数调整的成本估算。

(5) 实参的使用。

4. 编码

如果算法需要编码,那么编码方案应独立于具体的问题,并受一般因素如搜索范围、问题的维数等因素的制约。

7.2 测试函数集 CEC'15

在 2014 年,Chen 等[3]选择了 15 个新的基准问题来对高代价优化测试函数进行研究,这些基准问题包括许多的复合问题和混合问题。

本测试函数集的 Java、C 和 Matlab 代码可以从下面给出的网址下载:https://github.com/P-N-Sugan than/CEC2015

所有的测试函数都定义最小化的问题如下:$\min f(\boldsymbol{x})$,$\boldsymbol{x}=[x_1,x_2,\cdots,x_D]^{\mathrm{T}}$,其中 D 是问题的维数,$\boldsymbol{o}_{i1}=[o_{i1},o_{i2},\cdots,o_{iD}]^{\mathrm{T}}$ 是移位全局最优(在"shift_data_x.txt"中定义),随机分布在$[-80,80]^D$。每个函数具有移位数据对应 CEC'15。所有的测试函数都平移到 $\boldsymbol{o}$,且可扩展。为方便起见,所有测试函数的相同的搜索范围被定义为$[-100,100]^D$。

在实际问题中,很少有所有变量之间存在很少联系。决策变量被随机分成子组件。用于每个子组件中的旋转矩阵从由条件数字 c 等于 1 或 2 的施密特邻正文化得到的标准正态分布表项中产生,对测试函数的总结如表 7-2 所列。

表 7-2 CEC'15 测试函数集信息

类别	序号	函数	相关基本函数	F_i^*
单峰的函数	1	旋转 Bent Cigar 函数	Bent Cigar 函数	100
	2	旋转 Discus 函数	Discus 函数	200
简单多峰的函数	3	平移和旋转 Weierstrass 函数	Weierstrass 函数	300
	4	平移和旋转 Schwefel 函数	Schwefel 函数	400
	5	平移和旋转 Katsuura 函数	Katsuura 函数	500
	6	平移和旋转 HappyCat 函数	HappyCat 函数	600
	7	平移和旋转 HGBat 函数	HGBat 函数	700
	8	平移和旋转 Expanded Griewank plus Rosenbrock 函数	Griewank 函数 Rosenbrock 函数	800
	9	平移和旋转 Expanded Scaffer F6 函数	Expanded Scaffer F6 函数	900
混合函数	10	混合函数 1(N=3)	Schwefel 函数 Rastrigin 函数 High Conditioned Elliptic 函数	1000
	11	混合函数 2(N=4)	Griewank 函数 Weierstrass 函数 Rosenbrock 函数 Scaffer 函数	1100
	12	混合函数 3(N=5)	Katsuura 函数 HappyCat 函数 Griewank 函数 Rosenbrock 函数 Schwefel 函数 Ackley 函数	1200

续表

类别	序号	函数	相关基本函数	F_i^*
合成函数	13	合成函数 1(N=5)	Rosenbrock 函数 High Conditioned Elliptic 函数 Bent Cigar 函数 Discus 函数 High Conditioned Elliptic 函数	1300
	14	合成函数 2(N=3)	Schwefel 函数 Rastrigin 函数 High Conditioned Elliptic 函数	1400
	15	合成函数 3(N=5)	HGBat 函数 Rastrigin 函数 Schwefel 函数 Weierstrass 函数 High Conditioned Elliptic 函数	1500

注意:这些问题应被视为黑盒优化问题,没有任何先验知识。无论是解析式,还是从其中提取的问题特点都不允许被使用,除了连续/整数决策变量。但是,维数和可用的函数评价的数可以被认为是已知的值,可用于调整算法。

7.2.1 测试函数定义与特性

(1) Bent Cigar 函数

$$f_1(\boldsymbol{x}) = x_1^2 + 10^6 \sum_{i=2}^{D} x_i^2 \tag{7.9}$$

(2) Discus 函数

$$f_2(\boldsymbol{x}) = 10^6 x_1^2 + \sum_{i=2}^{D} x_i^2 \tag{7.10}$$

(3) Weierstrass 函数

$$f_3(\boldsymbol{x}) = \sum_{i=1}^{D} \left\{ \sum_{k=0}^{k_{\max}} [a^k \cos(2\pi b^k (x_i + 0.5))] \right\} - D \sum_{k=0}^{k_{\max}} [a^k \cos(2\pi b^k \cdot 0.5)] \tag{7.11}$$

where_$a = 0.5, b = 3, k_{\max} = 20$

(4) Modified Schwefel 函数

$$f_4(\boldsymbol{x}) = 418.9829 \times D - \sum_{i=1}^{D} g(z_i), z_i = x_i + 4.209687462275036 \times 10^2$$

$$g(z_i) = \begin{cases} z_i \sin(|z_i|^{1/2}), & |z_i| \leqslant 500 \\ (500 - \mathrm{mod}(z_i,500))\sin(\sqrt{|500 - \mathrm{mod}(z_i,500)|}) - \dfrac{(z_i - 500)^2}{10000D}, \\ z_i > 500 \\ (\mathrm{mod}(|z_i|,500) - 500)\sin(\sqrt{|\mathrm{mod}(|z_i|,500) - 500|}) - \dfrac{(z_i + 500)^2}{10000D}, \\ z_i < -500 \end{cases}$$

(7.12)

(5) Katsuura 函数

$$f_5(\boldsymbol{x}) = \frac{10}{D^2}\prod_{i=1}^{D}\left(1 + i\sum_{j=1}^{32}\frac{|2^j x_i - \mathrm{round}(2^j x_i)|}{2^j}\right)^{\frac{10}{D^{1.2}}} - \frac{10}{D^2} \tag{7.13}$$

(6) HappyCat 函数

$$f_6(\boldsymbol{x}) = \left|\sum_{i=1}^{D} x_i^2 - D\right|^{1/4} + \left(0.5\sum_{i=1}^{D} x_i^2 + \sum_{i=1}^{D} x_i\right)/D + 0.5 \tag{7.14}$$

(7) HGBat 函数

$$f_7(\boldsymbol{x}) = \left|\left(\sum_{i=1}^{D} x_i^2\right)^2 - \left(\sum_{i=1}^{D} x_i\right)^2\right|^{1/2} + \left(0.5\sum_{i=1}^{D} x_i^2 + \sum_{i=1}^{D} x_i\right)\Big/ D + 0.5 \tag{7.15}$$

(8) Expanded Griewank's plus Rosenbrock's 函数

$$f_8(x)=f_{11}(f_{10}(x_1,x_2))+f_{11}(f_{10}(x_2,x_3))+\cdots+f_{11}(f_{10}(x_{D-1},x_D))+ f_{11}(f_{10}(x_D,x_1)) \tag{7.16}$$

(9) Expanded Scaffer F6 函数

$$g(\boldsymbol{x},\boldsymbol{y})= 0.5+\frac{\sin^2\left(\sqrt{\boldsymbol{x}^2+\boldsymbol{y}^2}\right)-0.5}{[1+0.001(\boldsymbol{x}^2+\boldsymbol{y}^2)]^2} \tag{7.17}$$

$$f_9(\boldsymbol{x})=g(x_1,x_2)+g(x_2,x_3)+\cdots+g(x_{D-1},x_D)+g(x_D,x_1)$$

(10) Rosebrock 函数

$$f_{10}(\boldsymbol{x}) = \sum_{i=1}^{D-1}[100\,(x_i^2 - x_{i+1})^2 + (x_i - 1)^2] \tag{7.18}$$

(11) Griewank 函数

$$f_{11}(\boldsymbol{x}) = \sum_{i=1}^{D}\frac{x_i^2}{4000} - \prod_{i=1}^{D}\cos\left(\frac{x_i}{\sqrt{i}}\right) + 1 \tag{7.19}$$

(12) Rastrigin 函数

$$f_{12}(\boldsymbol{x}) = \sum_{i=1}^{D}[x_i^2 - 10\cos(2\pi x_i) + 10] \tag{7.20}$$

(13) 高条件 Elliptic 函数

$$f_{13}(\boldsymbol{x}) = \sum_{i=1}^{D}(10^6)^{\frac{i-1}{D-1}}x_i^2 \tag{7.21}$$

(14) Ackley 函数

$$f_{14}(\boldsymbol{x}) =- 20\exp\left(- 0.2\sqrt{\frac{1}{D}\sum_{i=1}^{D}x_i^2}\right) - \exp\left[\frac{1}{D}\sum_{i=1}^{D}\cos(2\pi x_i)\right] + 20 + \mathrm{e} \tag{7.22}$$

7.2.2 单峰函数

(1) 旋转 Bent Cigar 函数

$$F_1(\boldsymbol{x})=f_1[\boldsymbol{M}(\boldsymbol{x}-\boldsymbol{o}_1)]+F_1^* \tag{7.23}$$

特性:单峰的,不可分解,光滑而窄的波峰。

(2) 旋转 Discus 函数

$$F_2(\boldsymbol{x})=f_2[\boldsymbol{M}(\boldsymbol{x}-\boldsymbol{o}_2)]+F_2^* \tag{7.24}$$

特性:单峰的,不可分解,一个敏感的方向。

7.2.3 简单的多峰函数

(1) 平移和旋转 Weierstrass 函数

$$F_3(\boldsymbol{x})=f_3\left[\left(\boldsymbol{M}\left(\frac{0.5(\boldsymbol{x}-\boldsymbol{o}_3)}{100}\right)\right]+F_3^* \tag{7.25}$$

特性:多峰的,不可分解,仅在一组点连续且可微。

(2) 平移和旋转 Schwefel 函数

$$F_4(\boldsymbol{x})=f_4\left[\boldsymbol{M}\left(\frac{1000(\boldsymbol{x}-\boldsymbol{o}_4)}{100}\right)\right]+F_4^* \tag{7.26}$$

特性:多峰的,不可分解,局部最优值很大,次优解远离全局最优。

(3) 平移和旋转 Katsuura 函数

$$F_5(\boldsymbol{x})=f_5\left[\boldsymbol{M}\left(\frac{5(\boldsymbol{x}-\boldsymbol{o}_5)}{100}\right)\right]+F_5^* \tag{7.27}$$

特性:多峰的,不可分解,处处连续且可微。

(4) 平移和旋转 HappyCat 函数

$$F_6(\boldsymbol{x})=f_6\left[\boldsymbol{M}\left(\frac{5(\boldsymbol{x}-\boldsymbol{o}_6)}{100}\right)\right]+F_6^* \tag{7.28}$$

特性:多峰的,不可分解。

(5) 平移和旋转 HappyCat 函数

$$F_7(\boldsymbol{x})=f_7\left[\boldsymbol{M}\left(\frac{5(\boldsymbol{x}-\boldsymbol{o}_7)}{100}\right)\right]+F_7^* \tag{7.29}$$

特性:多峰的,不可分解。

(6) 平移和旋转 Expanded Griewank's plus Rosenbrock's 函数

$$F_8(\boldsymbol{x})=f_8\left[\boldsymbol{M}\left(\frac{5(\boldsymbol{x}-\boldsymbol{o}_8)}{100}\right)+1\right]+F_8^* \tag{7.30}$$

特性:多峰的,不可分解。

(7) 平移和旋转 Expanded Scaffer F6 函数

$$F_9(\boldsymbol{x})=f_9[\boldsymbol{M}(\boldsymbol{x}-\boldsymbol{o}_9)+1]+F_9^* \tag{7.31}$$

特性:多峰的,不可分解

7.2.4 混合函数

在实际优化问题中,不同变量的子集可能有不同的属性。在这个混合函数集中,变量随机分为不同的子集,然后不同的基本函数被用于不同的子集。

$$F(\boldsymbol{x})=g_1(\boldsymbol{M}_1z_1)+g_2(\boldsymbol{M}_2z_2)+\cdots+g_N(\boldsymbol{M}_Nz_N)+F^*(\boldsymbol{x}) \tag{7.32}$$

$F(x)$:混合函数。

$g_i(x)$:构成混合函数的基本函数。

N：基本函数的个数。

$z=[z_1,z_2,\cdots,z_N]$

$z_1=[y_{s1},y_{s2},\cdots,y_{s_{n1}}],z_2=[y_{s_{n1+1}},y_{s_{n1+2}},\cdots,y_{s_{n1+n2}}],z_N=[y_{s_{\sum_{i=1}^{N-1}n_i+1}},y_{s_{\sum_{k=1}^{N-1}n_i+2}},\cdots,y_{s_D}]$

式中，$\boldsymbol{y}=\boldsymbol{x}-\boldsymbol{o}_i$，$S=\text{randperm}(1:D)$

p_i：用来控制 $g_i(\boldsymbol{x})$ 的百分比。

n_i：每个基本函数的维度，$\sum_{i=1}^{N}n_i=D$

$n_1=[p_1D],n_2=[p_2D],\cdots,n_{N-1}=[p_{n-1}D],n_N=D-\sum_{i=1}^{N-1}n_i$

（1）混合函数1（$N=3$）

$p=[0.3,0.3,0.4]$

g_1：Modified Schwefel's 函数 f_4

g_2：Rastrigin's 函数 f_{12}

g_3：High Conditioned Elliptic 函数 f_{13}

（2）混合函数2（$N=4$）

$p=[0.2,0.2,0.3,0.3]$

g_1：Griewank 函数 f_{11}

g_2：Weierstrass 函数 f_3

g_3：Rosenbrock 函数 f_{10}

g_4：Scaffer F6 函数 f_9

（3）混合函数3（$N=5$）

$p=[0.1,0.2,0.2,0.2,0.3]$

g_1：Katsuura 函数 f_5

g_2：HappyCat 函数 f_6

g_3：Expanded Griewank's plus Rosenbrock's 函数 f_8

g_4：Modified Schwefel 函数 f_4

g_5：Ackley 函数 f_{14}

7.2.5 复合函数

$$F(\boldsymbol{x})=\sum_{i=1}^{N}\{w_i^*[\lambda_i g_i(\boldsymbol{x})+\text{bias}_i]\}+f^* \tag{7.33}$$

$F(\boldsymbol{x})$：混合函数。

$g_i(\boldsymbol{x})$：构成混合函数的基本函数。

N：基本函数的个数。

bias_i：定义全局最优解。

λ_i：用来控制 $g_i(\boldsymbol{x})$ 的高度值。

w_i：每个 $g_i(\boldsymbol{x})$ 的重量值，计算式如下：

$$w_i = \frac{1}{\sqrt{\sum_{j=1}^{D}(x_j - o_{ij})^2}} \exp\left(-\frac{\sum_{j=1}^{D}(x_j - o_{ij})^2}{2D\sigma_i^2}\right)$$

把其规范化后的 $w_i = w_i / \sum_{i=1}^{n} w_i$

全局最优解是误差值最小的最优解,复合函数更好地融合了子函数的特性,并且在全局最优解和局部最优解周围保持连续。

(1) 复合函数 1(N=5)

$N=5, \sigma=[10,20,30,40,50]$

$\lambda=[1, 1\times10^{-6}, 1\times10^{-26}, 1\times10^{-6}, 1\times10^{-6}]$

bias=[0,100,200,300,400]

g_1:旋转 Rosenbrock's 函数 f_{10}

g_2:高条件 Elliptic 函数 f_{13}

g_3:旋转 Rosenbrock's 函数 f_1

g_4:旋转 Discus Function 函数 f_2

g_5:高条件 Elliptic 函数 f_{13}

特性:多峰的,不可分解,非对称,在不同的局部最优位置有不同的特性。

(2) 复合函数 2(N=3)

$N=3, \sigma=[10,30,50]$

$\lambda=[0.25, 1, 1\times10^{-7}]$

bias=[0,100,200]

g_1:旋转 Schwefel's 函数 f_4

g_2:旋转 Rastrigin's 函数 f_{12}

g_3:高条件旋转 Elliptic 函数 f_{13}

特性:多峰的,不可分解,非对称,在不同的局部最优位置有不同的特性。

(3) 复合函数 3(N=5)

$N=5, \sigma=[10,10,10,20,20]$

$\lambda=[10, 10, 2.5, 25, 1\times10^{-6}]$

bias=[0,100,200,300,400]

g_1:旋转 HGBat 函数 f_7

g_2:旋转 Rastrigin's 函数 f_{12}

g_3:旋转 Schwefel's 函数 f_4

g_4:旋转 Weierstrass 函数 f_3

g_5:高条件旋转 Elliptic Function 函数 f_{13}

特性:多峰的,不可分解,非对称,在不同的局部最优位置有不同的特性。

7.2.6 实验注意事项

当我们利用这些测试函数进行测试时,还应该考虑以下几个方面的问题:评估标准、收敛特性、算法复杂度、参数设置和编码方式等。

1. 评估标准

独立运行次数:20 次。

确切函数评估的最大迭代次数:

30 维问题:1500。

初始化:对于任一问题独立的初始化方法都是被允许的。

全局最优解:所有问题在给定搜索区间内都有全局最优解,无须再在搜索区间外部进行搜索。

终止条件:当达到最大迭代次数或误差值 $F_i^* - F_i(\boldsymbol{x}^*)$ 小于 10^{-3}。

2. 收敛特性

分别记录当终止条件为 0.01×MaxFES, 0.02×MaxFES, …, 0.09×MaxFES, 0.1×MaxFES, 0.2×MaxFES, …, MaxFES 时的函数的误差值,并将这 20 次运行的结果按误差值从小到大排列,求出最好和最差的结果,并求运行结果的平均值、中值和标准差。当误差值小于 10^{-8}时,可认为误差为 0。

3. 算法复杂度

不同的数据集代理建模方法需要的计算资源各不相同,因此,每一个问题所需的计算资源都需要进行测试。通常情况下,相对于代理模型的计算成本,在 500、1000 和 1500 条件下的函数评价的成本几乎可以忽略不计。

因此,可以用下面的方法衡量算法的复杂度。

(1) 运行下面的测试程序:

```
for i=1:1000000
x=0.55 + (double)i;
x=x + x; x=x/2; x=x * x; x=sqrt(x); x=log(x); x=exp(x); x=x/(x+2);
end
```

上述计算时间为 $T0$。

(2) 算法的平均完整计算时间为 $\hat{T}1$。完整的计算时间是指使用 MaxFEs 计算的时间。

通过测量 $\hat{T}1/T0$ 衡量算法的复杂度。

4. 参数设置

参与者不需要去寻找针对每个问题/维度等最好的、独特的一套参数。请提供适用以下情况的详细信息:

(1) 所有需要调整的参数。

(2) 对应的动态范围。

(3) 调整参数的方法说明。

(4) 参数调整的成本估算。

(5) 实参的功能。

5. 编码方式

如果算法需要编码,那么编码方案应独立于具体的问题,并受一般因素如搜索范围、问题的维数等因素的制约。

参考文献

[1] YAO X. Unpacking and understanding evolutionary algorithms[C]. Berlin:IEEE World Congress on Computational Intelligence,2012.

[2] ONG Y S,NAIR P B,KEANE A J. Evolutionary optimization of computationally expensive problems via surrogate modeling[J]. AIAA Journal,2003,41(4):687-696.

[3] LIU B, CHEN Q, ZHANG Q, et al. Problem definitions and evaluation criteria for computational expensive optimization[R]. Glyndwr:Glyndwr University,2014.

第 8 章 动态优化标准测试函数

现实中,许多的优化问题都是动态的,动态问题的解决往往比静态问题的解决复杂得多,因为在动态问题解决的过程中会有各种各样新的因素被考虑进来[1]。对此,越来越多的算法被提出来解决动态优化问题,但为了研究和对比不同算法在动态优化问题上的性能,就需要解决两方面的问题,首先要建立一个合适的动态测试环境,其次要定义合适的性能指标,来对不同的算法进行比较。

为此,在过去的几年里研究工作者已经提出了一些动态测试问题,如 MPB(moving peaks benchmark)测试问题集[2]、XOR、DOP 产生器[3-5]、GDBG(generalized dynamic benchmark generator)产生器[6];同时也提出了一些性能评价标准、离线误差测量[2]、精度测量[7]、最优值测量等[8],接下来将针对动态优化问题的测试函数和测试函数生产器做进一步的说明。

8.1 动态优化问题介绍

动态优化问题(DOPs)可以定义如下:

$$F=f(x,\phi,t) \tag{8.1}$$

式中:F 为优化问题;f 为开销函数;x 为解集 X 中的一个可行解;ϕ 为系统的控制参数,它取决于解在空间中的分布情况[9]。目的是为了找到一个全局最优解 x^* 使得 $f(x^*)\leqslant f(x)$, $\forall x\in X$。

首先,可以将动态优化问题中的环境变化分为两类[10]:空间维度的变化和非空间维度的变化。空间维度的变化包括从优化问题中增加或移除变量。例如,在旅行商问题(TSP)中增加或减少城市的个数都可以看作是空间维度的变化。

非空间维度变化就是改变动态问题约束条件的变量。例如:背包问题中,背包的容量,物品的重量的变化;旅行商问题中,城市位置的变化。非空间维度的变化通常要比空间维度的变化要难,因为我们可以单纯地增加或删减变量来改变空间维度,但是非空间维度的变化往往就需要一些特定的算法来达到目的。

8.2 测试函数产生器

在测试函数产生器时首先要考虑的问题是，有哪些因素需要考虑在内，文中提到我们要做的不是考虑测试问题的峰值在哪里，而是峰值如何随时间变化[11]。动态因素主要包含以下几个方面：

(1) 改变适应度峰值高度。

(2) 改变适应度峰值形状。

(3) 改变适应度峰值位置。

在设计测试问题产生器时必须满足以下几点：

(1) 问题的复杂度可调节。

(2) 用简单的参数方法来描述适应度情形的变化，如峰值位置、峰值高度、峰值形状。

(3) 用简单的方法来描述应用到的动态参数。

(4) 简单的表示机制，使得复杂的动态因素能够被清楚地表示出来。

(5) 较高的计算效率。

8.2.1 测试函数产生器 DF1

早在 1999 年，W. Ronald 和 A. Kenneth 提出了一个针对动态优化问题的测试问题产生器 DF1[11]。他们认为在设计测试问题产生器时分两步：第一步先确定一个适应度函数图像复杂度的基准线；第二步增加一些想要的动态因素。

DF1 产生器同样是一个 MPB 产生器。

在这一测试问题产生器中的基准问题可以用来表示任意的维度，为了说明方便这里以二维为例对 DF1 原理加以说明，二维方程式如下

$$f(X,Y)=\max_{i=1,2,\cdots,N}\left[H_i-R_i\cdot\sqrt{(X-X_i)^2+(Y-Y_i)^2}\right] \tag{8.2}$$

式中：N 为适应度图像中锥形的个数；(X_i,Y_i) 为图像的坐标；H_i 为高度；R_i 为斜率。

这个测试问题产生器每次都随机地产生几何形态，其高度和斜率都从用户指定的范围内随机产生：

$$H_i\in[H_{\text{base}},H_{\text{base}}+H_{\text{range}}]$$

$$R_i\in[R_{\text{base}},R_{\text{base}}+R_{\text{range}}]$$

同时，$X_i\in[-1,1]$，$Y_i\in[-1,1]$。

用这种方法产生的几何形态有以下几种特征：

(1) 具有表示复杂几何形态的能力。

(2) 表面包含不可区分区域。

(3) 几何形态的特性可以用参数识别。

(4) 适应度值可以容易地被确定。

(5) 函数可以容易地扩展到高维空间。

(6) 函数提供了 3 种不同的特征使得能够产生动态因素(高度、位置和斜率)。

我们可以通过改变以下 5 个参数来改变动态情形的复杂度:N(峰值的个数)、R_{base}(斜率的最小值)、R_{ange}(可允许的斜率变化范围)、H_{base}(锥体高度的最小值)、H_{range}(可允许的锥体高度变化范围)。更多关于 DF1 的详细情况可以在文献[12]中得到,该问题产生器的代码可以在网址 www. aic. nrl. navy. mil/galist 下载得到。

8.2.2 DTSP 产生器

在 2003 年 Younes 等[13]针对动态旅行商问题提出了一个标准产生器——DTSP 产生器,该标准产生器采用的是遗传算法,从而使该标准产生器能够适应于其他类型的组合问题。

尽管旅行商问题在科学和工程中都有应用,但其最大的意义在于它是一类典型的组合优化问题。大多数关于旅行商问题的文章,都侧重于研究传统的静态问题,但是动态的旅行商问题更接近于现实意义上的问题,其约束条件会随着时间而变化,因而问题会变得更难解决。在动态旅行商问题中通过引入第二相来模拟动态情况,通过互换城市的位置来构造一个动态的旅行商问题。

在动态旅行商问题中之所以采用遗传算法是因为:遗传算法是基于自然进化理论的,因而更能模拟自然环境的变化,同时遗传算法对噪声信号具有较强的适应性[14]。

动态连续问题的标准是通过函数和可调节的参数来模拟动态的环境变化,随着问题数目的增多,它们之间的组合有可能就会有无穷多个,这就是动态标准不足的原因之一。首先从动态旅行商问题库[15]中抽取一个大小适中的静态问题,然后引入随机移位所需的数量,最后以相反的顺序将这些变化移除。简而言之,动态问题包含两个阶段:第一阶段引入变化;第二阶段将这些变化移除。以这种方式,可以来研究算法的特性。

DTSP 产生器工作有边缘改变、插入/删除和城市交换 3 种模式。

(1) 边缘改变模式(ECM),这种模式反映了现实中常见的问题之一:堵车。城市之间的距离可以看作是时间周期或花费随时间增加而增大,因而引入或去除堵车情况,都可以通过增大或减小城市间的距离来模拟。如果边缘花费减少,则该边缘被选入最优路线当中;反之,则不被选入最优路线当中。

标准产生器先从已知的方向出发,然后寻找最优或者接近最优的路线。从这些最佳路径当中随机选取一条,通过人为增加一些因素使其开销增大,这将改变原来问题的最优解。接着重复先前的求解方式,继续对新问题进行求解,找出其最佳路线,反复多次后进入第二阶段将完全相同的问题除去。以这种方式我们可以将堵车情况的去除看作是新的随机事件,而不需要去处理它。

(2) 插入/删除模式(IDM),这种工作模式表示插入或删除单个的城市。这种工作模式与边缘改变模式相似,该模式的改变策略就是增加或删除单个城市,其中所产生的最困难的问题是,它需要解决动态问题,因为该模式要求动态表征城市数目的增加或减少。

(3) 城市交换模式(CSM),这种工作模式通过改变城市的位置来创造一个动态的旅行商问题,尽管它不能直接表示现实生活中的场景,但是它以一种简单、快速的方式来测试和分析动态算法。在城市交换模式中,两个随机选择的城市的位置发生改变。路线的长度不变，但路线的本身会发生改变。

与以前的模式相比，城市交换模式不需要在每次改变后制定出解决方案，我们只需要交换当前最优解中的城市，便可以确定下一个最优解。

DTSP 产生器中，使用遗传算法作为动态解决机制，但为了适应解决动态旅行商问题算法本身又做了一些修改，增加了以下几种策略。

1. 适应突变策略

基于该策略的模型使用一个线性改变的突变率。当环境发生改变后，突变速率便会被赋给一个相当大的值(P_0)，在下次环境变化前，会随着代数的增加而线性减少到基本值(P_m)。

2. 随机移民策略(RIS)

当环境改变时，人口会被随机产生的新个体取代，这里 RIS 模型采用两种模式 RIS-10，用随机产生的个体取代原种群个体的 10%，RIS-20 模型则取代原种群个体的 20%。

3. 忽略策略(IS)

传统的遗传算法，当陷入局部最优后，环境再发生改变就很难使算法做进一步的搜索。因此，这种忽略策略在动态问题中被希望表现得弱一点。故这种策略在动态问题有小波动时会有比较好的解。

4. 重启策略(RS)

这是用来处理动态问题的最简单的策略，每当问题改变时，人口就会随机再生。这就意味着，当环境改变后就要将其看作是一个全新的问题来解决。这一策略完全取决于新的解决方案，与先前问题并无联系。

DTSP 产生器的算法的伪代码如下所示：

```
Read Initial Problem From TSP Library;
Do Optimization;
Repeat until half of the required instances // 1 st phase
    Increase cost of one edge in the best found tour;
    Do Optimization;
Repeat until half of the required instances // 2 nd . phase
    Remove Latest Introduced jam;
 Output Best Tours for all instances;
```

8.2.3 广义动态标准测试函数产生器

尽管先前已经有很多关于动态优化问题的标准产生器和测试函数，但是还没有一个统一的方法在二进制空间、真实空间、组合空间构建动态问题。于是 Li 等[9]在 2008 年提出了一种广义动态标准测试函数产生器(GDBG)，该方法在 3 个解空间中都可以构建动态环境。

在 GDBG 系统中，可以通过调节系统的控制参数来控制动态问题解得分布和偏差。它可以用下述式子描述：

$$\phi(t+1)=\phi(t)\oplus\Delta\phi \tag{8.3}$$

式中：$\Delta\phi$ 为当前系统控制参数的偏差量。然后在 $t+1$ 时刻就可以得到一个新的动态环

境,如下式所示:

$$f(x,\phi,t+1)=f(x,\phi(t)\oplus\Delta\phi,t) \tag{8.4}$$

系统的控制参数取决于解空间中解的分布情况。每个例子之间的控制参数都有可能不同。例如,在旅行商问题中解的分布情况靠一个距离向量决定,但是在背包问题中解的分布情况则由背包容量、物品的重量和价值等因素决定。在 GDBG 系统中就是通过改变这些控制参数的值来构建动态环境的。

在 GDBG 系统中有 6 种控制参数改变的类型。它们是小步改变、大步改变、随机改变、无序改变、周期改变、有噪声周期改变。通过利用这 6 种改变方式,系统就会产生 6 种不同的动态特性。这 6 种改变方式如下所示:

小步改变:$\Delta\phi=\alpha\cdot\|\phi\|\cdot\text{rand}()$

大步改变:$\Delta\phi=\|\phi\|\cdot(\alpha+(1-\alpha)\text{rand}())$

随机改变:$\Delta\phi=\|\phi\|\cdot\text{rand}()$

无序改变:$\phi(t+1)=A\cdot\phi(t)\cdot(1-\phi(t)/|\phi\|)$

周期改变:$\phi(t+1)=\phi(t\%P)$

有噪声周期改变:c

式中:$\|\phi\|$为 ϕ 的变化范围;$\alpha\in(0,1)$为变化的步长,在该系统中设为 0.01;A 为(1,4)内的一个常数;P 为变化周期;rand( )为(0,1)内的一个常数。通过以上方式来改变系统的控制参数,就可以轻松地用一个新的问题来表示一些实际的动态问题。

下面是一 GDBG 产生器中的一些实例。

1. 二进制空间中实例

在参考文献[3]中提出的 XOR-DOP 产生器可以在二进制空间中产生任意的二进制编码问题,其中给出了一个固定问题的函数$f(x,\phi)$ $(x\in\{0,1\}^l)$,式中 l 是二进制的长度,$\phi\in[0,l]$是 x 中 1 的个数。在 GDBG 系统中还可以利用 XOR 操作器通过以下步骤来构建一个新的适应度环境:

$$\phi(t+1)=\text{动态改变量}\ \phi(t)$$

产生一个长度为 l 且包含 $\phi(t+1)$个 1 的二进制字符串 $m(t)$。

$$x(t+1)=x(t)\oplus m(t)$$

式中:“$\oplus$”为一个 XOR 操作器,如 $1\oplus1=0,1\oplus0=1,0\oplus0=0$,$\phi(t+1)$和 $\phi(t)$之间的不同控制着动态环境的改变。

XOR-DOP 产生器具有两个性质:一是解之间的距离不会随动态环境的改变而改变;二是适应度景观不会随动态环境的改变而改变。

2. 真实空间中实例

在参考文献[2]中构建了两个不同的真实空间的动态标准测试问题产生器(DBGs),它们都包含有若干个峰值点,并且它们的高度、宽度和位置都会随机时间而改变。但是这两者都有一个缺点,就是在峰值附近进行搜索时性能较弱。为此 Li 又提出了一种旋转峰值位置的方法来克服这一缺点。

旋转动态标准测试问题产生器(DBG)的适应度空间同样是由若干个峰值组成,但这些可以由人工控制。峰值的高度、宽度和位置就是系统的控制参数,它们会随着上述 6 种改变形式的不同而改变。

这里给出了一个问题的函数$f(x,\phi,t)$，$\phi=(H,W,X)$，其中H、W、X分别是峰值的高度、宽度和位置。函数$f(x,\phi,t)$定义如下：

$$f(x,\phi,t)=\min_{i=1}^{m}\left\{H_i(t)+W_i(t)\cdot\left[\exp\left(\sqrt{\sum_{j=1}^{n}\frac{(x_j-X_j^i(t))^2}{n}}\right)-1\right]\right\} \tag{8.5}$$

式中：m为峰值的个数；n为维数。H和W通过下列式子改变

$$H(t+1)=\mathrm{DynamicChanges}(H(t))$$

$$W(t+1)=\mathrm{DynamicChanges}(W(t))$$

与峰值移动的标准测试问题集[2]中转移峰值的位置不同的是，这里在GDBD系统中提出了一种新的方法，用旋转矩阵来改变峰值的位置。

旋转矩阵$\boldsymbol{R}_{ij}(\theta)$是$i$-$j$平面上的向量$\boldsymbol{x}$倒影，$i$轴到$j$轴的夹角为$\theta$，峰值的位置$\boldsymbol{X}$可通过以下步骤改变。

步骤1：随机从n维中选取一维构成向量$\boldsymbol{r}=[r_1,r_2,\cdots,r_l]$。

步骤2：任意两维$r[i]$和$r[i+1]$组成旋转矩阵$\boldsymbol{R}_{r[i],r[i+1]}(\theta(t))$，

$$\theta(t)=\mathrm{DynamicChanges}(\theta(t-1))$$

步骤3：转移矩阵$\boldsymbol{A}(t)$可由下式得到

$$\boldsymbol{A}(t)=\boldsymbol{R}_{r[i],r[i+1]}[\theta(t)]\cdot\boldsymbol{R}_{r[3],r[4]}[\theta(t)]\cdots\boldsymbol{R}_{r[l-1],r[l]}[\theta(t)],\theta(t)\in(0,2\pi) \tag{8.6}$$

步骤4：$\boldsymbol{X}(t+1)=\boldsymbol{X}(t)\cdot\boldsymbol{A}(t)$

通过改变每个峰值的高度、宽度和位置就可以构造出具有不同特性的适应度空间。但是这种适应度空间的形状总是关于峰值对称的，所以容易使某些算法陷入局部最优，这就需要构建一个包含多个基准问题的真实空间的组合。

3. 组合空间中实例

参考文献[16]中提出了一种构建组合函数的方法，在这种方法中通过随机设定最优点和局部最优点的位置来构建标准的测试函数。通过对标准函数全局最优点的平移、旋转和组合就构成了测试函数的一些新的特性。在GDBG系统中，通过控制全局最优点和局部最优点的数值和位置来提供一个动态的测试环境，组合函数可以定义如下：

$$F(x,\phi,t)=\sum_{i=1}^{m}\{w_i\cdot[f_i'((x-O_i(t)+O_{i\text{old}})/\lambda_i\cdot\boldsymbol{M}_i)+H_i(t)]\} \tag{8.7}$$

式中：系统的控制参数$\phi=(O,M,H)$；$F(x)$为组合函数；$f_i(x)$为第i个用来构成组成函数的基本函数；m为基本函数的个数；$\boldsymbol{M}_i$为$f_i(x)$的正交旋转矩阵；O_i和$O_{i\text{old}}$分别为$f_i(x)$的转移最优点和原始最优点；$f_i(x)$的权重w_i可以通过下式计算得到：

$$w_i=\exp\left\{-\mathrm{sqrt}\left[\frac{\sum_{k=1}^{n}(x_k-o_i^k+o_{i\text{old}}^k)^2}{2n\sigma_i^2}\right]\right\}$$

$$w_i=\begin{cases}w_i, & w_i=\max(w_i)\\ w_i\cdot(1-\max(w_i)^{10}), & w_i\neq\max(w_i)\end{cases} \tag{8.8}$$

$$w_i=w_i/\sum_{i=1}^{m}w_i$$

式中：σ_i为$f_i(x)$的收敛因子，其默认值为1。

λ_i 为 $f_i(x)$ 的伸缩因子，定义如下：

$$\lambda_i=\sigma_i\cdot\frac{X_{\max}-X_{\min}}{x_{\max}^i-x_{\min}^i} \tag{8.9}$$

式中：$[X_{\max},X_{\min}]^n$ 为 $F(x)$ 的搜索空间，$[x_{\max}^i,x_{\min}^i]$ 为 $f_i(x)$ 的搜索空间。$f_i'(x)=C\cdot f_i(x)/|f_{\max}^i|$，其中 C 是定义好的常数，$f_{\max}^i$ 是 $f_i(x)$ 的估计最大值，可由下式得到

$$f_{\max}^i=f_i(x_{\max}\cdot M_i) \tag{8.10}$$

系统的控制参数 H 和 O 描述如下：

$$H(t+1)=\text{DynamicChanges}(H(t))$$
$$O(t+1)=\text{DynamicChanges}(O(t))$$

在 GDBG 系统中用到了 5 个基本函数，详细信息如表 8-1 所列。

表 8-1 GDBG 系统中的函数信息

名　称	函　数	范　围
Sphere	$f(x)=\sum_{i=1}^{n}x_i^2$	[-100,100]
Rastrigin	$f(x)=\sum_{i=1}^{n}[x_i^2-10\cos(2\pi x_i)+10]$	[-5,5]
Weierstrass	$f(x)=\sum_{i=1}^{n}\left\{\sum_{k=0}^{k_{\max}}[a^k\cos(2\pi b^k(x_i+0.5))]\right\}-n\sum_{k=0}^{k_{\max}}[a^k\cos(\pi b^k)]$ $a=0.5,b=3,k_{\max}=20$	[-0.5,0.5]
Griewank	$f(x)=\frac{1}{4000}\sum_{i=1}^{n}(x_i)^2-\prod_{i=1}^{n}\cos\left(\frac{x_i}{\sqrt{i}}\right)+1$	[-100,100]
Ackley	$f(x)=-20\exp\left(-0.2\sqrt{\frac{1}{n}\sum_{i=1}^{n}x_i^2}\right)-\exp\left[\frac{1}{n}\sum_{i=1}^{n}\cos(2\pi x_i)\right]+20+e$	[-32,32]

在组合空间中，GDBG 系统提出了动态多维背包问题（dynamic multi-dimensional knapsack problem，DMKP）和动态旅行商问题（dynamic traveling salesman problem，DTSP）。

4. 动态多维背包问题

背包问题[17]是一个经典的组合标准测试函数，常用来测试进化算法（evelutionary algorithms，EAs）的性能。静态的背包问题属于 Non-deterministic Polynomial（NP）完全问题的范畴，在现实生活中有着广泛的应用，比如货物装载、项目基金预算等方面的问题。动态多维背包问题可以定义为 $f(x,\phi,t)$，$\phi=(R,P,C)$，其中 R、P、C 分别表示资源、利润和容积，动态多维背包问题的标准形式为

$$\begin{cases}f(x,\phi,t)=\max\sum_{i=1}^{n}p_i(t)\cdot x_i(t)\\ \sum_{i=1}^{n}r_{ij}(t)\cdot x_i(t)\leqslant c_i(t),j=1,2,\cdots,m\end{cases} \tag{8.11}$$

式中：n 为物品的数量；m 为资源的数量；$x_i\in\{0,1\}$ 为物品 i 是否被包含在子集中；p_i 表示物品 i 的价值，系统的控制参数可以通过下式改变：

$$\begin{cases} P(t+1)=\text{DynamicChanges}(P(t)) \\ C(t+1)=\text{DynamicChanges}(C(t)) \\ R(t+1)=\text{DynamicChanges}(R(t)) \end{cases} \tag{8.12}$$

其中 R、P、C 的约束范围分别为 $[l_p,u_p]$、$[l_c,u_c]$、$[l_r,u_r]$。

Kleywegt 等在文献[18]中对动态随机背包问题作了详细介绍，Andonov 等在文献[19]中对无约束动态背包问题进行了分析，并提出了有效的解决方法。

5. 动态旅行商问题

旅行商问题是另一个 NP 完全组合问题。同样，动态旅行商问题[20]有着广泛的应用，尤其在动态网络的优化，如网络的规划和设计。

动态旅行商问题由一个动态矩阵决定，如下所示

$$\boldsymbol{D}(t)=\{d_{ij}(t)\}_{n*n} \tag{8.13}$$

式中：$d_{ij}(t)$ 为城市 i 到城市 j 之间的开销；n 为城市的个数。

动态旅行商问题可以定义为 $f(x,\phi,t)$，$\phi=\boldsymbol{D}$，目标就是找到一个包含所有城市的最小开销路线。可以表示如下：

$$f(x,\phi,t)=\text{Min}\left(\sum_{i=1}^{n} d_{T_i,T_{i+1}}(t)\right) \tag{8.14}$$

式中：$T\in 1,2,\cdots,n$，当 $i\neq j$ 时，$T_i\neq T_j$，$T_{n+1}=T_1$，开销矩阵 $\boldsymbol{D}$ 的动态表示如下：

$$\boldsymbol{D}(t+1)=\text{DynamicChanges}(\boldsymbol{D}(t)) \tag{8.15}$$

通过这些实例，就可以更好地将这一标准函数产生器应用到更多的算法测试当中。

在 CEC'2009 竞赛当中，引用了上述实例当中的两个真实空间中的实例作为标准测试函数。此外，还提出了另外 6 个测试问题[6]。相关的代码可以从 http://www.cs.le.ac.uk/people/syang/ECiDUE/DBG.tar.gz 和 http://www.ntu.edu.sg/hom e/epnsugan/DBG.tar.gz 得到，同时测试的结果可以从 http://www.cs.bham.ac.uk/research/projects/ecb/得到，两个实例如上所述，这里不再赘述。6 个测试问题的定义如下。

F_1：旋转峰值函数

F_2：组合 Sphere 函数

F_3：组合 Rastrigin 函数

F_4：组合 Griewank 函数

F_5：组合 Ackley 函数

F_6：混合组合函数

对于上述函数的一些约束条件如下所示。

维数：$n(\text{fixed})=10$；$n(\text{changed})\in[5,15]$

搜索范围：$x\in[-5,5]^n$

变化频率：频率 $=10000*n$ FES

变化数目：num_change = 60

周期：$P=12$

噪声周期：$\text{noisy}_{\text{severity}}=0.8$

混沌常数：$A=3.67$

混沌初始化：如果 ϕ 是一个向量，则 ϕ 应由 $\|\phi\|$ 的均匀分布随机产生。

阶跃严重性：$\alpha=0.04$

α 最大值：$\alpha_{max}=0.1$

高度范围：$h\in[10,100]$

初始高度：initial_height = 50

高度安全性：$\phi\_h_{severity}=5.0$

下面是这些函数的特性。

F_1：旋转峰值函数

峰值个数：$m=10,50$

宽度范围：$w\in[1,10]$

宽度安全性：$\phi\_w_{severity}=0.5$

初始宽度：initial_width = 5

特性：多模态，可扩展，可旋转，局部最优点人工可控，$x\in[-5,5]^n$，全局最优解 $x^*(t)=\boldsymbol{O}_i, F[x^*(t)]=H_i(t), H_i(t)=\max_j^m H_j$

F_2：组合 Sphere 函数

特性：多模态，可扩展，可旋转，10 个局部最优点，$x\in[-5,5]^n$，全局最优解 $x^*(t)=\boldsymbol{O}_i, F[x^*(t)]=H_i(t), H_i(t)=\min_j^m H_j$

F_3：组合 Rastrigin 函数

特性：多模态，可扩展，可旋转，拥有大量部最优点，$x\in[-5,5]^n$，全局最优解 $x^*(t)=\boldsymbol{O}_i, F[x^*(t)]=H_i(t), H_i(t)=\min_j^m H_j$

F_4：组合 Griewank 函数

特性：多模态，可扩展，可旋转，拥有大量部最优点，$x\in[-5,5]^n$，全局最优解 $x^*(t)=\boldsymbol{O}_i, F[x^*(t)]=H_i(t), H_i(t)=\min_j^m H_j$

F_5：组合 Ackley 函数

特性：多模态，可扩展，可旋转，拥有大量部最优点，$x\in[-5,5]^n$，全局最优解 $x^*(t)=\boldsymbol{O}_i, F[x^*(t)]=H_i(t), H_i(t)=\min_j^m H_j$

F_6：混合组合函数

特性：多模态，可扩展，可旋转，拥有大量部最优点，$x\in[-5,5]^n$，全局最优解 $x^*(t)=\boldsymbol{O}_i, F(x^*(t))=H_i(t), H_i(t)=\min_j^m H_j$

关于它们的一些评价标准可以在文献[6]中得到。

8.3 动态优化的测试函数

8.2 节介绍了一些动态优化问题的标准产生器，下面针对动态优化问题的实际测试问题做一些总结。

早在 2000 年，Floudas[21] 在其著作中就对一些优化问题的测试问题做了一些总结，其中包括线性、非线性优化问题、组合优化问题、动态优化问题等，并且在每一章都针对这些优化问题给出了测试问题的集合,这些测试问题都可以在 http://titan. princeton. edu/TestProblems 下载得到。由于作者的工作性质,因此大部分的测试问题都来自化学工程领域,同时也包括了很多其他工程领域的测试问题。但是这本书中没有给出黑盒全局优化问题,也没有对各个算法的计算时间做一个对比。

在参考文献[22]的第 15 章中,作者针对动态优化问题提出了一些测试问题。其中包括化学反应器网络问题、参数估计问题、最优控制问题等。

下面对这些测试问题做一个详细的介绍。

8.3.1 化学反应器网络函数

反应器网络综合已经成为过程综合领域的广泛研究问题,它的最优设计性能指标取决于反应器的类型、大小和彼此之间的连接。在反应器网络综合中,其目标就是确定将原材料转换成产品的反应器网络。

针对这一问题作者在文中共给出了 14 个测试函数:

① 非等温 Van de Vusse 反应情况 1;
② 非等温 Van de Vusse 反应情况 2;
③ 等温 Van de Vusse 反应情况 1;
④ 等温 Van de Vusse 反应情况 2;
⑤ 等温 Van de Vusse 反应情况 3;
⑥ 等温 Van de Vusse 反应情况 4;
⑦ 等温 Trambouze 反应;
⑧ 等温 Denbigh 反应情况 1;
⑨ 等温 Denbigh 反应情况 2;
⑩ 等温 Levenspiel 反应;
⑪ α-Pinene 反应;
⑫ 非等温 Naphthalene 反应;
⑬ 非等温 Parallel 反应;
⑭ 二氧化硫氧化反应。

关于这些测试函数的一些基本情况都可以在参考文献[21]得到,同时这些测试函数中的变量、目标函数、最优值解等都有给出。

8.3.2 参数估计测试函数

动态模型参数的估计是非常重要的,它要比一般的稳态模型参数估计困难得多,这些困难主要来自于优化问题中出现的微分方程。

动态模型参数估计问题的基本表达式如下所示。

目标函数:

$$\min_{\hat{\boldsymbol{x}}_{\mu,\theta}} \sum_{\mu=1}^{r} \sum_{i=1}^{m} (\hat{\boldsymbol{x}}_{\mu,i} - \hat{\boldsymbol{x}}_{\mu,i})^2 \tag{8.16}$$

动态模型:

$$f\left(\frac{\mathrm{d}z}{\mathrm{d}t}, \boldsymbol{z}, \boldsymbol{\theta}\right) = 0, \quad z(t_o) = z_o \tag{8.17}$$

约束点：

$$t=t_\mu, z_i-\hat{\boldsymbol{x}}_{\mu,i}=0, i=1,2,\cdots,m;\mu=1,2,\cdots,r \tag{8.18}$$

变量定义：

f 为非线性模型，包含 l 个微分方程；$\boldsymbol{z}$ 为一个包含 i 个动态变量的向量；$\boldsymbol{\theta}$ 为包含 P 个参数的向量；$\hat{\boldsymbol{x}}_\mu$ 为包含第 μ 个数据点的 i 个适应值的向量；$\boldsymbol{x}_\mu$ 为包含第 μ 个数据点的 i 个实验观测值的向量；t_μ 为第 μ 次观测的时间，t 的范围是 $t\in(t_0,t_f)$。

下面将给出 6 个参数估计问题。其中前两个问题代表简单的可逆和不可逆的一阶串联反应模型，第 3 个和第 4 个问题增加了非线性动力学问题，这些问题难度有所增加。第 5 个问题由于非线性动力学的加入使得最终结果也有了相当大的残差，进一步增加了问题的难度。最后一个问题是最难的，因为该动态系统中含有一个极限环，同时还定义了很多局部最优解。

1. 测试问题 1

在这一测试问题中提出了一个一级链式不可逆连锁反应模型

$$A \xrightarrow{k_1} B \xrightarrow{k_2} C$$

在这一模型中只需对 A 和 B 的浓度进行测量，这一模型最早出现在参考文献[22]中。

目标函数：$\min\limits_{\hat{x}_\mu,\theta} \sum\limits_{\mu=1}^{10} \sum\limits_{i=1}^{2} (\hat{x}_{\mu,i} - x_{\mu,i})^2$

动态模型：$\dfrac{dz_1}{dt}=-\theta_1 z_1 \quad \dfrac{dz_2}{dt}=\theta_1 z_1-\theta_2 z_2$

约束点：$t=t_\mu, z_i-\hat{x}_{\mu,i}=0, i=1,2;\mu=1,2,\cdots,10$

初始条件：$z_0=(1,0)$

变量范围：$0\leqslant\hat{x}_\mu\leqslant1, 0\leqslant\theta\leqslant10$

变量定义：z_1、z_2 分别表示反应中 A 和 B 的摩尔分数，θ_1、θ_2 分别表示第一和第二步反应的速率。

目标函数最优解：1.18584×10^{-6}

参数最优解：$\boldsymbol{\theta}=(5.0035,1.0000)^{\mathrm{T}}$

2. 测试问题 2

该模型代表了一阶可逆的连锁反应：

$$A \underset{k_2}{\overset{k_1}{\rightleftharpoons}} B \underset{k_4}{\overset{k_3}{\rightleftharpoons}} C$$

动态模型：$\dfrac{dz_1}{dt}=-\theta_1 z_1+\theta_2 z_2$

$$\frac{dz_2}{dt}=\theta_1 z_1-(\theta_2+\theta_3)z_2+\theta_4 z_3$$

$$\frac{dz_3}{dt}=-\theta_4 z_3+\theta_3 z_2$$

初始条件：$z_0=(1,0,0)$

变量范围：$0\leqslant\hat{x}_\mu\leqslant1, (0,0,10,10)\leqslant\theta\leqslant(10,10,50,50)$

变量定义：z_1、z_2、z_3 分别表示反应中 A、B 和 C 的摩尔分数，θ_1、θ_3 分别表示第一和第二步反应的速率，θ_2、θ_4 分别表示逆向反应的速率。

目标函数最优解：1.8897×10^{-7}

参数最优解：$\boldsymbol{\theta}=(4.000,2.000,40.013,20.007)^{\mathrm{T}}$

3. 测试问题 3

该模型代表了柴油的催化裂化反应：

$$A \xrightarrow{k_1} Q \xrightarrow{k_2} S$$

$$A \xrightarrow{k_3} S$$

动态模型：$\dfrac{\mathrm{d}z_1}{\mathrm{d}t}=-(\theta_1+\theta_3)z_1^2$

$$\frac{\mathrm{d}z_2}{\mathrm{d}t}=\theta_1 z_1^2-\theta_2 z_2$$

初始条件：$z_0=(1,0)$

变量范围：$0\leqslant\hat{x}_\mu\leqslant1,0\leqslant\theta\leqslant20$

变量定义：z_1、z_2 分别表示反应中 A 和 Q 的摩尔分数，θ_1、θ_2、θ_3 分别表示各个步骤反应的速率。

目标函数最优解：2.65567×10^{-3}

参数最优解：$\boldsymbol{\theta}=(12.214,7.9798,2.2216)^{\mathrm{T}}$

4. 测试问题 4

该模型代表了一个可逆的均匀气体反应：

$$2NO+O_2 \rightleftarrows 2NO_2$$

动态模型：$\dfrac{\mathrm{d}z}{\mathrm{d}t}=\theta_1(126.2-z)(91.9-z)^2-\theta_2 z^2$

初始条件：$z_0=0$

变量范围：$x_\mu-5\leqslant\hat{x}_\mu\leqslant x_\mu+5,0\leqslant\theta\leqslant0.1$

目标函数最优解：22.03094

参数最优解：$\boldsymbol{\theta}=(4.5704\times10^{-6},2.7845\times10^{-4})^{\mathrm{T}}$

5. 测试问题 5

这个模型代表甲醇转化为各种碳氢化合物：

$$A \xrightarrow{k_1} B$$

$$A+B \xrightarrow{k_2} C$$

$$C+B \xrightarrow{k_3} P$$

$$A \xrightarrow{k_4} C$$

$$A \xrightarrow{k_5} P$$

$$A+B \xrightarrow{k_6} P$$

模型：$\frac{\mathrm{d}z_1}{\mathrm{d}t}=-\left(2\theta_1-\frac{\theta_1 z_2}{(\theta_2+\theta_5)z_1+z_2}+\theta_3+\theta_4\right)z_1$

$\frac{\mathrm{d}z_2}{\mathrm{d}t}=\frac{\theta_1 z_1(\theta_2 z_1-z_2)}{(\theta_2+\theta_5)z_1+z_2}+\theta_3 z_1$

$\frac{\mathrm{d}z_3}{\mathrm{d}t}=\frac{\theta_1 z_1(z_2+\theta_5 z_1)}{(\theta_2+\theta_5)z_1+z_2}+\theta_4 z_1$

初始条件：$z_0=(1,0,0)$

变量范围：$0\leqslant\hat{x}_\mu\leqslant 1, 0\leqslant\theta\leqslant 100$

变量定义：z_1、z_2、z_3 分别表示反应中 A、C 和 P 的摩尔分数，参数向量 $\boldsymbol{\theta}$ 定义如下 $\boldsymbol{\theta}=\left(k_1,\frac{k_2}{k_3},k_4,k_5,\frac{k_6}{k_3}\right)$

目标函数最优解：0. 10693

参数最优解：$\boldsymbol{\theta}=(5.2407,1.2176,0,0,0)^{\mathrm{T}}$

6. 测试问题 6

Lotlca-Volterra 问题包含两个参数，其模型与自然界中的捕食模型比较类似，模型中定义人口随时间的增长主要取决于捕食者和猎物两方面的因素，Luus 等[23]也对这一模型的参数识别问题做了研究。

模型：$\frac{\mathrm{d}z_1}{\mathrm{d}t}=\theta_1 z_1(1-z_2)$

$\frac{\mathrm{d}z_2}{\mathrm{d}t}=\theta_2 z_2(z_1-1)$

初始条件：$z_0=(1.2,1.1)$

变量范围：$0.5\leqslant\hat{x}_\mu\leqslant 1.5, 0\leqslant\theta\leqslant 10$

变量定义：z_1 表示猎物的数量，z_2 表示捕食者的数量，参数 $\boldsymbol{\theta}$ 主要取决于出生率，死亡率和猎物与捕食者之间的相互作用。

目标函数最优解：1.24924×10^{-3}

参数最优解：$\boldsymbol{\theta}=(3.2434,0.9209)^{\mathrm{T}}$

8.3.3 最优控制测试函数

最优控制问题经常会出现在不同的领域和学科，这一问题无论在理论还是实践中都有了比较深入的研究。同时，也有很多的学者如 Hager 和 Pardalos[24]、Alekseev[25]，都在不同的方面做了一些研究。

这里针对最优控制提出了 5 个测试问题。

1. 测试问题 1

该测试问题比较简单，只含有一个状态变量和一个控制变量。

目标函数：$\min\limits_{u} -z(t_f)^2$

约束条件：$\frac{\mathrm{d}z}{\mathrm{d}t}=-z^2+u$

初始条件：$z(t_0)=9$

变量范围：$-5\leqslant u\leqslant 5$，$-12\leqslant z\leqslant 9$，$t\in[0,1]$，$u$ 是在该范围内的一个常数。

目标函数最优解：-8.23623

控制变量最优解：$u=-5$

2. 测试问题 2

该测试问题是一个非线性的奇异控制问题[26]。

目标函数：$\min\limits_{u} z_4(t_f)$

约束条件：

$$\frac{\mathrm{d}z_1}{\mathrm{d}t}=z_2$$

$$\frac{\mathrm{d}z_2}{\mathrm{d}t}=-z_3u+16t-8$$

$$\frac{\mathrm{d}z_3}{\mathrm{d}t}=u$$

$$\frac{\mathrm{d}z_4}{\mathrm{d}t}=z_1^2+z_2^2+0.0005\,(z_2+16t-8-0.1z_3u^2)^2$$

初始条件：$z(t_0)=(0,-1,-\sqrt{5},0)$

变量范围：$-4\leqslant \omega\leqslant 10$，$t\in[0,1]$

u 是一个分段常数

当 $t_i\leqslant t\leqslant t_{i+1}$ 时，$u=\omega_i$，其中 $t_i=(0,0.1,0.2,0.3,0.4,0.5,0.6,0.7,0.8,0.9,1)$

目标函数最优解：0.120114

控制变量最优解：$\boldsymbol{\omega}=(10,7.728,5.266,-0.764,0.132,0.133,-0.835,6.764,6.211,5.414)$

3. 测试问题 3

该测试问题是 CSTR(continuous stirred tank reactor)问题，是由连续搅拌釜反应器模型抽象出来的。

目标函数：$\min\limits_{u} z_3(t_f)$

约束条件：

$$\frac{\mathrm{d}z_1}{\mathrm{d}t}=-(z_1+0.25)+(z_2+0.5)\exp\left(\frac{25z_1}{z_1+2}\right)-(1+u)(z_1+0.25)$$

$$\frac{\mathrm{d}z_2}{\mathrm{d}t}=0.5-z_2-(z_2+0.5)\exp\left(\frac{25z_1}{z_1+2}\right)$$

$$\frac{\mathrm{d}z_3}{\mathrm{d}t}=z_1^2+z_2^2+0.1u^2$$

初始条件：$z(t_0)=(0.09,0.09,0)$

变量范围：$-0.5\leqslant \omega\leqslant 5$，$t\in[0,0.78]$

u 是在 10 个时间段内是分段线性的

当 $t_i \leqslant t \leqslant t_{i+1}$ 时，$u=\omega_i+\frac{\omega_{i+1}-\omega_i}{t_{i+1}-t_i}(t-t_i)$，其中 $t_i=(0,0.1,0.2,0.3,0.4,0.5,0.6,0.7,0.8,0.9,1)$

目标函数最优解：0.13317

控制变量最优解：

$\boldsymbol{\omega}=(4.27,2.22,1.38,0.887,0.584,0379,0.237,0.137,0.068,0.023,-0.002)$

4. 测试问题 4

该测试问题的基本模型如下所示：

$$A_1 \xrightarrow{k_1} A_2$$

$$A_2 \xrightarrow{k_2} A_3$$

$$A_1+A_2 \xrightarrow{k_3} A_2+A_2$$

$$A_1+A_2 \xrightarrow{k_4} A_3+A_2$$

$$A_1+A_2 \xrightarrow{k_5} A_4+A_2$$

这一测试问题在文献[28]中也有研究。

目标函数：$\min\limits_{\omega,p} -z_2(t_f)$

约束条件：

$$\frac{\mathrm{d}z_1}{\mathrm{d}t}=-p(k_1z_1+k_3z_1z_2+k_4z_1z_2+k_5z_1z_2)$$

$$\frac{\mathrm{d}z_2}{\mathrm{d}t}=p(k_1z_1-k_2z_2+k_3z_1z_2)$$

$$k_i=a_i\exp\left[\frac{-b_i}{Ru}\right],i=1,2,\cdots,5$$

初始条件：$z(t_0)=(1,0)$

变量范围：$698.15 \leqslant \omega \leqslant 748.15, 7 \leqslant p \leqslant 11, t \in [0,1]$

u 是在 10 个时间段内是分段常数

当 $t_i \leqslant t \leqslant t_{i+1}$ 时，$u=\omega_i$，其中 $t_i=(0,0.1,0.2,0.3,0.4,0.5,0.6,0.7,0.8,0.9,1)$

变量定义：z_1、z_2 分别是 A_1、A_2 的摩尔分数，控制变量 u 是反应器的温度，p 是滞留时间，a_i、b_i 是反应 i 的 Arrhenius 常数。

目标函数最优解：-0.353606

滞留时间最优解：$p=8.3501$

控制变量最优解：

$\boldsymbol{w}=(698.15, 698.15, 698.15, 748.15, 748.15, 699.20, 698.15, 698.15, 698.15, 698.15)$

5. 测试问题 5

该测试问题是双功能催化剂混合问题[29]，它本身含有相当多的局部最优解。

目标函数：$\min\limits_{\omega} -z_7(t_f)$

约束条件：

$$\frac{\mathrm{d}z_1}{\mathrm{d}t}=-k_1z_1$$

$$\frac{\mathrm{d}z_2}{\mathrm{d}t}=k_1z_1-(k_2+k_3)z_2+k_4z_5$$

$$\frac{\mathrm{d}z_3}{\mathrm{d}t}=k_2z_2$$

$$\frac{\mathrm{d}z_4}{\mathrm{d}t}=-k_6z_4+k_5z_5$$

$$\frac{\mathrm{d}z_5}{\mathrm{d}t}=-k_3z_2+k_6z_4-(k_4+k_5+k_8+k_9)z_5+k_7z_6+k_{10}z_7$$

$$\frac{\mathrm{d}z_6}{\mathrm{d}t}=k_8z_5-k_7z_6$$

$$\frac{\mathrm{d}z_7}{\mathrm{d}t}=k_9z_5-k_{10}z_7$$

$k_i=(c_{i,1}+c_{i,2}u+c_{i,3}u^2+c_{i,4}u^3),i=1,2,\cdots,10$

初始条件：$z(t_0)=(1,0,0,0,0,0,0)$

变量范围：$0.6\leqslant\omega\leqslant0.9,t\in[0,1]$

u 是在 10 个时间段内是分段常数。

当 $t_i\leqslant t\leqslant t_{i+1}$ 时，$u=\omega_i$，其中 $t_i=(0,0.1,0.2,0.3,0.4,0.5,0.6,0.7,0.8,0.9,1)$

目标函数最优解：-10.09582×10^{-3}

控制变量最优解：

$\boldsymbol{w}=(0.66595,0.67352,0.67500,0.9,0.9,0.9,0.9,0.9,0.9,0.9)$

参考文献

[1] BIANCHI L. Notes on dynamic vehicle routing-the state of the art[R]. [s. l.]:IDSIA,2000.

[2] BRANKE J. Memory enhanced evolutionary algorithms for changing optimization problems[C]. [s. l.]: In Congress on Evolutionary Computation CEC99,1999.

[3] YANG S. Non-stationary problem optimization using the primal-dual genetic algorithm[C]. [s. l.]: Evolutionary Computation,2003,The 2003 Congress on IEEE,2003.

[4] YANG S,YAO X. Experimental study on population-based incremental learning algorithms for dynamic optimization problems[J]. Soft Computing,2005,9(11): 815-834.

[5] YANG S,YAO X. Population-based incremental learning with associative memory for dynamic environ-

ments[J]. Evolutionary Computation,IEEE Transactions on,2008,12(5): 542-561.

[6] LI C,YANG S. A generalized approach to construct benchmark problems for dynamic optimization[M]. Berlin:Springer,2008.

[7] WEICKER K. An analysis of dynamic severity and population size[C]. [s.l.]:Parallel Problem Solving from Nature PPSN VI. Springer Berlin Heidelberg,2000: 159-168.

[8] COBB H G. An investigation into the use of hypermutation as an adaptive operator in genetic algorithms having continuous,time-dependent nonstationary environments[R]. Washington DC:Naval Research Lab Washington DC,1990.

[9] LI C,YANG S,NGUYEN T T,et al. Benchmark generator for CEC 2009 competition on dynamic optimization[R]. Sigapore:University of Leicester,University of Birmingham,Nanyang Technological University,2008.

[10] LI C, YANG S. A generalized approach to construct benchmark problems for dynamic optimization [M]//Simulated Evolution and Learning. Springer Berlin Heidelberg,2008: 391-400.

[11] MORRISON R W,DE JONG K A. A test problem generator for non-stationary environments[C]. [s.l.]:Evolutionary Computation,1999. CEC 99. Proceedings of the 1999 Congress on. IEEE,1999.

[12] GREFENSTETTE J J. Evolvability in dynamic fitness landscapes: A genetic algorithm approach[C]. [s.l.]:Evolutionary Computation,1999. CEC 99. Proceedings of the 1999 Congress on. IEEE,1999.

[13] YOUNES A,BASIR O,CALAMAI P. A benchmark generator for dynamic optimization[C]. [s.l.]: Proceedings of the 3rd International Conference on Soft Computing,Optimization,Simulation & Manufacturing Systems,2003.

[14] PHAM D T,KARABOGA D. Intelligent Optimization Techniques[M]. Berlin:Springer-Verlag,2000.

[15] Library of Traveling Salesman Problems. (2002-11-20). http://www.iwr.uniheide lberg.de/groups/comopt/software/TSPLIB95/

[16] LIANG J J,SUGANTHAN P N,DEB K. Novel composition test functions fornumerical global optimization[C]. [s.l.]:Proc. of the 2005 IEEE Congr. On Evol. Comput.,2005.

[17] KELLERER H,PFERSCHY U,PISINGER D. Knapsack Problems[M]. Berlin :Springer,2004.

[18] KLEYWEGT A J,JASON D P. The dynamic and stochastic knapsack problem[J]. Operations research,1998: 17-35.

[19] ANDONOV R, VINCENT P, R. Sanjay. Unbounded knapsack problem: Dynamic programming revisited[J]. European Journal of Operational Research,2000,123(2): 394-407.

[20] LI C,YANG M,L. KANG. A new approach to solving dynamic traveling salesman problems[C]. [s.l.]:Proc of the 6th International Conference on Simulated Evolution and Learning,2006.

[21] FLOUDAS C A,PARDALOS P M,ADJIMAN C,et al. Handbook of test problems in local and global optimization[M]. Berlin:Springer Science & Business Media,2013.

[22] TJOA I B,BIEGLER L T. Simultaneous strategies for data reconciliation and gross errordetection of nonlinear systems[J]. Computers & Chemical Engineering,1991,15(10): 679-690.

[23] LUUS R. Parameter estimation of Lotka-Volterra problem by direct search optimization[J]. Hungarian Journal of Industrial Chemistry,1998,26(4): 287-292.

[24] HAGER W W,PARDALOS P M. Optimal control: theory,algorithms,and applications[M]. Berlin : Springer Science & Business Media,2013.

[25] ALEKSEEV V M,TIKHOMIROV V M,FOMIN S V. Optimal Control,Translated from the Russian by

VM Volosov, Contemporary Soviet Mathematics[M]. New York: Consultants Bureau, 1987.

[26] LUUS R. Optimal control by dynamic programming using systematic reduction in grid size[J]. International Journal of Control, 1990, 51(5): 995-1013.

[27] LUUS R. Piecewise linear continuous optimal control by iterative dynamic programming[J]. Industrial & Engineering Chemistry Research, 1993, 32(5): 859-865.

[28] CARRASCO E F, BANGA J R. Dynamic optimization of batch reactors using adaptive stochastic algorithms[J]. Industrial & Engineering Chemistry Research, 1997, 36(6): 2252-2261.

[29] LUUS R, BOJKOV B. Global optimization of the bifunctional catalyst problem[J]. The Canadian Journal of Chemical Engineering, 1994, 72(1): 160-163.

[30] BOJKOV B, LUUS R. Evaluation of the parameters used in iterative dynamic programming[J]. The Canadian Journal of Chemical Engineering, 1993, 71(3): 451-459.

第9章 基于测试函数的实际应用问题

众所周知,无论是在人们的日常生活中还是在实际的生产实践中,很多实际问题都不是直接用预先的、真实的数据集做实验的,因为在环境发生变化时,数据有可能受到影响而发生变化,所以用预先的、真实的数据集比较片面。研究人员常将这些现实世界中的实际问题抽象出来,建立与之相应的数学模型——测试函数,再进行一系列的仿真实验是比较全面和节约成本的。近年来,针对真实世界的实际问题,研究人员相继构建了一系列各种各样、不同特性的测试平台。每个测试平台中都涵盖了大量的拥有不同数学特性(如凹凸性、单调性、奇偶性等)的测试函数。通过查阅大量文献,在本章中,将重点对目前现存的基于测试函数的实际应用问题,从问题的目标、问题的性质等方面做出一个较为综合的论述和评价。

当然,由于编者水平有限,以及篇幅的限制,很难做到对现存所有的应用问题逐一进行分析评价,只能从众多的实际应用问题当中挑选出一些具有代表性的进行分析论述,还请读者谅解。

Swagatam Das 和 P. N. Suganthan 在参考文献[1]中收集了用于评估不同算法性能的实际应用问题,如表 9-1 所列。

表 9-1 Swagatam Das 和 P. N. Suganthan 收集的实际应用问题信息

应用问题	参数维数 D	问题性质
可调频率声波的参数估计	$D=6$	边界约束的
Lennard-Jones 潜能问题	$D=30$	边界约束的
The Bifunctional Catalyst 搅拌最优控制问题	$D=1$	边界约束的
一台非线性活动坦克反应器的最优控制	$D=1$	无约束的
Tersoff 潜能函数最小化问题	$D=30$	边界约束的
Spread Spectrum Radar Polly phase 代码设计	$D=20$	边界约束的
传输网络扩展规划问题	$D=7$	等式、不等式约束的
大规模传输的价格问题	$D=g*d$,g 为负责发电汽车的数量;d 为负责装载汽车的数量	线性等式约束的

续表

应用问题	参数维数 D	问题性质
环形天线排列设计问题	$D=12$	边界约束的
动态经济派遣问题	$D=120,216$	不等式约束的
静态经济载人派遣问题	$D=6,13,15,40,140$	不等式约束的
Hydrothermal 时序安排问题	$D=96$	不等式约束的
Messenger:宇宙飞船的轨道优化问题	$D=12$	边界约束的
Cassini 2:宇宙飞船的轨道优化问题	$D=22$	边界约束的

此外,Marcus Gallagher 在参考文献[2]中也提出了将多层感知器(multi-layer perceptron,MLP)的训练过程公式化,视作某一种误差函数的最小化问题。因为多层感知器网络的误差表面(error surface)有着非常有趣的结构,这种结构通常依赖于诸多因素,例如,每一层的节点个数以及给定的训练数据集。虽然现存关于记载着误差表面结构的精确的数学模型的文献有限,但是它对应的数学模型——测试函数通常包含着大量的极值(平稳状态),并且由于 MLP 的网络拓扑结构,基于它建立起来的优化问题函数是对称的。此外,还包括少量的非全局最小值的极值点。仿真实验结果显示神经网络的训练任务具有一定特性,如果按一定比例将其扩展到高维,它具有解决挑战性的应用问题的能力,将它作为评估算法的标准测试函数时也取得了令人满意的效果。

又如 K. Deb 等在参考文献[3]中举了一个将现实世界中利用水力、火力共同作用的发电系统的实际应用问题抽象出来,建模后转化成为动态多目标的优化问题(dynamic multi-objective optimization)。我们知道一个最优的电力时序安排问题(power scheduling)往往涉及如何将电力合理地分配到每一个与之相关联的单元中去。所以,从这个角度来说,这个应用问题的目的就是在满足所有水力和电力系统约束条件的前提下,怎样使得用于火力发电的发电量以及相应的释放量所需的总的燃料消耗最少。显然,这是一个动态问题,因为电量需求是随着时间变化的。这样说来,一个最优的电力时序安排问题也属于在线的、动态的优化问题,并且在这个优化问题中,解是一定存在的。

由以上讲解和分析可知,它对应的优化函数是一个双目标的、高维的、受等式约束和边界约束的随时间变化的动态优化函数。

除此之外,Mario 等为了测试一些进化优化算法[4](evolutionary optimization algorithms,EAs)的性能,在参考了一些构建测试函数的原则、指南后,构建了 5 个基于天线优化问题的标准测试函数。其函数具体特性如表 9-2 所列。

表 9-2　基于天线优化问题的标准测试函数

应用问题	参数维数 D	问题性质
标准测试函数 1:一种长度可变的偶极子的方向最大化问题[5]	$D=2$	单峰,有局部最大值
标准测试函数 2:一系列线性统一半波长偶极子的方向最大化问题[5-6]	$D=2$	带随机噪声
标准测试函数 3:一系列环形偶极子的方向最大化问题[5,7]	$D=2$	多峰

续表

应用问题	参数维数 D	问题性质
标准测试函数 4：一种 Vee 偶极子天线的侧面方向最大化问题[8-9]	$D=2$	单峰
标准测试函数 5：一系列同轴半波长偶极子的方向最大化问题[6]	$D=N$，N 为半波长的偶极子个数	高维，单峰

Brett 和 Richard[10]早在 1992 年就收集了一系列的测试函数集，且在这个测试函数集中的每一个测试函数都来源于一个现实世界中的实际问题，从液体流动问题到燃烧问题，再到分子的组成、无损实验等，涉及了许多领域。表 9-3 列出了这一测试函数集的具体信息。

表 9-3　Brett 和 Richard 收集的测试函数集信息

应用问题	参数维数 D	问题性质
管道中液体流动问题	$D=3$	非线性，边界约束的
磁盘之间的打旋流动问题	$D=3$	非线性，边界约束的
不可压缩的弹性杆问题	$D=3$	非线性，边界约束的
固体燃料点火器问题	$D=3$	非线性，边界约束的
人的心脏偶极子问题	$D=8$	非线性，无约束的
丙烷的燃烧问题（全公式）	$D=11$	非线性，边界约束的
丙烷的燃烧问题（简化公式）	$D=5$	非线性，边界约束的
涂层厚度标准化问题	$D=134$	线性，无约束的
指数数据拟合（Fitting）Ⅰ	$D=5$	非线性，边界约束的
指数数据拟合（Fitting）Ⅱ	$D=9$	非线性，边界约束的
电热调节器阻抗的分析问题	$D=3$	非线性
一种酶反应的分析问题	$D=4$	非线性，边界约束的

除了上述提到的应用问题之外，异或问题和医院动态资源管理也是日常生活中最常遇到的实际应用问题。

异或问题[11]是一个简单的分类问题。使用布尔变量 0 或 1 来表示输入与输出之间的关系如表 9-4 所列。

表 9-4　使用布尔变量 0 或 1 来表示输入与输出之间的关系

输入 1	输入 2	输　出
0	0	1
0	1	0
1	0	0
1	1	1

表中展示了输入相同则为 1，输入不同则为 0 的映射关系。往往看似越简单的映射关系，越难用数学表达式表示。这个看似仅有两个输入、一个输出的分类问题经过抽象

化数学建模后的函数[12]是具有9个输入变量(参数维数 $D=9$)的非线性的、有边界约束的函数,成功地将一个分类问题转化成一个全局最优值求解问题。

医院动态资源管理是一个典型的实际应用问题[13]。为了更好地管理病人治愈后出院人数、医院的资源消耗以及备用存储的使用情况,考虑这三者之间的关系,建立与之对应的数学模型、测试函数是非常必要的。有了相应的测试函数再加上与之合适的优化算法,就可做到资源的优化配置,有效地减少不必要的资源浪费,使得医院工作更加有条不紊地进行。与之前所谈到的异或问题一样,从医院动态资源配置问题中,建立的数学模型也是一个多变量、非线性、有边界约束的多目标的测试函数。

受篇幅限制,本章仅挑选了一部分比较有代表性的优化函数的实际应用问题,进行了简要介绍,以便读者以及业界的研究人员、专家、学者们日后能够更好地探索、解决处理更多新的领域的实际问题。关于如何将实际问题模型化构建出相应的测试函数,构建函数时有哪些规则需要遵守,其具体内容可参考文献[14]。显然,将实际问题公式化,前期在实验室进行仿真实验,这样做即可大大减少实验所需的人力、物力及财力。对于一些高危作业,也可有效地减少一些有毒气体或放射性物质对实验人员身体的伤害,可谓是优点良多。

参考文献

[1] DAS S,SUGANTHAN P N. Problem definitions and evaluation criteria for CEC 2011 competition on testing evolutionary algorithms on real world optimization problems[R]. Kolkata:Jadavpur University,Nanyang Technological University,2010.

[2] GALLAGHER M. Fitness distance correlation of neural network error surfaces: A scalable,continuous optimization problem[M]. Berlin:Springer,2001.

[3] DEB K,KARTHIK S. Dynamic multi-objective optimization and decision-making using modified NSGA-Ⅱ:a case study on hydro-thermal power scheduling[C]. Berlin:Evolutionary Multi-Criterion Optimization,2007.

[4] PANTOJA M F,BRETONES A R,MARTÍN R G. Benchmark antenna problems for evolutionary optimization algorithms[J]. Antennas and Propagation,IEEE Transactions on,2007,55(4):1111-1121.

[5] BALANIS C A,ANTENNA T. Analysis and Design[M]. New York: Wiley,1997.

[6] HANSEN R C. PHASED array antennas[M]. New York: Wiley,1998.

[7] WATANABE F,GOTO N,NAGAYAMA A,et al. "A pattern synthesis of circular arrays by phase adjustment," IEEE Trans[J]. Antennas Propag,1980,28(6):857-863.

[8] COLLIN R E. Antennas and Radiowave Propagation[M]. New York: Mc-Graw Hill,1985.

[9] MARTÍN R G,BRETONES A R,PANTOJA M F. "Radiation characteristicsof thin-wire V-antennas excited by arbitrary time dependent currents," IEEE Trans [J]. Antennas Propag, 2001, 49 (12): 1877-1880.

[10] AVERICK B M,CARTER R G,MORÉ J J. The MINPACK-2 test problem collection (preliminary version)[R]. Washington DC:Argonne National Lab. ,IL (USA). Mathematics and Computer Science Div. ,1991.

[11] PARSOPOULOS K E,PLAGIANAKOS V P,MAGOULAS G D,et al. Stretching technique for obtaining

global minimizers through particle swarm optimization[C]. [s. l.]:Proceedings of the Particle swarm Optimization Workshop. Indianapolis,USA,2001.

[12] VRAHATIS M N, ANDROULAKIS G S, LAMBRINOS J N, et al. A class of gradient unconstrained minimization algorithms with adaptive stepsize[J]. Journal of Computational and Applied Mathematics, 2000,114(2): 367-386.

[13] HUTZSCHENREUTER A K, BOSMAN P A N, LA POUTRÉ H. Evolutionary multiobjective optimization for dynamic hospital resource management[C]. [s. l.]:Evolutionary Multi-Criterion Optimization. Springer Berlin Heidelberg,2009.

[14] PENG F M. Real world oriented test functions[C]. [s. l.]:Computer Science and Service System (CSSS),2011 International Conference on IEEE,2011.